全国中医药行业高等教育"十四五"规划教材
全国高等中医药院校规划教材（第十一版）

中医养生方法技术学

（新世纪第二版）

（供中医养生学、中医学、中医康复学、
中西医临床医学、护理学等专业用）

主 编 顾一煌 王金贵

中国中医药出版社
·北 京·

图书在版编目（CIP）数据

中医养生方法技术学 / 顾一煌，王金贵主编 .—2 版 .—北京：中国中医药出版社，2024.1（2024.8 重印）

全国中医药行业高等教育"十四五"规划教材

ISBN 978-7-5132-8560-5

Ⅰ. ①中… Ⅱ. ①顾… ②王… Ⅲ. ①养生（中医）—中医学院—教材 Ⅳ. ① R212

中国国家版本馆 CIP 数据核字（2023）第 223424 号

融合出版数字化资源服务说明

全国中医药行业高等教育"十四五"规划教材为融合教材，各教材相关数字化资源（电子教材、PPT 课件、视频、复习思考题等）在全国中医药行业教育云平台"医开讲"发布。

资源访问说明

扫描右方二维码下载"医开讲 APP"或到"医开讲网站"（网址：www.e-lesson.cn）注册登录，输入封底"序列号"进行账号绑定后即可访问相关数字化资源（注意：序列号只可绑定一个账号，为避免不必要的损失，请您刮开序列号立即进行账号绑定激活）。

资源下载说明

本书有配套 PPT 课件，供教师下载使用，请到"医开讲网站"（网址：www.e-lesson.cn）认证教师身份后，搜索书名进入具体图书页面实现下载。

中国中医药出版社出版

北京经济技术开发区科创十三街 31 号院二区 8 号楼

邮政编码　100176

传真　010-64405721

三河市同力彩印有限公司印刷

各地新华书店经销

开本 889×1194　1/16　印张 16.5　字数 438 千字

2024 年 1 月第 2 版　2024 年 8 月第 2 次印刷

书号　ISBN 978-7-5132-8560-5

定价　65.00 元

网址　www.cptcm.com

服 务 热 线　010-64405510　微信服务号　zgzyycbs

购 书 热 线　010-89535836　微商城网址　https://kdt.im/LIdUGr

维 权 打 假　010-64405753　天猫旗舰店网址　https://zgzyycbs.tmall.com

如有印装质量问题请与本社出版部联系（010-64405510）

版权专有　侵权必究

全国中医药行业高等教育"十四五"规划教材
全国高等中医药院校规划教材（第十一版）

《中医养生方法技术学》编委会

主　编

顾一煌（南京中医药大学）　　　　　　王金贵（天津中医药大学）

副主编

申国明（安徽中医药大学）　　　　　　李征宇（上海中医药大学）
张　弛（成都中医药大学）　　　　　　邰先桃（云南中医药大学）
侯江红（河南中医药大学）

编　委（以姓氏笔画为序）

王　凯（广州中医药大学）　　　　　　王　渊（陕西中医药大学）
王东岩（黑龙江中医药大学）　　　　　王河宝（江西中医药大学）
牛　坤（海南医学院）　　　　　　　　任延明（青海大学）
孙贵香（湖南中医药大学）　　　　　　张　玮（天津中医药大学）
张　欣（长春中医药大学）　　　　　　张小卿（辽宁中医药大学）
张宏如（南京中医药大学）　　　　　　张英杰（山东中医药大学）
陈　波（贵州中医药大学）　　　　　　唐成林（重庆中医药学院）
黄　刚（浙江丽水学院）　　　　　　　黄昕红（黑龙江中医药大学佳木斯学院）
雷龙鸣（广西中医药大学）　　　　　　廖　艳（北京中医药大学）
熊常初（湖北中医药大学）　　　　　　薛　聆（山西中医药大学）

《中医养生方法技术学》
融合出版数字化资源编创委员会

全国中医药行业高等教育"十四五"规划教材
全国高等中医药院校规划教材（第十一版）

主　编
顾一煌（南京中医药大学）　　　　　　王金贵（天津中医药大学）

副主编（按姓氏笔画排序）
王　渊（陕西中医药大学）　　　　　　王东岩（黑龙江中医药大学）
孙贵香（湖南中医药大学）　　　　　　张　弛（成都中医药大学）
张　欣（长春中医药大学）　　　　　　张宏如（南京中医药大学）
陈　波（贵州中医药大学）　　　　　　邰先桃（云南中医药大学）
侯江红（河南中医药大学）

编　委（按姓氏笔画排序）
王　迪（河北中医药大学）　　　　　　王进进（云南中医药大学）
王河宝（江西中医药大学）　　　　　　白　桦（南京中医药大学）
任延明（青海大学）　　　　　　　　　李子赟（南京中医药大学）
吴泳蓉（湖南中医药大学）　　　　　　张　伟（成都中医药大学）
张　玮（天津中医药大学）　　　　　　张小卿（辽宁中医药大学）
张英杰（山东中医药大学）　　　　　　张虹岩（黑龙江中医药大学）
顾任钧（南京中医药大学）　　　　　　徐森磊（南京中医药大学）
黄昕红（黑龙江中医药大学佳木斯学院）　焦鸿飞（山东中医药大学）
雷龙鸣（广西中医药大学）　　　　　　廖　艳（北京中医药大学）
熊常初（湖北中医药大学）　　　　　　薛　聆（山西中医药大学）

全国中医药行业高等教育"十四五"规划教材
全国高等中医药院校规划教材（第十一版）

专家指导委员会

名誉主任委员
余艳红（国家卫生健康委员会党组成员，国家中医药管理局党组书记、局长）
王永炎（中国中医科学院名誉院长、中国工程院院士）
陈可冀（中国中医科学院研究员、中国科学院院士、国医大师）

主任委员
张伯礼（天津中医药大学教授、中国工程院院士、国医大师）
秦怀金（国家中医药管理局副局长、党组成员）

副主任委员
王　琦（北京中医药大学教授、中国工程院院士、国医大师）
黄璐琦（中国中医科学院院长、中国工程院院士）
严世芸（上海中医药大学教授、国医大师）
高　斌（教育部高等教育司副司长）
陆建伟（国家中医药管理局人事教育司司长）

委　员（以姓氏笔画为序）
丁中涛（云南中医药大学校长）
王　伟（广州中医药大学校长）
王东生（中南大学中西医结合研究所所长）
王维民（北京大学医学部副主任、教育部临床医学专业认证工作委员会主任委员）
王耀献（河南中医药大学校长）
牛　阳（宁夏医科大学党委副书记）
方祝元（江苏省中医院党委书记）
石学敏（天津中医药大学教授、中国工程院院士）
田金洲（北京中医药大学教授、中国工程院院士）
仝小林（中国中医科学院研究员、中国科学院院士）
宁　光（上海交通大学医学院附属瑞金医院院长、中国工程院院士）

匡海学（黑龙江中医药大学教授、教育部高等学校中药学类专业教学指导委员会主任委员）
吕志平（南方医科大学教授、全国名中医）
吕晓东（辽宁中医药大学党委书记）
朱卫丰（江西中医药大学校长）
朱兆云（云南中医药大学教授、中国工程院院士）
刘　良（广州中医药大学教授、中国工程院院士）
刘松林（湖北中医药大学校长）
刘叔文（南方医科大学副校长）
刘清泉（首都医科大学附属北京中医医院院长）
李可建（山东中医药大学校长）
李灿东（福建中医药大学校长）
杨　柱（贵州中医药大学党委书记）
杨晓航（陕西中医药大学校长）
肖　伟（南京中医药大学教授、中国工程院院士）
吴以岭（河北中医药大学名誉校长、中国工程院院士）
余曙光（成都中医药大学校长）
谷晓红（北京中医药大学教授、教育部高等学校中医学类专业教学指导委员会主任委员）
冷向阳（长春中医药大学校长）
张忠德（广东省中医院院长）
陆付耳（华中科技大学同济医学院教授）
阿吉艾克拜尔·艾萨（新疆医科大学校长）
陈　忠（浙江中医药大学校长）
陈凯先（中国科学院上海药物研究所研究员、中国科学院院士）
陈香美（解放军总医院教授、中国工程院院士）
易刚强（湖南中医药大学校长）
季　光（上海中医药大学校长）
周建军（重庆中医药学院院长）
赵继荣（甘肃中医药大学校长）
郝慧琴（山西中医药大学党委书记）
胡　刚（江苏省政协副主席、南京中医药大学教授）
侯卫伟（中国中医药出版社有限公司董事长）
姚　春（广西中医药大学校长）
徐安龙（北京中医药大学校长、教育部高等学校中西医结合类专业教学指导委员会主任委员）
高秀梅（天津中医药大学校长）
高维娟（河北中医药大学校长）
郭宏伟（黑龙江中医药大学校长）
唐志书（中国中医科学院副院长、研究生院院长）

彭代银（安徽中医药大学校长）
董竞成（复旦大学中西医结合研究院院长）
韩晶岩（北京大学医学部基础医学院中西医结合教研室主任）
程海波（南京中医药大学校长）
鲁海文（内蒙古医科大学副校长）
翟理祥（广东药科大学校长）

秘书长（兼）
陆建伟（国家中医药管理局人事教育司司长）
侯卫伟（中国中医药出版社有限公司董事长）

办公室主任
周景玉（国家中医药管理局人事教育司副司长）
李秀明（中国中医药出版社有限公司总编辑）

办公室成员
陈令轩（国家中医药管理局人事教育司综合协调处处长）
李占永（中国中医药出版社有限公司副总编辑）
张峘宇（中国中医药出版社有限公司副总经理）
芮立新（中国中医药出版社有限公司副总编辑）
沈承玲（中国中医药出版社有限公司教材中心主任）

编审专家组

全国中医药行业高等教育"十四五"规划教材
全国高等中医药院校规划教材（第十一版）

组 长
余艳红（国家卫生健康委员会党组成员，国家中医药管理局党组书记、局长）

副组长
张伯礼（天津中医药大学教授、中国工程院院士、国医大师）
秦怀金（国家中医药管理局副局长、党组成员）

组 员
陆建伟（国家中医药管理局人事教育司司长）
严世芸（上海中医药大学教授、国医大师）
吴勉华（南京中医药大学教授）
匡海学（黑龙江中医药大学教授）
刘红宁（江西中医药大学教授）
翟双庆（北京中医药大学教授）
胡鸿毅（上海中医药大学教授）
余曙光（成都中医药大学教授）
周桂桐（天津中医药大学教授）
石　岩（辽宁中医药大学教授）
黄必胜（湖北中医药大学教授）

前　言

为全面贯彻《中共中央 国务院关于促进中医药传承创新发展的意见》和全国中医药大会精神，落实《国务院办公厅关于加快医学教育创新发展的指导意见》《教育部 国家卫生健康委 国家中医药管理局关于深化医教协同进一步推动中医药教育改革与高质量发展的实施意见》，紧密对接新医科建设对中医药教育改革的新要求和中医药传承创新发展对人才培养的新需求，国家中医药管理局教材办公室（以下简称"教材办"）、中国中医药出版社在国家中医药管理局领导下，在教育部高等学校中医学类、中药学类、中西医结合类专业教学指导委员会及全国中医药行业高等教育规划教材专家指导委员会指导下，对全国中医药行业高等教育"十三五"规划教材进行综合评价，研究制定《全国中医药行业高等教育"十四五"规划教材建设方案》，并全面组织实施。鉴于全国中医药行业主管部门主持编写的全国高等中医药院校规划教材目前已出版十版，为体现其系统性和传承性，本套教材称为第十一版。

本套教材建设，坚持问题导向、目标导向、需求导向，结合"十三五"规划教材综合评价中发现的问题和收集的意见建议，对教材建设知识体系、结构安排等进行系统整体优化，进一步加强顶层设计和组织管理，坚持立德树人根本任务，力求构建适应中医药教育教学改革需求的教材体系，更好地服务院校人才培养和学科专业建设，促进中医药教育创新发展。

本套教材建设过程中，教材办聘请中医学、中药学、针灸推拿学三个专业的权威专家组成编审专家组，参与主编确定，提出指导意见，审查编写质量。特别是对核心示范教材建设加强了组织管理，成立了专门评价专家组，全程指导教材建设，确保教材质量。

本套教材具有以下特点：

1. 坚持立德树人，融入课程思政内容

将党的二十大精神进教材，把立德树人贯穿教材建设全过程、各方面，体现课程思政建设新要求，发挥中医药文化育人优势，促进中医药人文教育与专业教育有机融合，指导学生树立正确世界观、人生观、价值观，帮助学生立大志、明大德、成大才、担大任，坚定信念信心，努力成为堪当民族复兴重任的时代新人。

2. 优化知识结构，强化中医思维培养

在"十三五"规划教材知识架构基础上，进一步整合优化学科知识结构体系，减少不同学科教材间相同知识内容交叉重复，增强教材知识结构的系统性、完整性。强化中医思维培养，突出中医思维在教材编写中的主导作用，注重中医经典内容编写，在《内经》《伤寒论》等经典课程中更加突出重点，同时更加强化经典与临床的融合，增强中医经典的临床运用，帮助学生筑牢中医经典基础，逐步形成中医思维。

3.突出"三基五性",注重内容严谨准确

坚持"以本为本",更加突出教材的"三基五性",即基本知识、基本理论、基本技能,思想性、科学性、先进性、启发性、适用性。注重名词术语统一,概念准确,表述科学严谨,知识点结合完备,内容精炼完整。教材编写综合考虑学科的分化、交叉,既充分体现不同学科自身特点,又注意各学科之间的有机衔接;注重理论与临床实践结合,与医师规范化培训、医师资格考试接轨。

4.强化精品意识,建设行业示范教材

遴选行业权威专家,吸纳一线优秀教师,组建经验丰富、专业精湛、治学严谨、作风扎实的高水平编写团队,将精品意识和质量意识贯穿教材建设始终,严格编审把关,确保教材编写质量。特别是对 32 门核心示范教材建设,更加强调知识体系架构建设,紧密结合国家精品课程、一流学科、一流专业建设,提高编写标准和要求,着力推出一批高质量的核心示范教材。

5.加强数字化建设,丰富拓展教材内容

为适应新型出版业态,充分借助现代信息技术,在纸质教材基础上,强化数字化教材开发建设,对全国中医药行业教育云平台"医开讲"进行了升级改造,融入了更多更实用的数字化教学素材,如精品视频、复习思考题、AR/VR 等,对纸质教材内容进行拓展和延伸,更好地服务教师线上教学和学生线下自主学习,满足中医药教育教学需要。

本套教材的建设,凝聚了全国中医药行业高等教育工作者的集体智慧,体现了中医药行业齐心协力、求真务实、精益求精的工作作风,谨此向有关单位和个人致以衷心的感谢!

尽管所有组织者与编写者竭尽心智,精益求精,本套教材仍有进一步提升空间,敬请广大师生提出宝贵意见和建议,以便不断修订完善。

国家中医药管理局教材办公室
中国中医药出版社有限公司
2023 年 6 月

编写说明

当前,社会医疗模式已由以疾病治疗为主的疾病医学模式向以疾病预防为主的健康医学模式转变,为了充分发挥中医养生在治未病当中的主导作用,在国家中医药管理局教材办公室宏观指导、统一规划下,中国中医药出版社组织了全国中医药行业高等教育"十四五"规划教材中医养生学专业(本科)系列教材的编写,《中医养生方法技术学》为该系列教材之一。

本教材是在全国中医药行业高等教育"十三五"规划教材《中医养生方法技术学》的基础上,由编写者查阅了更多的文献资料编写而成。本次修订注重传承与创新,融合学科发展成果,突出基本技能,增加了教材的思想性、科学性、实用性、启发性。

本教材编写分工如下:绪论由顾一煌、王金贵编写,第一章由张宏如、李征宇编写,第二章由熊常初、李征宇编写,第三章由张小卿、张玮、李征宇、王金贵编写,第四章由张玮、李征宇编写,第五章由陈波、雷龙鸣、王东岩、王河宝、侯江红编写,第六章由孙贵香、侯江红、顾一煌编写,第七章由廖艳、申国明编写,第八章由黄刚、张弛、申国明编写,第九章由张欣、黄昕红、申国明编写,第十章、第十一章由张英杰、薛聆、任延明、申国明编写,第十二章由牛坤、唐成林、邰先桃编写,第十三章由王凯、邰先桃编写,第十四章由王渊、邰先桃编写,第十五章、第十六章由邰先桃、牛坤编写。本书插图由张若然、顾乃炫等手绘。全书由顾一煌、王金贵最后统稿审定。本教材融入了课程思政内容,同时附有融合出版数字化资源。

编写教材是一项艰巨而重大的任务,全体编写人员以出精品为己任,竭尽心智,对中医养生方法技术作了比较系统的总结,凸显中医药特色,但限于多种因素,书中不足之处在所难免,我们殷切希望广大师生多提宝贵意见和建议,以便再版时修订提高。

《中医养生方法技术学》编委会
2023 年 11 月

目 录

扫一扫，查阅
本书数字资源

绪 论	1
一、中医养生方法技术学的基本概念	1
二、中医养生方法技术的特征	1
三、中医养生方法技术学的学习要求	3

第一章 中医养生方法技术发展简史 …… 5
  一、上古时期   5
  二、先秦时期   5
  三、秦汉唐时期   6
  四、宋金元时期   7
  五、明清时期   9
  六、近代和现代   11

第二章 中医养生方法技术的作用原理 …… 13
  第一节 平衡阴阳   13
  第二节 疏经通络   15
  第三节 行气活血   15
  第四节 调和五脏   16

第三章 中医养生方法技术的应用原则 …… 18
  第一节 调和阴阳   18
    一、顺应四时变化   18
    二、顺应月廓变化   19
  第二节 形神共养   19
    一、形为神之宅   20
    二、神乃形之主   20
    三、形神共养，养神为先   21

  第三节 固护正气   21
    一、正气是生命之根   21
    二、固护正气重在养脾肾   21
  第四节 三因制宜   22
    一、因时制宜   22
    二、因地制宜   23
    三、因人制宜   23
  第五节 动静结合   24
    一、动静一体   24
    二、动静相济   24
  第六节 辨体施术   25

第四章 中医养生方法技术的分类和注意事项 …… 28
  第一节 中医养生方法技术的分类   28
  第二节 中医养生方法技术应用注意事项   29

第五章 经络腧穴类养生方法技术 …… 30
  第一节 针刺养生方法技术   30
    一、毫针养生方法技术   32
    二、皮肤针养生方法技术   46
    三、皮内针养生方法技术   48
  第二节 推拿养生方法技术   50
    一、推拿养生手法的要求   50
    二、常用推拿养生手法   50
    三、操作方法   57
    四、功效机制   59
    五、推拿禁忌   59
    六、注意事项   59

第三节 艾灸养生方法技术 60
　一、操作方法 60
　二、功效机制 64
　三、艾灸禁忌 64
　四、注意事项 65
第四节 足疗养生方法技术 65
　一、操作方法 66
　二、功效机制 67
　三、足疗禁忌 67
　四、注意事项 68
第五节 刮痧养生方法技术 68
　一、操作方法 69
　二、功效机制 73
　三、刮痧禁忌 74
　四、注意事项 74
第六节 拔罐养生方法技术 75
　一、操作方法 75
　二、功效机制 77
　三、拔罐禁忌 77
　四、注意事项 78
第七节 贴敷养生方法技术 78
　一、操作方法 78
　二、功效机制 80
　三、贴敷禁忌 80
　四、注意事项 81
第八节 耳穴养生方法技术 81
　一、操作方法 81
　二、功效机制 82
　三、耳穴禁忌 82
　四、注意事项 82
　附：养生常用耳穴 83
第九节 器械辅助养生方法技术 85
　一、电针法 85
　二、腧穴激光照射法 86
　三、腧穴红外线照射法 86
　四、腧穴磁疗法 87

第六章　运动类养生方法技术 89
第一节 传统功法养生方法技术 89

　一、传统功法养生中的"三调" 89
　二、静功养生方法技术 94
　三、动功养生方法技术 103
第二节 现代运动养生方法技术 129
　一、现代运动的分类 129
　二、常用现代运动养生方法 130
　三、现代运动养生的原则 131
　四、现代运动的养生功效机制 132
　五、现代运动养生的注意事项 133
　六、现代运动养生的禁忌 134

第七章　食药类养生方法技术 135
第一节 食饮养生方法技术 135
　一、食饮养生的特点 135
　二、操作方法 136
　三、食饮禁忌 138
　四、注意事项 139
第二节 药膳养生方法技术 141
　一、药膳养生的特点 142
　二、操作方法 143
　三、药膳禁忌 145
　四、注意事项 145
第三节 方药养生方法技术 146
　一、方药养生的特点 146
　二、操作方法 146
　三、方药禁忌 147
　四、注意事项 147
第四节 膏滋养生方法技术 148
　一、膏滋养生的特点 148
　二、操作方法 148
　三、膏滋禁忌 150
　四、注意事项 150
附表 151

第八章　情志类养生方法技术 158
第一节 情志养生基础 159
　一、情志与五脏的关系 159
　二、情志与表现 159
　三、情志病的病因病机 161

第二节　以情制情法　162
　　一、以情制情法的特点　162
　　二、操作方法　162
　　三、注意事项　163
第三节　移情法　163
　　一、移情法的特点　163
　　二、操作方法　164
　　三、注意事项　164
第四节　暗示法　164
　　一、暗示法的特点　164
　　二、操作方法　165
　　三、注意事项　165
第五节　开导法　165
　　一、开导法的特点　165
　　二、操作方法　165
　　三、注意事项　166
第六节　节制法　166
　　一、节制法的特点　166
　　二、操作方法　166
　　三、注意事项　166
第七节　疏泄法　166
　　一、疏泄法的特点　166
　　二、操作方法　167
　　三、注意事项　167

第九章　志趣类养生方法技术　168

第一节　音乐养生方法　168
　　一、操作方法　168
　　二、功效机制　169
　　三、注意事项　169
第二节　书画养生方法　169
　　一、操作方法　170
　　二、功效机制　170
　　三、注意事项　170
第三节　娱乐养生方法　170
　　一、操作方法　171
　　二、功效机制　171
　　三、注意事项　172

第四节　旅游养生方法　172
　　一、操作方法　172
　　二、功效机制　173
　　三、注意事项　173
第五节　色彩养生方法　173
　　一、操作方法　173
　　二、功效机制　174
　　三、注意事项　174
第六节　社交养生方法　174
　　一、操作方法　175
　　二、功效机制　176
　　三、注意事项　176

第十章　起居类养生方法技术　177

第一节　起居环境养生方法技术　177
　　一、居室外环境　177
　　二、居室内环境　179
第二节　睡眠养生方法技术　180
　　一、睡前调摄　180
　　二、睡中调摄　181
　　三、睡眠环境　182
　　四、助眠方法　184
第三节　衣着养生方法　184
　　一、顺应四时　184
　　二、舒适得体　185
　　三、适时增减衣服　185

第十一章　少数民族特色养生方法技术　187

第一节　苗医养生方法技术　187
　　一、饮食养生　187
　　二、药物养生　188
第二节　壮医养生方法技术　188
　　一、药线点灸法　189
　　二、竹筒灸法　189
　　三、火功疗法　189
　　四、香囊佩药法　190
　　五、熏蒸法　190
　　六、壮医热熨法　190

第十二章　其他养生方法技术 ········ 195

第一节　沐浴养生方法技术 195
一、沐浴养生的源流 195
二、沐浴养生的分类 195
三、操作方法 195
四、注意事项 197

第二节　房室养生方法技术 197
一、房室养生的源流 197
二、房室养生的分类 198
三、房室养生的七损八益 198
四、功效机制 199
五、注意事项 199

第三节　中医芳香养生方法技术 200
一、芳香养生方法技术的源流 200
二、操作方法 200
三、功效机制 200
四、注意事项 201

第十三章　不同体质人群的养生方法技术 ········ 202

第一节　平和型体质人群的养生方法技术 203
一、平和型体质产生的原因 203
二、平和型体质人群的特质 203
三、平和型体质人群的养生 203
四、注意事项 204

第二节　气虚型体质人群的养生方法技术 204
一、气虚型体质产生的原因 204
二、气虚型体质人群的特质 204
三、气虚型体质人群的养生 204

（续前）

第三节　维吾尔医养生方法技术 192
一、埋沙法 192
二、饮食法 193

第四节　蒙医养生方法技术 193
一、灸疗技术 193
二、药浴技术 193

第五节　藏医养生方法技术 193
一、药浴技术 194
二、艾灸技术 194

四、注意事项 205

第三节　阴虚型体质人群的养生方法技术 205
一、阴虚型体质产生的原因 205
二、阴虚型体质人群的特质 206
三、阴虚型体质人群的养生 206
四、注意事项 206

第四节　阳虚型体质人群的养生方法技术 207
一、阳虚型体质产生的原因 207
二、阳虚型体质人群的特质 207
三、阳虚型体质人群的养生 207
四、注意事项 208

第五节　痰湿型体质人群的养生方法技术 208
一、痰湿型体质产生的原因 208
二、痰湿型体质人群的特质 208
三、痰湿型体质人群的养生 208
四、注意事项 209

第六节　湿热型人群的养生方法技术 209
一、湿热型体质产生的原因 209
二、湿热型体质人群的特质 209
三、湿热型体质人群的养生 210
四、注意事项 210

第七节　血瘀型体质人群的养生方法技术 210
一、血瘀型体质人群产生的原因 210
二、血瘀型体质人群的特质 210
三、血瘀型人群的养生 211
四、注意事项 211

第八节　气郁型人群的养生方法技术 211
一、气郁型体质产生的原因 211
二、气郁型体质人群的特质 212
三、气郁型人群的养生 212
四、注意事项 212

第九节　特禀型体质人群的养生方法技术 213
一、特禀型体质产生的原因 213
二、特禀型体质人群的特质 213
三、特禀型人群的养生 213
四、注意事项 214

第十四章　人群不同时期的养生方法技术 … 215

第一节　妇女妊娠期的养生方法技术　215
一、妇女妊娠期的生理特点　215
二、妇女妊娠期的养生　215

第二节　妇女哺乳期的养生方法技术　217
一、妇女哺乳期的生理特点　217
二、妇女哺乳期的养生　217

第三节　妇女围绝经期的养生方法技术　217
一、妇女围绝经期的生理特点　217
二、妇女围绝经期的养生　218

第四节　儿童时期的养生方法技术　219
一、儿童时期的生理特点　219
二、儿童时期的养生　220

第五节　青少年时期的养生方法技术　221
一、青少年时期的生理特点　221
二、青少年时期的养生　222

第六节　老年时期的养生方法技术　223
一、老年时期的生理特点　223
二、老年时期的养生　224

第十五章　不同职业人群的养生方法技术 … 226

第一节　以脑力劳动为主人群的养生方法技术　226
一、脑力劳动为主职业人群的特点　226
二、脑力劳动为主职业人群的养生　227

第二节　以体力劳动为主人群的养生方法技术　229
一、体力劳动为主职业人群的特点　229
二、体力劳动为主职业人群的养生　230

第十六章　不同时节的养生方法技术 … 231

第一节　春季养生方法技术　231
一、情志养生　231
二、起居养生　232
三、食药养生　232
四、运动养生　232
五、志趣养生　232

第二节　夏季养生方法技术　232
一、情志养生　233
二、起居养生　233
三、食药养生　233
四、运动养生　234
五、沐浴养生　234

第三节　秋季养生方法技术　234
一、情志养生　234
二、起居养生　234
三、食药养生　235
四、运动养生　235
五、志趣养生　235

第四节　冬季养生方法技术　235
一、情志养生　235
二、起居养生　236
三、食药养生　236
四、运动养生　236

主要参考书目 … 237

绪 论

扫一扫，查阅本章数字资源，含PPT、音视频、图片等

中医养生学是以中医学理论为指导，根据人类生命发生发展变化规律及本质特征，研究增强体质、调摄身心、防病治疾、养护生命、益寿延年的理论、方法和应用的一门学科。其历史悠久、理论知识独特、方法技术丰富多彩、实践经验卓有成效，是中医学宝库中的一颗璀璨明珠，在绵延数千年的历史长河中，为中华民族的繁衍昌盛和健康事业作出了卓越的贡献。

一、中医养生方法技术学的基本概念

中医药学包含着中华民族几千年的健康养生理念及其实践经验，是中华文明的瑰宝，凝聚着中国人民和中华民族的博大智慧。中医养生方法技术是中医药学的重要组成部分。

中医养生方法技术学是研究中医养生方法技术的起源、发展、作用原理、操作以及方法技术应用的一门学科，也是中医养生学专业的核心课程。古人为了自身的生存和发展，在生活、生产实践中总结出了众多的中医养生方法技术，这些方法技术的形成和发展都是以自然观和人体生命观为理论根基，根植思想文化的土壤之中。早在《庄子·刻意》中就指出："吹呴呼吸，吐故纳新，熊经鸟伸，为寿而已矣。此导引之士、养形之人、彭祖寿考者之所好也。"成玄英注："如熊攀树而可以自悬，类鸟飞空而伸其脚也。斯皆导引神气，以养形魂，延年之道，驻形之术。"《吕氏春秋》曰："流水不腐，户枢不蠹，动也。形气亦然，形不动则精不流，精不流则气郁。"用流水和户枢作比喻，形象地说明了运动方法对于生命的意义。东汉时期的名医华佗创五禽戏导引术，指出："人体欲得劳动，但不当使极尔，动摇则谷气得消，血脉流通，病不得生，譬犹户枢终不朽也。是以古之仙者为导引之事，熊经鸱顾，引挽腰体，动诸关节，以求难老。"

中医养生方法技术的形成经历了漫长的发展和完善阶段。随着中医养生的发展，中医养生方法技术作为其基本的核心技术，在经验积累、操作训练、适用范围、理论内涵等方面不断完善，在学术层面也得到全面提升，这为中医养生方法技术科学化现代化的发展奠定了坚实的基础。

二、中医养生方法技术的特征

中医养生方法技术是中华民族在长期领悟生命真谛及与疾病做斗争的实践中总结出来的。在我国现存最早的气功养生著作《行气玉佩铭》中，就记述了用气功的方法来预防疾病。经过历代医家和养生家等对中医养生方法技术的不断创新发展和广泛运用，中医养生方法技术日益成熟。近年来，中医养生理念与实践经验越来越得到社会的充分认可。特别是随着当前大健康时代的到来，健康中国战略的实施，健康产业的兴起，中医养生方法技术更是得到前所未有的发展。

1. 遵从自然，天人合一 《素问·上古天真论》曰："上古之人，其知道者，法于阴阳……而尽终其天年，度百岁乃去。"自然界是人类生命共同体的核心要素之一，是万物之源。正如

《素问·阴阳应象大论》反复强调的"天有精,地有形……故能为万物之父母"。中医整体观认为,人与自然界是一个统一的有机整体,自然界是人类赖以生存的基础,自然界的一切变化都可以直接或间接地对人体的生命活动产生影响,使机体产生适应性的反应。当这一影响控制在人体生理适应反应范围内时,人体可以适应性接受;当外界变化超越了这一适应范围,人体就会产生相应的病理反应。人类的活动必须主动遵循自然界的内在规律,适应并为自然的发展提供适宜的条件,让自然实现本性,维持其趋向于生生不息的生命周期。正如《素问·四气调神大论》所说:"阴阳四时者,万物之终始也,死生之本也,逆之则灾害生,从之则苛疾不起,是为得道。"人类只有遵从自然、"天人合一",才能健康发展。"天人合一"是一个多层次的、多维度的状态,人类只有在美好的自然里,才会感到身心舒适,这就是一种以审美为基础的人和自然的统一,是"天人合一"的境界之一。《素问·宝命全形论》曰:"人以天地之气生,四时之法成。"《素问·六节藏象论》又曰:"天食人以五气,地食人以五味。"自然界存在着人类赖以生存的必要条件,人类生活在自然界之中,从自然界的现象中获取灵感,自然界的运动变化,必然直接或间接地影响人体,人体会相应地作出生理性或病理性的反应。在生理上,春夏之时,阳气与温热之气候相应而发泄于外;秋冬之时,阳气与寒冷之气候相应而收敛于内。因此春夏养阳秋冬养阴。正如清代高世栻所说:"圣人春夏养阳,使少阳之气生,太阳之气长;秋冬养阴,使太阴之气收,少阴之气藏。"一日之中,阴阳也有变化。正如《素问·生气通天论》所说:"平旦人气生,日中而阳气隆,日西而阳气已虚,气门乃闭。"在病理上,往往在气候剧烈变化时,人体会产生一些疾病,如感冒、时疫等。《素问·四气调神大论》曰:"逆春气,则少阳不生,肝气内变。逆夏气,则太阳不长,心气内洞。逆秋气,则太阴不收,肺气焦满。逆冬气,则少阴不藏,肾气独沉。"而人体对自然界的影响,不是消极、被动的,而是积极、主动的,人类不仅能主动地适应自然,更能主动地改造自然,与自然做斗争,从而提高健康水平,减少疾病。中医养生方法技术是人类在顺应自然、改造自然的生产实践中产生的,因此它是尊重自然的。中医引入中国传统文化的阴阳五行,并将其作为中医的基础理论之一,用于广泛解释人体的生理和病理。《素问·阴阳应象大论》曰:"天有四时五行,以生长收藏,以生寒暑燥湿风,人有五脏化五气,以生喜怒悲忧恐。"自然界有四时五行的变化,从而产生各种不同的气候,在不同的气候条件下,一切生物有生长、发展、消亡的过程,五脏也有不同的变化,产生喜怒悲忧恐五志。

"天人合一"思想的核心是指人是自然界的一部分,人要顺应自然休养生息,人和自然界不是处在主客体的对立中,而是处在一个完全统一的整体结构中。人与天地互应相参,人以天地之气而生,人依天地之气而存,人循天地规律而活动,人与自然和谐共生,人道与天道贯通一体。人体随四季更替进行生理性调节,如果不能适应自然界的变化,人体脏腑功能就会紊乱而产生疾病,或加重病情,或变生他病。

2. 遵从差异,防护为先 自然环境对人类有非常重要的影响,除了要注意人与自然的和谐统一外,还需要注意调摄人类生存及活动范围内的物质、精神条件等社会环境,如生产力、生产关系、社会意识和社会文化等。具体而言,需要综合调摄家庭、劳动组织、生活方式以及文化教育等影响人们生活的直接环境。因为生活在不同社会环境的人,具有不同的生活方式、人际关系、欲望追求和心境状态,这些因素均可影响人体的生理和病理变化,进而影响人类的健康长寿。另外,由于地域的差异,人们的生活、风俗习惯,人文环境和居住环境不同,生理病理也就不同,虽然不同地域的人会在适应当地地理环境的过程中整体上表现出一定的相似性,但个体上又会出现一定的差异性。如我国的气候环境差异明显,南方多湿热,北方多寒冷,西北多干燥,不同地域的气候环境对疾病具有一定的影响,因此,应遵循从这种差异性,根据三因制宜的原则，选用适合的方法技术，使个体的生命得以延续，保持健康的状态，并获得更强的社会生存与适应能力。

中医养生方法技术主要适用于健康人群、亚健康人群，在"防"的过程当中，注意积极调适，以养正气，提高机体抗病能力。正如《素问·上古天真论》所言："虚邪贼风，避之有时，恬惔虚无，真气从之，精神内守，病安从来。"《理虚元鉴·虚症有六因》亦曰："宜调护于未病之先，或预服补药，或节养心力，未可以其无寒无热，能饮能食，并可应接世务而恃为无惧也。"

3. **和于术数，杂合而用** 中医养生方法技术学属于自然科学的范畴，同时具有浓厚的社会科学的特点，也受到了中国古代哲学思想的影响，是一门以自然科学为主体的多学科知识相互交融的医学科学。中医养生方法技术是由历代医家和养生家等在日常生活中的不断感悟和积累而来，涉及范围广泛，从一般的起居环境到琴棋书画等，从普通饮食到中医药物的应用，方法繁多，特别注重衣、食、住、行等日常生活的诸多方面，并逐渐产生了运动类养生方法技术、食药类养生方法技术、情志类养生方法技术、志趣类养生方法技术和起居类养生方法技术等丰富多样、简便易行、行之有效的方法技术。这些方法技术的应用以"和"为原则，既不能太过也不能不及，只有杂合应用各种方法技术，才能做到形神兼养。

4. **防治疾病，延缓衰老** 人是一个有机的整体，是一个开放的复杂巨系统。从形态结构上看，人体是一个以五脏为中心，通过经络系统联系脏腑肢节、沟通上下内外的有机整体。人体的各脏腑、组织等器官在物质构成上同为一源，生理功能上相互联系，病理变化上相互影响。人体器官既有各自的功能，又同时是整体功能活动中的一部分，各器官之间相互联系和影响，且有一定的规律可循。《素问·上古天真论》曰："女子七岁，肾气盛，齿更发长；二七而天癸至，任脉通，太冲脉盛，月事以时下，故有子；三七肾气平均，故真牙生而长极；四七筋骨坚，发长极，身体盛壮；五七阳明脉衰，面始焦，发始堕；六七三阳脉衰于上，面皆焦，发始白；七七任脉虚，太冲脉衰少，天癸竭，地道不通，故形坏而无子也。"又说："丈夫八岁，肾气实，发长齿更；二八肾气盛，天癸至，精气溢泻，阴阳和，故能有子；三八肾气平均，筋骨劲强，故真牙生而长极；四八筋骨隆盛，肌肉满壮；五八肾气衰，发堕齿槁；六八阳气衰竭于上，面焦，发鬓颁（斑）白；七八肝气衰，筋不能动；八八天癸竭，精少，肾脏衰，形体皆极，则齿发去。"

疾病是人体在一定病因的损害性作用下，因自稳调节紊乱而发生的异常生命活动过程，是影响寿命和健康的重要因素。衰老是人体生命过程中的自然现象，意味着机体在生命过程中自我修复能力和抗病能力逐渐减退，健康状态变差，此时更容易患病和死亡。生理性衰老是指在生理状况下，人体随着年龄增长到成熟期后所出现的规律性、正常生理性退化或丧失的过程，是人的生命现象。病理性衰老是指在病理状况下，人体由于环境、遗传、精神心理、劳逸等因素导致衰老现象提前发生的未老先衰过程，是一种病理状态。延缓衰老是人类孜孜以求不断探索的目标。中医学认为，衰是伴随老而出现的各种虚损不足的生命状态，通过中医养生方法技术的应用，不仅可以预防疾病、防止未老先衰，而且可以达到延缓衰老、老而不衰的目标。

三、中医养生方法技术学的学习要求

中医养生方法技术学是中医养生学基础课与中医养生应用学之间的一门桥梁课程和专业技能课程，也是一门理论性、操作性、应用性都较强的专业核心课程。本课程的学习目的，旨在了解中医养生方法技术的起源历史和基本作用原理，掌握其操作技能，为今后从事中医养生工作打下基础，培养具有较高学术水平、掌握纯熟中医养生方法技术及其应用、具有一定科研能力的高级中医养生人才。

学习中医养生方法技术学要有明确的学习目的和要求，掌握一定的中医基础理论和西医学知识，掌握好学习方法，如预习、复习、提出问题，抓重点破难点，循序渐进，学用结合，不能仅满足于课堂教学，还应积极进行中医养生方法技术的训练，做到学以致用，不断在实践中提高理论水平，掌握方法技术的应用规律。在学习中，要将理论学习、方法技术训练和方法技术应用等进行有机结合。中医养生方法技术的训练不可能一蹴而就，需在科学理论的指导下不断实践，循序渐进，长期坚持。

第一章
中医养生方法技术发展简史

扫一扫，查阅本章数字资源，含PPT、音视频、图片等

中医养生方法技术历史悠久，我国历代劳动大众、养生家和医家在长期的养生防病实践中，不断总结经验，从而形成了种类繁多、各具特色和施用于不同方面的养生方法技术。这些养生方法技术不仅保证了中华民族的繁衍生息和中华文明的繁荣昌盛，同时也传播到国外，受到欢迎。

中医养生方法技术的发展一般可分为六个时期。

一、上古时期

中国养生方法技术的起源可以追溯至上古时期。原始社会，生产力极为低下，尽管人类过着茹毛饮血的生活，但生存作为一种本能，促使人们去探求祛病延年、养生的方法。在穴居中为了生存，人类已经学会选取在避风、避寒、干燥、位置高的洞穴居住，这样能够避免风、寒、暑、湿邪气对人体的侵害，客观上养生效果已经达到。自燧人氏钻木取火，人类的饮食卫生状况得到了显著的改善，食物的烧烤起到了很好的杀菌作用。同时，人类的饮食也发生了质的变化，生食变为熟食，既促进了食物的消化吸收、营养的摄入，又减少了疾病的产生。火不仅能驱寒暖身，而且还由此产生了一些简便易行的养生方法，如灸、熨、熱等。到了新石器时代，先民已能磨制石器、骨器，并能应用砭石、石针进行养生。《路史》中有"伏羲尝草制砭"的记载。另外，甲骨文中就已经有神农尝百草的记载，说明当时人类开始意识到用植物来治疗疾病，这既是药物的起源，同时又是药物养生方法技术的开始。

上古时期，多种养生方法技术在先民与大自然的斗争萌芽且形成，在从被动的适应自然到主动改造自然的过程中，已经显现出顺应环境以养生和改造环境以养生两大法门。人类正在逐渐地认识自然与生命的关系，尝试着运用自然规律去支配它，从而产生了简单的养生方法技术。

二、先秦时期

先秦时期的经济发展为人们生活提供了物质基础，也为中医养生方法技术的发展提供了条件。同时，文化和文明的发展进步，使人们的思想得到解放，精神得以升华，人们已经清晰地认识到精神情志在养生中的重要作用。

据《周礼》记载，周代的宫廷医生已有分工，分为食医、疾医、疡医、兽医等。其中"食医"负责王公诸侯的饮食，这是早期的饮食养生方法。书中专门记载有适宜四时的肉食品种、调味宜忌、饮食与菜肴的搭配、服食方法等许多饮食卫生的内容。《论语》记载："鱼馁而肉败不食，色恶不食，臭恶不食，失饪不食，不时不食。"强调了不能食用肉败、色恶、臭恶之变质食物。

《庄子·刻意》中提到"熊经鸟伸，为寿而已矣"，可看出当时人们已认识到了"动以养形"有利于健康长寿。《吕氏春秋·尽数》中指出："流水不腐，户枢不蠹，动也，形气亦然，形不动

则精不流，精不流则气郁。"提出了经常运动形体，则精气流行，身体才能健康的运动养生思想。

《周礼》记载："四时皆有疠疾，春时有痟首疾，夏时有痒疥疾，秋时有疟寒疾，冬时有嗽上气疾。"说明当时对四时不同气候与疾病的关系已有所认识。《灵枢·本神》指出："智者之养生也，必顺四时而适寒暑。"强调人体应顺应四时变化进行养生。

《管子·内业》是最早论述心理卫生的专篇，它将善心、定心、全心、大心等作为最理想的心理状态，以此作为内心修养的标准。《荀子·解蔽》言："心者，形之君也，而神明之主也。"认为人的精神活动由心所主宰，应注重精神调养。《孟子·尽心章》中有"养心莫善于寡欲"之说。《吕氏春秋·尽数》中说"大喜、大怒、大忧、大恐、大哀，五者接神则生害矣"。指出喜、怒、忧、恐、哀这五种情志太过，则会扰乱元神，进而对生命造成危害。《黄帝内经》对身心疾病的社会心理致病因素、发病机制、诊断防治等方面都有许多精辟的论述，对心理因素在疾病发生发展中的地位、心理治疗等加以总结，提出了很多颇有价值的见解，并形成了较完整的理论体系。如《素问·灵兰秘典论》说："心者，君主之官，神明出焉。"《素问·宣明五气》云："心藏神。"《灵枢·邪客》说："心者……精神之所舍也。"《素问·刺法论》云："故刺法有全神养真之旨，亦法有修真之道，非治疾也，故要修养和神也。"

三、秦汉唐时期

从秦汉迄隋唐这个时期，中医养生方法技术得到了明显的发展、充实。特别是唐朝时期，医学教育方面有了巨大的变革，中医人才增多，医药学理论与实践的全面发展，医疗著作的大量问世对养生理论的提高起着巨大的推动作用。且隋唐时期，佛教与道教盛行，唐代统治阶级提出儒、佛、道"三教归一"纲领，并把它作为官方的正统思想。这三家著作中的养生内容被当时的医家和方士所继承，极大地丰富了中医养生方法技术。

汉代刘安所著的《淮南子》中记载了经常服食枸杞汤液可以"老者复少，久服延年，可为真人"。东汉魏伯阳的《周易参同契》是研究炼丹的典籍，它将易学思想与养生结合，为气功养生家推崇。《神农本草经》作为现存最早的中药学著作，全书载药365种，将药物分上、中、下三品。上品一百二十种，无毒，其中大多属于滋补强壮之品，可以长久服用，有益身体健康。《金匮要略·禽兽鱼虫禁忌并治》明确指出了饮食养生的适度原则。晋代葛洪《肘后备急方》中说："羊肝不可合乌梅及椒食""天门冬忌鲤鱼"，指出食疗中食物运用的禁忌。南朝养生家陶弘景《养性延命录·食诫》篇，记载了很多食疗养生方法。东晋医家葛洪在《抱朴子养生论》中，介绍了饮食方面的养生方法，提出不饥强食则脾劳的观点。孙思邈的《备急千金要方·食治》篇，载药用食物五种，分果实、蔬菜、谷米、鸟兽四门，内容涉及食治、食养、食禁各方面。《千金翼方》强调饮食在防治疾病、延年益寿方面的重要价值，提出："若能用食平病，释情遣疾者，可谓良工，长年饵老之奇法，极养生之术也。"唐代孟诜《食疗本草》收录了大量医食并用之品，提出了妊、产妇应加注意的饮食问题。唐代陆羽在《茶经·茶之源》写道："苦茶久食羽化。"提出饮茶可以延年益寿。

张仲景在《金匮要略·脏腑经络先后病脉证》中说"四肢才觉重滞，即导引吐纳……勿令九窍闭塞"，提出导引运动养生。东晋许逊的《灵剑子》提及"子时至午时炼阳、午时至酉时炼阴之术"，所叙炼养之法有胎息服气、按摩导引、内视存思、叩齿咽津等。陶弘景在《养性延命录·服气疗病篇》中记载："纳气有一，吐气有六。纳气一者，谓之吸也；吐气六者，谓吹、呼、唏、呵、嘘、呬，皆出气也……委曲治病。吹以去热，呼以去风，唏以去烦，呵以下气，嘘以散寒，呬以解极。"这些记载成了"六字诀"的起源。华佗创立了"五禽戏"，指出："人体欲得劳动，但不当使极尔，动摇则谷气得消，血脉流通，病不得生，譬犹户枢不朽是也。"强调了运动养生的必要性和重要性。孙思邈在《备急千金要方》中写道："养生之道，常欲小劳，但莫大疲及强所不能堪耳。"指出养生之道，在于坚持运动锻炼，但应注意量力而行。唐代孙思邈的《摄养枕中方》为气功摄生著作，其中专论按摩运动、咽液存思、保精行气、守三丹田真一之法。孙思邈的《存神炼气铭》阐述了形体与神气的关系，提出了心安定神，身存永年的观点。唐代施肩吾在《养生辨疑诀》中强调养生须"形神并重"，并倡导习研气功养生术来益寿延年。

医简《合阴阳》记述了房事养生的方法，提出了十动、十节、十修、八动。《天下志道谈》记载有七损八益、房事有节、十势、十修、八道等。《素女经》中讲述了正确的性观念、性生理、性反应、性过程、性与养生、性与优生等内容。陶弘景的《养性延命录》强调节欲保精是抗衰防老的重要一环。《素女方》为古代性学专著，书中论述了性的生理、心理和性技巧，并记载了一些性治疗方面的药方。唐代孙思邈的《玄女房中经》记载了一些房室养生的方法。《玉房秘诀》强调房中术的重要性，并附有药方。《洞玄子》强调房中气功导引，可养性延龄。孙思邈的《备急千金要方》中强调通过和谐的性生活，达到怡情悦性，有益身心的目的，并收录了不少增强男女性功能、有助于优生优育的方法和方药。

医圣张仲景非常重视调护机体以顺应四时之变，明确指出注意四时变化来防病养生，如《金匮要略·脏腑经络先后病脉证》："若人能养慎，不令邪风干忤经络……病则无由入其腠理。"提出了"养慎"的理念。葛洪《抱朴子·内篇》中说"兴居有节"，其意即起居要有规律。其《抱朴子·养生论》指出："不欲起晚，不欲多睡""早起不在鸡鸣前，晚起不在鸡鸣后"。提示早上宜按时起床，注意合理的作息制度。陶弘景《养性延命录·教诫》篇中说："养性之道，莫久行、久坐、久听……能中和者，比久寿也。"

《史记·太史公自序》中"论六一要旨"云："凡人所生者，神也，所托者形也。神大用则竭，形大劳则敝，形神离则死……神者生之本也，形者生之具也。"反映了道家贵生、养神的养生思想。葛洪非常重视情志养生，他在《抱朴子·内篇》《抱朴子·外篇》中提出"十二少"，即少思、少念、少笑、少言、少喜、少怒、少乐、少愁、少好、少恶、少事、少机，以保和全真，即良好的生活习惯有利于长寿。《抱朴子·养生论》指出了情志太过就会损伤生命。孙思邈在《备急千金要方》中专门论述了养性即养生。孙思邈在《孙真人养生铭》中提出调适情志，"寿夭休论命，修行本在人"的养生观点。胡愔的《黄庭内景五脏六腑补泻图并序》强调自我修持，认为若能克己励志，存神修养，即可使造物者为我所制，不用金丹玉液，也可收到祛病延年之效。唐代吴筠《神仙可学论》中说："静以安身，和以保神。"嵇康在《养生论》著作中主张形神共养，尤重养神。

《金匮要略·脏腑经络先后病脉证》中提及邪气"适中经络，未流传脏腑，即医治之……针灸、膏摩，勿令九窍闭塞……"表明张仲景也很重视针灸推拿治病养生的作用。晋朝范汪在《范汪方》中有灸法防霍乱，使"人终无死忧"的记载，并首次提出"逆灸"的概念，指使用灸法养生的预防性灸疗。南北朝陈延之也重视灸法，在其《小品方》第十二卷专列灸法要穴，用于临床防病保健。《肘后备急方》中有用艾叶熏蒸能够预防疾病的记载。《诸病源候论》的艾灸治病思想更加明确，提出艾灸同样需要辨证论治。《外台秘要》记载人到中年用艾灸足三里能够明目。

四、宋金元时期

北宋时期大量的文人进入医学养生领域，提高了医学人员的文化素质，由于理学兴起，其思想方法大量地渗透到中医养生思想中。这个时期道教推崇内丹，并与气功结合。到了金元时期，政府对道教的支持政策加快了道教的流传，使得道教的教义和思想方法渗透到人们的日常生活中，中医思想和道教思想相结合为中医养生奠定了良好的社会和理论基础。佛教虽然在这个时期开始衰落，但是佛教的思想已经融入到了儒教的思想之中，中医养生方法技术得到了进一步发展。

饮食养生方面，宋代符度仁的《修真秘录》书分《食宜》《月宜》两篇，主要记载思仙与真人关于四季及十二月适宜食物的讨论问答，以及肉、果、谷、菜诸类食物的宜忌等。《寿亲养老新书·卷一》中说："当春之时，其饮食之味宜减酸增甘，以养脾气""当夏之时，其饮食之味宜减苦增辛，以养肺气""当秋之时，其饮食之味宜减辛增酸，以养肝气""当冬之时，其饮食之味宜减咸而增苦，以养心气"。提出了四时养生的饮食原则。元代忽思慧的《饮膳正要》为我国现存比较完整的古代营养学专著，书中制定了一套饮食卫生法则。元代汪汝懋的《山居四要》第二卷为养生之要，汇集了前人食疗等方面经验，并对饮食宜忌、服药忌食、解饮食毒等内容作了论述。《苏沈良方》记载了日常生活、饮食起居的调理宜忌。《琐碎录》摄养中指出："莫饮卯时酒，莫餐申时食，避风如避箭，避色如避贼""莫吃空心茶，少餐申后饭"。其中的饮食时间和注意事项值得后人学习借鉴。《本心斋疏食谱》中记述20味食材的用处和功效。《山家清供》中记载了104种食物的选材和烹饪方法，其中多以素食为主，少用荤菜。朱丹溪在《格致余论·茹淡论》中同样强调戒除荤腥油腻，主张素食。

宋代张君房《云笈七签》中记载了导引、气功、按摩等养生方法技术。宋代蒲虔贯在《保生要录》的论肢体门中，专门介绍了导引锻炼的方法。元代汪汝懋在《山居四要》一书中阐述的"四要"就是摄生、养生、卫生、治生之要。第一卷为摄生之要，讲述了适当运动，适当饮食以维持健康的方法。金代刘完素在《素问病机气宜保命集·原道论》中说："吹呴呼吸，吐故纳新，熊经鸟伸，导引按跷，所以调气也；平气定息，握固凝想，神宫内视，五脏昭彻，所以守其气也；法则天地，顺理阴阳，交媾坎离，济用水火，所以交其气也。"指出了这种导引运动的养生之法可起到贯通阴阳、调畅气血、灌溉五脏和强壮身体的功效。

元代朱丹溪在《色欲箴》中强调节欲保精以息相火妄动来养生。《泰定养生主论》中指出，养生须自婚合、孕育、婴幼、童年开始，且以养心为要务。元代李鹏飞《三元延寿参赞书五卷》在"天元之寿"中较系统地论述了性生活原则、方法和禁忌等。

南宋周守忠的《养生月览》集前人时令养生说，按月编排介绍各种生活宜忌。内容包括服食、饮酒、制粥、汤浴、房事、疗疾等。《摄生消息论》一书介绍了四季养生方法技术，内容包括起居饮食、药物针灸、自我按摩等。宋代姚称的《摄生月令》根据《素问·四气调神大论》四季不同的养生之道，提出按月令的养生方法。《养生月录》按照季节论述四时养生服药的总原则及代表方药。《保生要录》介绍了四时卧起、寒温调摄、居处药食等调摄保生之术。

北宋文学家苏轼指出要达到养生的目的，必须少一些思虑和欲望，他在《思堂记》中说："孺子近道，少思寡欲……思甚于欲……思虑之贼人也，微而无间。"《延寿第一绅言》强调延寿之道重在修心养性、淡名利、节情欲。宋代蒲虔贯所著《保生要录》一书记录了许多固养神气、调摄保生之术。《养生类纂》中强调保精、调气、养神是养生的根本。北宋赵佶的《圣济经》从道家理论讲述五脏养生方法技术和人体十二经脉的循行流注，精气神的相互关系和重要性。金代医学家李东垣认为促成人之早夭的根本原因在于元气耗损，而"凡愤怒、悲思、恐惧，皆伤元气"，说明情志养生方法与人之健康密切相关，故须积极调摄，静心寡欲，不妄作劳，保护脾胃，以养元气。

北宋王怀隐、王祐的《太平圣惠方》中记载了许多养生方法，尤其注意药物与食物相结合的方法，并记载了 23 种药酒的药效。《御药院方》的补虚损门中记载有 100 余种补益的方药，并详述了每首方剂的组成、功效和食用禁忌。

宋代窦材《扁鹊心书》指出灸关元穴能够延年益寿，并把针灸作为养生的首要方法。《针灸资生经》记载灸神阙和气海能够起到养生延年益寿的作用。宋代张杲在《医说》中谈到"若要安，三里莫要干"，表明反复重灸足三里，可以起到养生作用。《寿亲养老新书》中提到按摩涌泉穴能够使人面色红润，身轻体健。针灸学在宋元时期有了很大的发展，出现了闻名海内外的"针灸铜人"；也出现了子午流注针法，主张依据不同时间，选择不同穴位，达到养生的目的。元代滑伯仁的《十四经发挥》注重将经脉与腧穴结合阐述，着重发挥任、督二脉蕴义，有助于养生。

五、明清时期

明代中央设立太医院，在各地方普遍建立中医教育机构。这个时期从医家到文人都很重视养生，主张动静、饮食、药物相结合，另外节欲保精也被医家重视。其中导引、气功养生和老年养生以及国外养生知识的传入为养生提供了更多的方法和途径。

明代药食类养生方法得到重视，并特别强调饮食要有节制。陈继儒在《养生肤语》中指出："人生食用最宜加谨……多饮酒则气升，多饮茶则气降，多肉食谷食则气滞，多辛食则气散，多咸食则气坠，多甘食则气积，多酸食则气结，多苦食则气抑。"《类修要诀》说："晚餐岂若晨餐，节饮自然健脾，少餐必定神安""饮酒一斛，不如饱餐一粥"等。明代李时珍《本草纲目》中对于药饵与食疗皆有大量阐述，反对服用金石，重视用动植物药养生。《救荒本草》收录了 400 多种既可以救穷充饥，又可以治病疗疾的植物品种，丰富了食物资源，为食养提供了更多选择。明代高濂《遵生八笺》较详细地叙述了各种饮食及其功能和烹调方法。《厚生训纂》提到很多却病颐养的经验，如食不过多、茶宜热少、饮不欲杂、酒不可过、便不可忍、夏不露卧、睡不当风，以及节制七情、欲不可纵等。明代鲍山的《野菜博录》收录了可食植物 30 多种。《上医本草》提到要注重口味的清淡，以果、菜之素食品为主，而肉类食物应相对较少。《达生录》内容包括了饮食玄训，服药食忌，妊娠食忌，乳母食忌，附醉后忌，逐月饮食宜忌等，其中饮食玄训中记载："大饥不大食，大渴不大饮"等饮食禁忌。《修养须知》注重综合调摄、养精、炼气、服食、居止诸法相结合，尤重食疗。清代石成金在《长生秘诀》中论及饮食、饮茶、饮酒之宜忌。《类修要诀》强调饮食要有节制，五味不应偏嗜。《节饮集说》中主要论述饮酒的危害及节制饮酒的方法。《食鉴本草》中收载食物 257 种，比较注重讲究饮食的清淡，以果类和瓜菜为最多。《食物辑要》共收集 430 味食物药。各物论其性味、良毒、功效、主治及宜忌等。《食愈方》载食疗方 70 首，其中包括粥、酒、饼、汤等食疗的主治和烹饪方法。清代李渔的《闲情偶寄》论述饮食之法。《随园食单》从食物的烹饪方法中讲述饮食养生之法。《随息居饮食谱》从饮用水、谷食、调和类食材、蔬菜、果实、毛羽类（肉食类）等论述食材的不同特性和对人体的功效、食用禁忌等注意事项。《卫生学问答》强调饮食卫生，不吃腐败食物，进食勿过快、过多、过冷，并赞饮水之益。

明代李梴的《医学入门》中记载了导引法，其中包含了开关法、开郁法、起脾法、治腰法等。《万寿仙书》下卷有 76 幅图，重点介绍了八段锦坐功图、四时坐功却病图、诸仙导引却病图、五禽戏等练功方法与主病。明代罗洪先的《仙传四十九方》记载古人养生导引各种功法、古今修养家修真养生之医药良方和导引按摩法以及五禽功法图形和练法。《修真捷径导引术》图文并茂，载导引功法 18 种，详述各功法之具体演练及作用。《养生秘要活人心诀》述及导引法、祛病延年六字法、四季养生歌及一般养生常识。清代马齐的《养生秘旨》一书主要辑集古代气功养生歌诀及各种导引、按摩、静功、摄养方法。《二六功课》主要阐述按时导引按摩养生法，将一天时间分为十段，详述每一段时间应行导引、吐纳或按摩之方法，并论其对养生之作用。《寿世青编》所载"十二段动功"和"小周天法"，为后世养生著作所引用。清代朱本中的《修养须知》介绍了十六段锦、八段锦、导引、叩齿、运睛、搓涂等具体方法。清代汪昂的《勿药元诠》以传统中医基本理论为指南，记述导引、气功、摄养等防病健身的方法和对一些常见疾病的预防。《颐养诠要》卷二修炼篇，载吐纳、导引、胎息、睡功、神仙起居法、内养十二段锦等功法。《卫济余编》以大量篇幅阐述器用、实玩、文房、冠服、饮食、戏术等有益身心健康，又陶冶情操的养生方法。清代徐文弼的《寿世传真》一书所述内容包括按摩导引、延年方药等多种养生方法。《太上黄庭经注》介绍练功之法重在五脏修炼，强调固守元气，使精凝气固，神清心静，以求全生。《寿人经》介绍了肢体导引法。《调气圭臬图说》载吐纳导引功法十六式，配图32幅，其中拍打法类似武术中拍打硬功。《卫生要术》内载十二段锦、分行外功、内功、神仙起居法、易筋经十二势，并附图解。《十二段锦易筋经义》载十二段锦总诀，分行外功诀、易筋经12图并附功诀、祛病延年法及附图。清代潘霨的《易筋经图说》介绍了十二段锦、外功、内功、易筋经四种功法。清代娄杰辑的《八段锦坐立功法图诀》介绍了八段锦坐功、立功两种功法。清代王祖源的《内功图说》载有"姿势图"35帧，包括十二段锦、分行内外功、易筋经、却病延年法等。

　　明代房室养生得到发展。胡文焕在《类修要诀》中对"采补"之说持否定态度，认为它不利于健康养生。《食色绅言》中男女绅言一卷，勉人节欲。明代龚居中的《万寿丹书》中介绍了吕祖采补延年秘箓与房中养生至要。明代赵献可在《医贯》寡欲论中主张清心寡欲以养身心。《养生杂纂》主论养精、生育，将此二者作为养生大要。《长生秘诀》中强调欲不可禁戒，但不可不加节制。《养生保命录》中述及好色之害、节欲方法及注意事项等。清代陆以湉的《冷庐医话》强调养生重在节欲保精，并论述了房事中的禁忌。清代李渔在《闲情偶寄》中也主张节色欲以养生。

　　起居养生法是从四时气候的变换和居家生活的方面介绍养生需注意的事项。明代瞿祐的《四时宜忌》叙述一年十二个月中的生活起居饮食等应注意的情况。明代高濂的《遵生八笺》中讲述了按时养生的方法。《运化玄枢》倡导养生以月令为经，以服食、禁忌为纬详尽讲述每个月份的养生方法和注意事项。明代方孝孺的《逊志斋集》从坐、立、行、寝、揖、拜、食、饮、言、动、笑、喜、怒、忧、好、恶、取、与、诵、书方面论述了儒家养生的方法。《类修要诀》强调"慎寒暑"的思想。《护身宝镜》载四时调摄、防病治病之法及各种环境下的养生方法。清代张隐庵指出："起居有常，养其神也，不妄作劳，养其精也。夫神气去，形独居，人乃死。能调养其神气，故能与形俱存，而尽终其天年也。"这说明了起居有常对调神养气有重要意义。清代李渔在《闲情偶寄》中从生活细节方面详尽论述了各种养生方法技术。《卫生丛录》书中首论烟、酒、缠足之害。《卫生学问答》中内容和理论均采用中西合璧之理，重视呼吸清新空气对于养生的重要性，并强调散步的功效。

　　明代万全在《养生四要》中认为"心神清净则神安，神安则七神皆安。以此养生则寿，殁世不殆"。《昨非庵日纂·颐真》中说"欲求长生先戒性"，即指要想长生，必须先要戒除七情六欲。明末袁黄在《摄生三要》中认为聚精、养气、存神为摄生的三大纲要。《养生醍醐》认为养生贵在养心神，神得养则五脏六腑皆安。明代高濂在《仙灵卫生歌》中记载了修身养性、养生戒欲类的歌诀。明代陆树声的《病榻寤言》乃陆树声在病中所悟得的养生心得，其要旨在于"惜精气，省思虑；薄名利，淡生死"。《寿世保元》中强调"养生莫若养性"。明代钱琦在《钱公良测语·由庚》中提出了养生之法，如"大怒不怒，大喜不喜，可以养心"。清代朱本中在《修养须知》中强调精气神保养和节护。《养生杂录》从精、气、神、形的关系及其与寿命的内在联系阐述了养生。清代石成金的《长生秘诀》集结了清以前历代前贤养生名言及自身养生经验，主论精神修养。《长寿谱》认为心乃一身之主，人欲长寿，须从此调养，故当常存仁慈心、安静心、正觉心、欢喜心。清代杨风庭在《修真秘旨》详尽阐述了精、气、神的调摄方法。《养生至论》认为养生在于养心。《小炷录》书名取"小炷焚膏其时久"之意，以示爱惜精、气、神的重要性。清代查有钰的《摄生真诠》主张节护精气神，强调虚无恬惔、清静无为而达到养生的目的。清代丁其誉的《寿世秘典》认为养生之道即"慎起居，谨嗜欲，守中实内，长生久视，道无逾此"。《古今医统大全·养生余录》中论及养生需排除欲念，以减少情绪波动。清代钱大昕在《恒言录》中说："恼一恼，老一老；笑一笑，少一少。"指出了不良的情绪的危害，以及美好情绪对养生防衰的意义。清代尤乘在《寿世青编》中提出清心寡欲、修养性情是养生的好方法。

明清时期中药增加，品种繁多，为方剂发展和药物养生提供了物质基础。药物不仅仅用于内服，在外用方面也得到了拓展。由于道教的兴盛，丹药的炼制和服用也流传甚广，所以这个时期的药物养生中丹药大为流传。《本草纲目》中收录了大量增寿延年的药物，多为无毒易食之补益类药。明代万全的《养生四要》认为"饮食五味稍薄，则能养人"，尤其重视补养脾胃。《延寿丹方》中详述延寿丹中何首乌等10余味药物的采集、炮制、功用及随症加减配伍应用法，并记述众人服药后获得白发复黑、神衰复旺、却病延年的功效。明代胡濙的《卫生易简方》中记载了26种"轻身延年"的验方。《寿域神方》中记述了13条延年益寿的方药。《扶寿精方》中诸虚门载方37，其中三子养亲汤、琼玉膏、河车大造丸等都被后人所推崇，沿用至今。清代尤乘的《勿药须知》从防病、疗心、饮食、起居和静功等多方面阐述疗病之理法。《延龄纂要》中论述了补益肾脏真阴之水与真阳之火，并论及补心、肝、脾、肺的方法、用药和验方。《滋补门类》记载了滋补方47首，多为补肾壮阳、添精益髓、延龄增寿之养生方。

明代张介宾的《类经图翼》中记载了隔盐灸神阙穴不仅能够治疗疾病还能够延年益寿。明代杨继洲在《针灸大成·治症总要》中述及艾灸足三里、绝骨穴预防中风。清代陆乐山所著的《养生镜》为痧证专书，论述各种疾病的刮痧方法。清代张璐在《张氏医通》中记载用三伏贴防治哮喘病。

六、近代和现代

民国时期，中医养生方法技术学同中医药学一样，受到排斥、限制，其发展遇到了严重的阻碍，理论和方法技术亦无大进展。这一时期的养生著作也较少，仅有蒋维侨的《因是子静坐养生法》、席裕康的《内外功图说辑要》、任廷芳的《延寿新书》、胡宣明编的《摄生论》、沈宗元的《中国养生说集览》等。

中华人民共和国成立后，随着中医药院校的陆续成立，中医养生方法技术学的发展得到高度重视。1955年"简化24式太极拳"问世，以广泛的适应性和健身性掀起了全国学习太极拳养生的热潮。1987年开始部分高等中医院校曾开设中医养生康复学专业，并编写了相关教材，后虽因高校专业目录调整，中医养生康复专业停办，但《中医养生学》的课程一直是中医高校的重要课程之一。特别是近年来，随着医学模式的转变，医学科学研究的重点已开始从临床医学逐渐转向预防医学，中医养生方法技术学受到了越来越多的关注，传统的中医养生方法技术得到更加迅速的振兴和发展，传统文化中优秀的中医养生文化正在被重新挖掘和运用，出现了蓬勃向上的局面。

随着社会和经济的快速发展和大健康时代的到来，人们对健康日益重视，中华人民共和国教育部于2017年正式批准南京中医药大学、成都中医药大学自高等中医药教育创办以来首次开办独立设置的中医养生学本科专业（五年制、医学士学位），并于当年招生。随后，全国其他多所高等中医药院校也陆续获批开办中医养生学本科专业，这一里程碑式举措，加快了中医养生方法技术的发展。当前，中医养生方法技术不断创新，用现代科学方法研究中医养生方法技术作用也是日新月异。

第二章
中医养生方法技术的作用原理

扫一扫，查阅本章数字资源，含PPT、音视频、图片等

中医养生方法技术在促进人类健康，延年益寿方面具有明显的优势。明确中医养生方法技术的基本作用原理是掌握和应用中医养生方法技术的前提和基础，中医养生方法技术的基本作用原理主要有平衡阴阳、疏经通络、行气活血和调和五脏。

第一节　平衡阴阳

阴阳是中国古代哲学的一对范畴，是对自然界相互关联的某些事物和现象对立双方的概括。《素问·阴阳应象大论》曰："阴阳者，天地之道也，万物之纲纪，变化之父母，生杀之本始，神明之府也。"阴阳是自然界万事万物运动变化的根本规律。阴阳之间对立制约、互根互用、交感互藏、消长转化的对立统一平衡关系，不是孤立的、静止不变的，而是互相联系、互相影响、相反相成的。人体就是一个阴阳运动协调平衡的统一整体，人生历程就是一个阴阳运动平衡的过程。阴阳平衡是人体健康的必要条件，在人体生、长、壮、老、已的整个过程中，在正常的生理限度内，阴阳间的平衡不断被打破，不断重新建立新的平衡。当平衡不再被打破，也就意味新陈代谢停止和生命终结。当人体不能建立新的平衡时，也就意味着疾病的发生。中医养生学认为，只有保持气血阴阳的平衡，才能起到养生的作用。其基本点即在于燮理阴阳，调整阴阳的偏盛偏衰，使其复归于"阴平阳秘"的动态平衡状态。这正如清代医家徐灵胎所说："审其阴阳之偏胜，而损益使平。"在平衡阴阳时，主要有两层意思，指既要保持机体脏腑器官生理功能之间的动态平衡，又要保持机体与外界环境之间物质交换的相对平衡。

平衡阴阳的具体体现为：人体不仅要顺应自然界的阴阳变化，还要及时调整体内阴阳，保持相对平衡之态。①顺应自然界的阴阳变化：世界上一切事物都在不断地运动变化、新生和消亡。事物之所以能够运动发展变化，根源在于事物本身存在着相互对立统一的阴阳双方。无论是自然界，还是人类都必须以阴阳为根本，必须顺应自然界阴阳消长的规律，因为自然界阴阳消长的运动，影响着人体阴阳之气的盛衰。故善摄生者，应"提挈天地，把握阴阳"，如此，才可"寿蔽天地，无有终时"。②调整体内阴阳，保持相对平衡之态：人体的容貌、形体欲得老而不衰，除了顺应自然界的阴阳变化外，还必须在日常生活中注意维护体内阴阳的平衡。《圣济总录·食治统论》曰："若食味不调，则为损形。阴胜阳病，阳胜阴病；阴阳和调，人乃平康。故曰安身之本，必资于食。"这是说饮食的阴阳之性应平衡，才不会损伤人体的阴阳。此外，如情志、起居等只要遵循阴阳平衡的原则，就能利于健康长寿，容颜难衰，否则便会"半百而衰"。

人体阴阳的相对平衡是人体健康的基础，也是养生活动的指导思想。中医养生的根本任务就是遵循阴阳平衡的规律，协调机体各方面的生理功能，以达到内外的平衡。很多生理和心理方面

的疾病，特别是当代一些所谓的"文明病"大都是因为人体自身以及人体与外界环境之间平衡失调引起的。阴阳平衡是一种动态平衡关系，肿瘤的发生、失眠、排卵障碍性不孕和双心病等各种疾病的发生都可以概括为阴阳之间动态平衡被破坏，因此，保持人体阴阳的协调和平衡就自然成为一个重要原则，无论从精神、饮食、起居，中医养生方法技术都离不开协调阴阳平衡、"以平为期"的宗旨。

平衡阴阳是阴阳双方保持协调，既不过分，也不偏衰，呈现着一种协调的中和状态。阴阳双方在运动中取得的平衡关系，是阴阳运动的最佳状态。健康的身体，从阴阳的角度而言，必须保持阴阳双方的平衡，故《素问·调经论》曰："阴阳均平，以充其形，九候若一，命曰平人。"平衡阴阳是人体保持和恢复健康的必要条件。平衡阴阳，在不同的年龄阶段具有不同的特点，《素问·阴阳应象大论》曰："年四十而阴气自半，起居衰矣。"幼年时期阴阳俱不足，称为"稚阴稚阳"，壮年时期阴阳俱充，自四十以上，阴阳渐衰。所以在生命的过程中，中医养生学从阴阳对立统一、相互依存的观点出发，认为脏腑、经络、气血津液等必须保持相对稳定和协调，就是不断地谋求人体的阴阳平衡，阴生阳长，阳生阴长，才能维持"阴平阳秘"的正常生理状态，从而保证机体的生存和健康。

《素问·生气通天论》曰："阳气者，一日而主外，平旦人气生，日中而阳气隆，日西而阳气已虚，气门乃闭。"故《灵枢·一日分为四时》曰："夫百病者，多以旦慧、昼安、夕加、夜甚……朝则人气始生，病气衰，故旦慧；日中人气长，长则胜邪，故安；夕则人气始衰，邪气始生，故加；夜半人气入脏，邪气独居于身，故甚也。"这是因为早晨、中午、傍晚、夜间，人体阳气存在着生、长、衰（收）、入（藏）的规律，从而影响到邪正斗争，病情也呈现出慧、安、加、甚的起伏变化。中医认识到人作为天地自然之子，受到自然界"适者生存"法则的制约，在漫长的进化过程中，形成了与自然界四时阴阳变化同步的生命节律，必须顺应自然界四时阴阳变化规律，才能保护生命，健康地生存于自然环境之中。因此，顺应自然实质亦就是顺应自身生命节律。《素问·四气调神大论》曰："阴阳四时者，万物之终始也，生死之本也，逆之则灾害生，从之则苛疾不起，是谓得道。道者圣人行之，愚者佩（背）之。从阴阳则生，逆之则死；从之则治，逆之则乱。反顺为逆，是谓内格。"《灵枢·本神》亦指出："智者之养生也，必顺四时而适寒暑。"高度强调顺应自然界四时阴阳以养生的重要性。因此，《素问·宝命全形论》曰："人以天地之气生，四时之法成。"说明自然界变化与人体变化必须要适应，养生者应注意因时养生。人类自身的生存和发展应当建立在与自然界的规律协调一致的基础之上。正如《灵枢·岁露论》所谓"人与天地相参也，与日月相应也"，这正是对"天人相应"、人与自然协调一致关系的高度概括。

唐代的王冰亦指出不顺应四时的危害："不顺四时之和，数犯八风之害与道相失，则天真之气，未期久远而致灭亡。"人若不能顺应自然、适应自然环境的变化，人体内外的阴阳则会失衡，各个脏腑的生理活动也会紊乱无序，人体的健康便会受到威胁，病后功能也得不到恢复。

《素问·经脉别论》曰："故春秋冬夏，四时阴阳，生病起于过用，此为常也。"七情、劳力、饮食等过度，或起居失常、滥用药物等，皆可成为致病因素，危害身体健康。《素问·上古天真论》曰："以酒为浆，以妄为常，醉以入房，以欲竭其精，以耗散其真，不知持满，不时御神，务快其心，逆于生乐，起居无节，故半百而衰也。"指出饮食失节、房劳太过、起居无常、情志过激都可伤身害体，过早带来生命的衰老。"生病起于过用"是《黄帝内经》的病因观和发病观，不论自然界的"过用"，如生活环境的异常变化，还是人体自身的"过用"，如生活方式和生活条件的失常，都是导致疾病、损害健康的原因。养生的目的和意义在于维护身体健康，因此养生必须重视人与自然、人体内部环境的平衡协调，防止"过用"。不论是顺应自然、调摄精神、调适饮食起居、避邪防病，还是节制房欲、保养肾精等养生法则和具体方法，都是为了促使人体以阴阳为代表的脏腑经络、气血精神达到协调、和顺的健康状态，这也是养生实践过程中必须遵循的基本原则。故《素问·上古天真论》曰："法于阴阳，和于术数，食饮有节，起居有常，不妄作劳，故能形与神俱，而尽终其天年，度百岁乃去。"

第二节　疏经通络

经络是经脉和络脉的总称，是人体运行气血、联系脏腑和体表及全身各部的通道，是人体功能的调控系统。《素问·调经论》曰："五脏之道，皆出于经隧，以行血气，血气不和，百病乃变化而生，是故守经隧焉。""守经隧"，就是疏通经络。保持经络的畅通，可以防治疾病的产生。经络有"内溉脏腑，外濡腠理"的作用，将营养物质输布到全身各组织器官，从而完成"和调于五脏，洒陈于六腑"的生理功能。以五脏为中心，以经络为通道，并通过经络的联属，将人体构成一个有机整体，故经络的通畅和调，是气血正常运行的保障，也是五脏功能正常协调的关键。名医华佗指出："人体欲得劳动，但不当使极尔。动摇则谷气得消，血脉流通，病不得生。"人体通过劳动、运动能使血脉流通，从而达到养生的目的，基于这样的认识，华佗创编了五禽戏。

《灵枢·本脏》即云经络在人体具有"行血气而营阴阳、濡筋骨、利关节"的作用。所以中医养生有畅通经络、血脉和调的要求。《素问·五常政大论》说："夫经络以通，血气以从，复其不足，与众齐同，养之和之，静以待时，谨守其气，无使倾移，其形乃彰，生气以长，命曰圣王。"即养生必须畅通经络、和调血脉，以使脏腑功能安和，才能强健身体、健康长寿。在临床上有不少疾病的发生发展都与经络失疏有关，如痹证、痿证、厥证、瘫痪、肿瘤、关节不利等，以及内、外、妇、儿、骨伤等科中的诸多病证，均由经气失调、血脉不通所造成的。特别是痛证，故有"不通则痛""通则不痛"的论点，所谓通与不通，无不与经脉之疏通与否密切相关。中医学认为，人的双手集中了与体内各组织器官相联络的穴位，经常刺激手部，就可以疏通经络，达到防病健体的目的。

经脉与脏腑密切相关，经脉之气源于相应的脏腑，故有"脏腑为本，经脉为标"的观点。所以经脉病变，多与脏腑有关，而脏腑患病，又往往在其所属经脉的循行部位反映出来，如肝气郁结、疏泄失职，常有胁肋、少腹等肝经循行部位胀痛的表现。总之，内在脏腑发生了寒、热、虚、实的变化，多可在其经脉循行部位反映出一定症状和体征。更有邪气入侵，常由脏虚而经气运行不畅，使邪气留滞，滞于经脉出入的枢机穴位。如《灵枢·邪客》说："肺心有邪，其气留于两肘；肝有邪，其气流于两腋；脾有邪，其气留于两髀；肾有邪，其气留于两腘。"这也是说明内当五脏受了邪气的侵袭，会影响其所属经脉、经气的运行。十二经脉联络了身体表里，通过中医养生方法技术的运用，可以保持经脉畅通，增强脏腑功能。

第三节　行气活血

中医学认为"气"是构成人体和维持人体生命活动的最基本物质。它调控着脏腑之间基本功能状态的稳定性。"血"即血液，是构成人体和维持人体生命活动的基本物质之一，由水谷精微所化生。其主于心、藏于肝、统于脾、布于肺、根于肾，有规律地循行于脉管中，在脉内营运不息，充分发挥灌溉一身的生理效应。气属于阳，血属于阴。《难经·二十二难》曰："气主呴之，血主濡之。"简要地概括了气和血在功能上的差别。但是，气和血之间，又存在着"气为血之帅""血为气之母"的密切关系。气能行血，是指血属阴而主静，血不能自行，有赖于气的推动；气行则血行，气滞则血瘀。血液的循行，有赖于心气的推动，肺气的宣发布散，肝气的疏泄条达。因此，气滞则血行不利、血行迟缓而形成血瘀，甚则阻滞于脉络，结成瘀血。瘀血既是病理代谢产物，又是影响人体健康和引起多种疾病的常见因素。许多疾病病程中都可出现瘀血，形成血瘀证，久病多瘀，慢性病中更多见血瘀证。血瘀证的临床表现很多，其共有症状主要表现为局部刺痛、舌质紫黯，或有癥积包块、舌下经脉瘀阻、脉涩或有结代，以及各种检查出现的血液流变学异常改变等。行气活血对防治血瘀证有独特的效果。现代药理学研究证实，活血化瘀类药物具有改善微循环和血液循环障碍，抗病毒、抗菌和抑制炎症反应，抑制肿瘤细胞的生长和转移，促进增生性疾病的转化、吸收，减低毛细血管的通透性，加速创伤的愈合和渗出液的吸收，纠正体液内分泌紊乱和代谢失调，改善机体免疫反应等多种效应。西医学研究证实，行气活血法对某些病种的预防具有重要作用。比如，行气活血法预防冠心病心血瘀阻证的作用机制可能与其修复受损的内皮细胞，调节一氧化氮（NO）与内皮素（ET）、血栓素 A2（TXA2）与前列环素（PGI2）间的平衡有关。行气活血法可以改善患者 ET 与 NO 和 TXA2 与 PGI2 间的平衡。又如，在心血管系统方面，行气活血法能改善心脏功能，有扩冠、增加冠脉流量、降低耗氧量、改善心肌缺血缺氧、降低外周血管阻力的作用等。再如，阳痿、前列腺增生症等疾病的发生其本质就是一种络病，临床医生在男科疾病治疗上往往会使用相应的行气活血、化瘀通络的药物，疗效显著。因此，行气活血可以达到预防冠心病、缺血性脑卒中、心肌梗死、动脉硬化性疾病、血栓闭塞性脉管炎、上消化道出血等疾病的作用。

第四节 调和五脏

《素问·五脏别论》曰："所谓五脏者，藏精气而不泻也，故满而不能实；六腑者，传化物而不藏，故实而不能满。"概括说明了五脏和六腑的不同生理功能和特点。五脏因藏精气神而为生命活动的中枢，六腑则主要负责生命必需物质的摄入和代谢，配合五脏以主持人体生理活动而形成了脏腑协调统一规律。《素问·灵兰秘典论》曰："凡此十二官者，不得相失也。故主明则下安，以此养生则寿，殁世不殆，以为天下则大昌。"强调了体内环境协调统一的整体观念，说明如果违背脏腑功能的协调统一，则生命会遭到损减。

中医在脏腑协调观中，将人体脏腑生理功能通应关系归纳为以五脏为中心的五大生理系统。五脏调和之所以如此重要，是因为五脏居于体内，主藏精气，与外在的五体五官、手足四肢功能的发挥以及精神情志的产生均有密切的关系。所以《灵枢·本脏》曰："五脏者，所以藏精神血气魂魄者也。"《素问·阴阳应象大论》曰："人有五脏化五气，以生喜、怒、悲、忧、恐。"正因为五脏主藏精气，精气是增强机体抵抗能力的物质基础，故而五脏调和则能适应自然界的变化、抵御外邪的入侵。如《素问遗篇·刺法论》曰："正气存内，邪不可干。"《素问·评热病论》曰："邪之所凑，其气必虚。"由此可见，人体之所以身体衰弱，或经常患病，或病后不愈，甚至死亡等，无一不关系到五脏失和。某一脏腑功能的过亢或不足都会影响生命的健康而带来疾病，甚至影响寿命。如肝木乘脾，若肝失疏泄而肝气郁结，横逆犯脾，导致脾胃虚弱，升降失常可致眩晕、泄泻等病。又如，绝经前后诸证的发病基础非独肾虚，而是脏腑功能的逐渐衰退，通过调和五脏使气血阴阳平衡，以缓解患者的各种不适症状。

《素问·脏气法时论》谓："五谷为食，五果为助，五畜为益，五菜为充，气味合而服之，以补精益气也。"《素问·五常政大论》亦谓："谷肉果菜，食养尽之，无使过之，伤其正也。"利用食物的滋养作用，合理安排饮食可保证机体的营养，从而使五脏功能旺盛，气血充实。如强调食饮有节，认为五味分入五脏，化生五脏精气。食物有五味之偏，《素问·至真要大论》曰："五味入胃，各归所喜。"不同味的食物对五脏显示出不同的作用。但《素问·至真要大论》又指出："久而增气，物化之常也。气增而久，夭之由也。"虽然五味本身不能致病，但某一种食物因为数量的积蓄，影响五脏之间的协调平衡，便可诱发疾病或改变机体生理效能，影响健康，甚至危及生命，所以，《素问·生气通天论》曰："阴之所生，本在五味；阴之五宫，伤在五味……是故谨和五味，骨正筋柔，气血以流，腠理以密，如是则骨气以精，谨道如法，长有天命。"

《素问·举痛论》曰："百病生于气。"因此，中医养生强调恬惔虚无，精神调摄以纠正五脏气机的失和。又如药物纠偏，《素问·阴阳应象大论》有："形不足者，温之以气；精不足者，补之以味"之说，成为后世药饵调理脏腑不足的两大法门。至于《素问·遗篇·刺法论》所言春分日用吐法、雨水日用药浴法，以及服小金丹(辰砂、雄黄、雌黄、紫金，火煅蜜丸)避疫法，亦均为后世常用的养生方法。再如针灸纠偏，《灵枢·根结》谓："用针之要，在于知调阴与阳。调阴与阳，精气乃光，合形与气，使神内藏。"由于针灸能够通过经络，调理脏腑，平衡气血阴阳，全神养真，故后世亦作为养生的手段和方法。

从养生角度而言，五脏调和在生理上的重要意义决定了其在养生中的作用，无论精神、饮食、起居、运动的调摄都要协调脏腑的生理功能，使其成为一个有机整体，保持经络、气血的协调平衡，畅旺生命。五脏调和之中特别强调以脾肾为本。古代医家对人体生命过程中的变化规律作了长期观察，认为肾为先天之本，既藏先天之精，又藏后天之精，肾精又可化为肾气，人的生长发育关乎于肾精肾气，而人的衰老亦是肇始于肾，之后由肾衰而导致其他脏腑的相继衰退。如人衰老的外在表现为发白、发脱、齿松、齿落、耳聋、目花、腰弯、背屈、手足不利、二便遗泄等无不与肾衰有关。故欲使儿童生长发育强健，成人衰老推迟，就必须重视培补肾精肾气。脾(胃)为"后天之本""气血生化之源"，故人体脏腑器官、形体官窍、营卫经络、精神情志，无不仰仗于脾胃，而脾胃的强弱关系到人体正气的盛衰、寿命的长短，以及抗病能力、康复功能的强弱。

第三章
中医养生方法技术的应用原则

扫一扫，查阅本章数字资源，含PPT、音视频、图片等

党的十八大以来，以习近平同志为核心的党中央把保障人民健康摆在优先发展的战略地位，作出了"实施健康中国战略"的重大部署。中医药作为我国具有原创优势的科技资源，挖掘利用好中医药资源，具有重大现实和长远意义。中医养生学在长期的发展过程中，形成了具有自身特色的养生方法技术，在其实施时，提倡"法于阴阳，和于术数，食饮有节，起居有常，不妄作劳"；主张"正气为本"，"预防为主"，强调辨证思想。正确地运用中医养生方法技术及相应原则进行养生，可以提高身体素质和抗衰防病的能力，达到延年益寿的目的。

第一节　调和阴阳

调和阴阳是指利用中医养生方法技术纠正人体阴阳的偏盛或偏衰，使之恢复相对平衡协调。生命过程是机体同外界不断地进行物质交换和能量交换的过程，是化气与成形的过程。《素问·六节藏象论》曰："生之本，本于阴阳。"《素问·阴阳应象大论》曰："阳化气，阴成形。"人体的生命活动，以体内脏腑阴阳气血为基础。脏腑阴阳气血平衡，人体才会健康，不易衰老，寿命才能得以延长。一旦机体阴阳失衡，可以通过扶正，补益人体阴阳之偏衰；通过祛邪，祛除阴阳之偏盛，从而恢复阴阳相对平衡。许多研究表明：亚健康状态下，人体虽然尚未发生疾病，但是人体阴阳平衡已出现偏差，注重养生是保持身体健康无病的重要手段，而其最根本的原则就是"法于阴阳"。

一、顺应四时变化

人体阴阳之气与自然界阴阳相互通应，所以要遵循自然界阴阳的变化规律来调理人体之阴阳，使人体中的阴阳与四时阴阳的变化相适应，以保持人与自然界的协调统一。

一年分四季。根据春温、夏热、秋凉、冬寒的寒暑变化规律以及由此所引起的春生、夏长、秋收、冬藏的生化规律，中医养生家提出了"春夏养阳，秋冬养阴"的养生原则，意思是说春夏季节里万物蓬勃生长，人体应顺应自然界阳气升发的趋势，夜卧早起，多到户外进行运动，呼吸清新的空气，舒展形体，使阳气更加充盛；秋冬季节天气转凉至寒，自然界阴气偏盛，人体应注意防寒保暖，适当调整作息时间，早卧晚起，使阴精潜藏于体内，阳气不致妄泄。而对"能夏不能冬"的阳虚阴盛体质者，夏用温热之药预培其阳，则冬不易发病；对"能冬不能夏"的阴虚阳亢体质者，冬用凉润之品预养其阴，则夏不易发病，此即所谓"冬病夏治""夏病冬养"之法。

一天分四时。《灵枢·顺气一日分为四时》曰："以一日分为四时，朝则为春，日中为夏，日入为秋，夜半为冬。"指出一天之内阴阳亦随昼夜消长进退，人的新陈代谢也发生相应的改变。

根据平旦阳气生、日中阳气隆、日西阳气虚的昼夜晨昏节律性变化规律，提出了日出而作、日入而息的养生理论。由此可见，人的生理活动都受年节律、季节律、月节律、昼夜节律等自然规律的影响，人体必须与自然界保持和谐统一，如果违背自然规律，就有可能产生各种病理变化。

二、顺应月廓变化

日为阳，月为阴。人体的生物节律不仅受到四季的太阳变化的影响，而且还受到月亮盈亏变化的影响。这是因为人体的大部分由液体组成，月球的吸引力如同引起海潮般对人体的体液发生作用，称为生物潮。人体生理气血的盛衰随着月亮盈亏发生不同变化。新月时，人体的气血偏弱，而在满月时，人体头部的气血最充实，内分泌最旺盛。因此，养生学家们联系月相进行养生保健，《素问·八正神明论》曰："月生无泻，月满无补。"现代研究证实，月相的周期变化对人体的体温、激素、性器官状态、免疫和心理状态等都有规律性的影响，特别是对女性的影响更为明显。

中医养生学从阴阳对立统一、相互依存的观点出发，认为脏腑、经络、气血津液等也必须保持相对稳定和协调，才能维持"阴平阳秘"的生理状态，从而保证机体的正常运行。人体生命运动的过程也就是新陈代谢的过程，这些过程都是通过阴阳协调完成的。体内的各种矛盾，诸如吸收与排泄、同化与异化、酶的生成与灭活、酸碱的产生和排泄等等，都在对立统一的运动中保持相对协调平衡，而且贯穿生命运动过程的始终。调和阴阳是人体健康的必要条件。养生的根本任务，就是运用阴阳平衡规律，协调机体功能，达到阴阳平衡、增进健康的目的。

第二节　形神共养

《黄帝内经》中已经形成了较为系统和完备的"形神共养"养生观，认为养生的最高境界是精神与形体的健康和谐统一。形，指人体的脏腑、经络、精、气、血、五官九窍、皮肉、筋骨等物质；神，主要指人的精神、意识、思维活动。神有广义和狭义之分。广义之神，是指整个人体生命活动的外在表现，包括人体表现在外的各种生理和病理性征象；狭义之神，即精神、意识和思维活动，包括情绪、思想、性格等一系列的心理活动。神由形生，形由神立，形神互依，健全的形体是神机旺盛的物质保证，神机旺盛又是形体强健的根本条件。形神合一，是形体和精神的结合，是生命活动的基本特征，也是健康长寿的重要前提。因此，中医养生学非常重视形体和精神的整体调摄，提倡身心合一，形神共养。

人体的形体和精神，二者相互依附、相互制约，不可分割，是一个统一的整体。形为神之宅，神乃形之主，有形则有神，形健则神昌。任何信息作用于人体，都是意识系统和生理系统共同承受而相互作用的。形神合一主要表现为说明人体复杂的生命活动过程，它包括心理和生理的对立统一，机体内环境与外环境的对立统一，精神与物质的对立统一，本质与现象的对立统一等。守神而全形要求人们既要注意形体的养护，也要注重精神的摄养，使形体健壮，精力充沛，身体与精神处于和谐统一的生命过程中。形体以载神，形盛则神旺，而神统驭形，神明则形安。

中医养生学认为，形与神是相辅相成的。形为生命之基，神为生命之主。从本原上讲，神生于形；从作用上讲，神又主宰形，形神的对立统一，便构成了人体生命这一有机统一的整体。形体健壮，精神才旺盛。

一、形为神之宅

精气是构成形体的基本物质，是最基本的形。神由先天之精所化生，出生之后，又依赖于后天之精的滋养。故《灵枢·本神》曰："生之来，谓之精，两精相搏谓之神。"《灵枢·平人绝谷》曰："神者，水谷之精气也。"由此可见，精能生神，精足则神健，形健则神旺；反之，精衰则体弱神疲。气是生命活动的根本动力，与神相互依存，相互为用。故金代名医李东垣曰："气者，精神之根蒂也。"因此，精、气、神被喻为人体"三宝"，其中精是生命的物质基础，气是生命活动的动力，神是主宰，构成了形神统一的完整体系。精气神旺盛是人体健康的基本保证，精气神虚衰是衰老的根本原因。因此，保精、益气、养神被列为延年益寿的大法。

明代著名医家、养生家张景岳在《景岳全书·传忠录·治形论》反复强调养形对保证身体健康的重要意义。问曰："善养生者，可不先养此形，以为神明之宅？善治病者，可不先治此形，以为兴复之基乎？"由于五脏是形体活动的中心，所以，形体摄养首先要保证五脏六腑的功能协调统一。《素问·阴阳应象大论》曰："人有五脏化五气，以生喜怒悲忧恐。"《素问·宣明五气》曰："心藏神，肺藏魄，肝藏魂，脾藏意，肾藏志。"有了健康的形体，才能产生正常的精神情志活动。五脏精气充盛，功能协调，则神清气足，情志正常。反之，五脏精气不足，功能失调，可出现情志异常。正如《灵枢·本神》指出的"肝气虚则恐，实则怒……心气虚则悲，实则笑不休"。

养形的内容十分丰富，如生活规律、饮食有节、劳逸适度、起居有常、慎避外邪，以及各种健身运动和体育锻炼等。

二、神乃形之主

《素问·灵兰秘典论》言："心者，君主之官也，神明出焉……故主明则下安，以此养生则寿，殁世不殆……主不明则十二官危……以此养生则殃。"可见，神是生命活动的主宰，是殃寿之根本。中医素来认为要通过"养神"来保养和提升人的内在生命力。因为心神在人体中起统帅和协调作用。由于神的统帅作用，生命活动才表现出整体特性、整体功能、整体行为、整体规律等。脏腑的功能活动、气血津液的运行和输布，必须受神的主宰，即所谓"神能御其形"。

在形神一体观的指导下，形神共养，首重养神。中医养神非常重视"养性"和"养神"。"养性"是指心性和道德的修养；"养神"主要是指情志和心理的养生，而且养性和养神从"养心"开始。中医的"五神"（神、魂、魄、意、志）虽为五脏所主，但主要归于心神所管。在正常情况下，神是人体对外界各种刺激的反应，例如：四时更迭、月廓圆缺、颜色、声音、气味、食物等都可作用于人体，进而影响人体生理活动。情志活动不仅体现了生命活动中正常的心理活动，而且可以增强体质、抵抗疾病、益寿延年。但如果情志波动过于剧烈或持续过久，超过了生理的调节范围，则可伤及五脏，或影响气机，导致多种疾病的发生。所以中医非常重视精神养生，提倡心神清静，心态平和，七情平和，喜怒不妄发，名利不妄求，不为私念而耗神伤正，保持精神愉快。这样，人体的气机调畅，正气旺盛，体质增强，抗病能力增强，就可以减少疾病的发生。

源于先秦时期老庄哲学的"虚静养神"思想是养神基本理念之一，它提倡精神内守，恬惔虚无，在尽可能排除内外干扰的前提下，最大限度地接近生命活动的低耗高能状态，以便从根本上改变人体内部组织器官的不协调状况，达到发挥人体内在潜能和延年益寿的目的。

在现实生活中，"养神"的方法很丰富，如清静养神、四气调神、节欲养神、修性怡神、气功练神等，其作用称为"守神全形"，就是从调神入手，保护和增强心理健康和形体健康，达到形神统一。

三、形神共养，养神为先

形乃神之宅，神乃形之主，无神则形不可活，无形则神无以附，二者相辅相成，不可分离。从形神之间相互制约、相互影响的辨证关系出发，古人提出了形神共养的养生原则。人之所以生病，是因为病邪侵入人体，首先破坏了人体阴阳的协调平衡，导致形神失和。养形和养神是密不可分、相辅相成、相得益彰的。

中国传统道家养生理念主张形神兼顾，养神为先，他们十分强调"神"的内在主宰作用，鲜明地提出了"失神者死，得神者生"的养神为首务的观点，在养神的前提下，养好形。具体的养生方法和措施，要按四时不同，顺时养生，辨体养生，在日常生活中，要特别注意饮食、起居和运动锻炼，协调一致，则会形神兼备。

形神共养，即形体的保养和精神的摄养兼顾，使得形体健壮，精力充沛。形神相辅相成，使身体和精神都得到均衡统一的发展。

第三节 固护正气

中医养生的理论与实践特别重视保养人体正气，增强生命活力和适应自然界变化的能力，以达到健康长寿的目的。所谓"正气"，是指人体功能活动和抗病及康复的能力。

一、正气是生命之根

人体疾病的发生和早衰根本原因，就在于机体正气的虚衰。历代医家和养生家都非常重视护养人体正气。《寿亲养老新书》对保养人体正气做了概括："一者少言语，养内气；二者戒色欲，养精气；三者薄滋味，养血气；四者咽津液，养脏气；五者莫嗔怒，养肝气；六者美饮食，养胃气；七者少思虑，养心气……"人体诸气得养，脏腑功能协调，则正气旺盛，人之精力充沛，健康长寿。若正气虚弱，则精神不振，多病早衰。一旦人体生理活动的动力源泉断绝，生命运动也就停止了。因此，固护正气乃是养生的根本原则之一。

人体正气又是抵御外邪、防病健身和促进机体康复的最根本的要素。《素问·刺法论（遗篇）》曰："正气存内，邪不可干。"《素问·评热病论》曰："邪之所凑，其气必虚。"疾病的过程就是"正气"和"邪气"相互作用的结果。正气充盛，精气血阴阳旺盛，脏腑功能健全，体内阴阳平衡，可更好地适应外在变化，虽有外邪侵犯，也能抵抗，使机体免于生病，患病后亦能较快地康复，故固护正气是养生的根本任务。而正气不足，精气血阴阳亏少，脏腑功能低下，则机体抗病力弱，功能失调，是产生疾病的根本原因。所以固护正气是提高机体抗病能力的关键。固护正气涉及调摄精神、加强锻炼、饮食起居和药物预防等方面。

二、固护正气重在养脾肾

固护正气，就是保养精、气、神。从人体生理功能特点来看，保养精、气、神的根本，在于护养脾肾。《医宗必读·脾为后天之本论》曰："故善为医者，必责其本，而本有先天后天之辨。先天之本在肾，肾应北方之水，水为天一之源。后天之本在脾，脾应中宫之土，土为万物之母。"在生理上，脾肾二脏关系极为密切，先天生后天，后天充先天。脾气健运，必借肾阳之温煦；肾精充盈，有赖脾所化生的水谷精微的补养。要想维护人体生理功能的协调统一，保养脾肾至关重要。

1. 固精护肾 扶正固本，多从肾入手。肾为先天之本，主藏精，是生命活动的调节中心。肾中精气阴阳的盛衰，与人的生长发育以及衰老过程有着直接的关系。肾气充足，则精神健旺，身体健康，寿命延长；肾气衰少，则精神疲惫，体弱多病，寿命短夭。可见，肾中精气阴阳的盛衰，是人体健康长寿的关键。肾易虚而难实，精易泄而难秘，因此保精护肾实为养生的中心环节。西医学研究，肾与下丘脑、垂体、肾上腺皮质、甲状腺、性腺，以及植物神经系统、免疫系统等，都有密切关系。肾气不足可导致上述系统的功能紊乱，从而广泛地影响机体的功能，出现病理变化和早衰之象。例如，性欲无节制，会造成身体虚弱，过早地衰老或夭亡。故重视"肾"的固养，对于防病、延寿、抗衰老是有积极意义的。调养肾精的方法包括节欲保精、运动保健、导引补肾、按摩益肾、食疗补肾、药物养生等。肾的精气充沛，有利于元气运行，增强身体的适应调节能力，更好地适应于自然。

2. 护养脾胃 脾胃为"后天之本""气血生化之源"，故脾胃强弱是决定人之寿夭的重要因素。正如《景岳全书》所云："土气为万物之源，胃气为养生之主。胃强则强，胃弱则弱，有胃则生，无胃则死，是以养生家必当以脾胃为先。"《图书编·脏气脏德》曰："养脾者，养气也，养气者，养生之要也。"可见，脾胃健旺是人体健康长寿的基础。西医学研究，调理脾胃，能有效地提高机体免疫功能，对整个机体状态加以调整，防衰抗老。还可调治消化系统、血液循环系统、神经系统、泌尿生殖系统、妇科、五官科等方面的多种疾患。故脾胃是生命之本，健康之本，历代医家和养生家都一致重视脾胃的护养。现代研究认为，脾胃功能与消化系统、免疫系统、血液循环系统、神经系统、泌尿生殖系统等，都有密切关系，由此可见，脾胃是生命之本，健康之本。在日常生活中调养脾胃的方法是极其丰富多彩的，如饮食调节、精神调摄、起居养生、药物养生、针灸按摩、气功养生等，都可以获得健运脾胃的效果。

总之，精血之养，重在脾肾。顾护脾胃，在于增强运化，充实元气；调理肾元，在于培补精气，协调阴阳，二者相互促进，相得益彰，即所谓"先天养后天""后天补先天"。

第四节　三因制宜

三因制宜，是因时制宜、因地制宜、因人制宜的统称，是指养生调摄要将当时的季节气候条件、所处地域的不同、患者的个体差异等，作为选择养生方法和立法处方的重要依据，它是中医的整体观念和辨证论治思想应用到养生防病领域的具体体现。人体的生理状态是一个自然生态因素、社会环境因素和个体自身因素相互影响下的综合反应。审因施养是指养生要有针对性，就是要根据实际情况，具体问题，具体分析，不可一概而论。因为人有共性也有个体差异，如环境差异、遗传差异、生时差异、年龄差异、性别差异、体质差异、心理差异、学识差异、职业差异、修养气质差异等。因此，我们既要懂得广义的养生方法，又必须找出适合自己的保健方法，顺应天、地、人的不同情况而分别施养。

一、因时制宜

在天人相应整体观思想的指导下，中医养生学认为，人体的一切生理和心理活动都必须顺四时阴阳消长、转化的客观规律。因此，人体必须顺应自然规律进行养生实践活动。故《灵枢·本神》指出："智者之养生也，必顺四时而适寒暑，和喜怒而安居处。"要求人们精神活动、起居作息、饮食五味、运动锻炼、药物保健等都要根据四时的变化，进行适当的调节。

在一年四季中，要遵循四季自然界春生、夏长、长夏化、秋收、冬藏的物候特点和"春夏养阳，秋冬养阴"的原则。春天要顺应自然界阳气的升发，"养生"，重在养肝；夏天自然界万物繁茂，更要保护人体的阳气，"养长"，重在养心；长夏自然环境温度高、湿度大，"养化"，重在养脾；秋天是收获季节，要保护阴气，"养收"，重在养肺；冬天万物潜藏，保护阴精，"养藏"，重在养肾。

根据四时气候的变化，适度调摄精神是养生长寿之本。《素问·四气调神大论》提出了顺应四时变化调养精神的方法：如春三月中的"以使志生，生而勿杀"，以顺应肝木喜条达的特性来养神；夏三月中的"使志无怒"以顺应自然界夏季阳气盛长的变化；秋三月的"使志安宁……无外其志"，以缓解由于秋气肃杀而使人产生的悲观情绪；冬三月的"使志若伏若匿，若有私意，若已有得"以顺应"冬藏"之气养神。

人们的生活起居也应随四时的气候而变化，春夏季节宜"夜卧早起"，而夏日更要"无厌于日"，以顺应人体气血春升发、夏养长的特点；秋季宜"早卧早起，与鸡俱兴"以适应人体气血内收的特点；冬季宜"早卧晚起，必待日光"以顺应人体气血闭藏的特点，人体应力求趋温避寒，以调节内外阴阳平衡。

因此，依据四时养生法，应分别从精神、起居、饮食、运动、药物、预防等方面因时施养。

二、因地制宜

人和自然是一个有机的整体，只有认识自然、适应环境，并与之保持协调统一，才能健康长寿。中医学认为，人体体质的地区差异颇为明显。《素问·异法方宜论》详细论述了东西南北中五方之人，因地理方位、地势气候以及生活习惯不同等因素，形成不同的体质、易感疾病和治疗方法等。地理环境对人类健康和疾病的影响与作用是永恒的。地域环境不同，人们对其环境产生不同适应性而形成不同体质，掌握这些特点，是古今养生家辨证施养的重要根据。

人的体质有强、弱、盛、衰之分，病有虚、实、寒、热之别。平常我们所采取的养生方法应该适合自己的体质状态。以饮食为例，同一种食物，在不同的地区对人体会产生不同的食用价值。例如，湖南、四川、湖北地区在酷暑盛夏，食用一定量的辣椒对身体有一定的养生作用。因为这些地区潮湿多阴雨，当地人多吃一些辛辣食物，使腠理开泄以排出汗液、驱除湿气，这样，机体就可适应气压低、湿度大的自然环境。

古人还认识到了地理环境与人的寿夭之间存在着密切的关系。如南方人腠理多疏松，北方人腠理多致密。所以古代养生家都十分重视生活环境的改造，并创立了一系列行之有效的适应地理环境的养生方法。我们生活的自然地理环境，既有有利的因素，又有不利因素，我们应该合理应用。

三、因人制宜

人类本身存在着较大的个体差异，这种差异不仅表现于不同的种族，而且存在于个体之间。不同的个体生存的自然环境、社会环境不同，会有不同的心理和生理，对疾病的易感性也不相同。中医养生尤其注重人的个体差异，可按寒热分、按阴阳分、按五行分、按脏腑虚实分、按地理位置分等，因人而异。《医理辑要·锦囊觉后篇》云："要知易风为病者，表气素虚；易寒为病者，阳气素弱；易热为病者，阴气素衰；易伤食者，脾胃必亏；易劳伤者，中气必损。"这就要求我们在养生的过程中，应当以辨证思想为指导，因人施养，才能有益于身心健康，达到身体健康的目的。

因人制宜就是根据年龄、性别、体质、职业、生活习惯等不同特点，有针对性地选择相应的养生方法技术。因年龄不同，而采取相应的养生方法技术。如运动养生时，对于老年人来说，由于肌肉力量减退，神经系统反应较慢，协调能力差，宜选择动作缓慢柔和、肌肉协调放松的运动。如步行、太极拳、太极剑、慢跑等。而对于年轻力壮、身体又好的人，可选择运动量大的锻炼项目，如长跑、打篮球、踢足球等。此外，工作性质不同，所选择的运动项目亦应有差别，如售货员、理发员、厨师等，需要长时间站立工作，易发生下肢静脉曲张，在运动时不要多跑多跳，应仰卧抬腿；经常伏案工作者，要选择一些扩胸、伸腰、仰头的运动项目，又因为用眼较多，还应开展望远活动。对脑力劳动者来说，宜少参加一些使精神紧张的活动，而体力劳动者则应多运动那些在职业劳动中很少活动的部位。总之，运动项目的选择，既要符合自己的兴趣爱好，又要适合身体条件，才能获得更好的养生效果。

总之，中医理论核心是"天人合一"的整体观，而因时、因地、因人的"三因制宜"养生防病思想体现了中医的整体观和辨证的灵活性，在养生防病过程中应根据"三因制宜"原则制定出具有针对性的个体化养生方案，才能收到显著效果。

第五节　动静结合

《周易外传》曰："动静互涵，以为万变之宗。"动和静，是物质运动的两个方面或两种不同表现形式。人体生命运动始终保持着动静和谐的状态，形属阴主静，气属阳主动。只有动静结合，刚柔相济，才能保持人体阴阳、气血、脏腑等生理活动的协调平衡，人体才能充满旺盛的生命力。动静结合是中医养生方法技术应用学的基本原则之一。

一、动静一体

生命体的发展变化，始终处在一个动静相对平衡的自身更新状态中。事物在平衡、安静状态下，其内部运动变化并未停止。当达到一定程度时，平衡就要破坏而呈现出新的生灭变化。《素问·六微旨大论》所言："岐伯曰：成败倚伏生乎动，动而不已，则变作矣。帝曰：有期乎？岐伯曰：不生不化，静之期也。帝曰：不生化乎？岐伯曰：出入废则神机化灭，升降息则气立孤危。故非出入，则无以生长壮老已；非升降，则无以生长化收藏。"此处清楚论述了动和静的辩证关系，并指出了升降出入是宇宙万物自身变化的普遍规律。人体生命活动也正是合理地顺应万物的自然之性。由此可见，人体的生理活动、病理变化、诊断治疗、养生保健等，都可以用生命体的动静对立统一观点去认识问题、分析问题、指导实践。

二、动静相济

运动和静养是中国传统养生防病的重要原则。"生命在于运动"——运动能锻炼人体各组织器官的功能，促进新陈代谢，增强体质，防止早衰。"生命在于静止"——躯体和思想的高度静止，是养生的根本大法，突出说明了以静养生的思想更符合人体生命的内在规律。以动静来划分我国古代养生学派，老庄学派强调静以养生，重在养神；以《吕氏春秋》为代表的一派，主张动以养生，重在养形。他们从各自不同的侧面，对古代养生学做出了巨大的贡献。他们在养生方法上虽然各有侧重，但本质上都提倡动静结合，形神共养。只有做到动静兼修，动静适宜，才能"形与神俱"达到养生的目的。

1. 静以养神　"静"是相对"动"而言，包括精神上的清静和形体上的相对安静状态。我国历代养生家十分重视神与人体健康的关系，提出"静以养神"的思想，认为神气清静，可致健康长寿。老子认为"静为躁君"，主张"致虚极，守静笃"。尽量排除杂念，以达到心境宁静状态。《黄帝内经》从医学角度提出了"恬惔虚无"的养生防病思想，突出强调了清静养神和少私寡欲的重要性。清代的曹庭栋在总结前人静养思想的基础上，赋予"静神"新的内容，提出"神可用但不宜过用，心可动但不宜妄动"。"静神"要求精神专一，摒除杂念及用神适度。而心动太过，精血俱耗，神气失养而不内守，则可引起脏腑和机体病变。静神养生的方法也是多方面的，如少私寡欲、调摄情志、顺应四时、常练静功等。

2. 动以养形　"动"包括劳动和运动。静而乏动易导致精气郁滞、气血凝结，久即损寿。《吕氏春秋·达郁》说："形不动则精不流，精不流则气郁。"《寿世保元》说："养生之道，不欲食后便卧及终日稳坐，皆能凝结气血，久则损寿。"运动可促进精气流通，气血畅达，增强抗御病邪能力，提高生命力，故孙思邈指出："养性之道，常欲小劳，但莫大疲及强所不能堪耳。"动以不觉疲倦、持之以恒为准则，好逸恶劳或过劳都对健康不利，此即"流水不腐，户枢不蠹"及"细水长流"之理。适当运动不仅能锻炼肌肉、四肢等形体组织，还可增强脾胃的健运功能，促进食物消化输布。脾胃健旺，气血生化之源充足，故健康长寿。中国传统养生思想主张"动以养形"，创造了许多行之有效的运动健身方法，如五禽戏、太极拳、易筋经、导引、舞蹈、散步等，以动形调和气血，疏通经络，通利九窍，防病健身，延缓衰老。

3. 动静结合，因人而异　中国传统养生提出应该动静结合，主张"动则生阳"，也主张"动中取静""不妄作劳"。人的生活要积极适应自然，顺天而动，动静结合，动以养形，静以养气，柔动生精，精中生气，气中生精，相辅相成。《类经附翼·医易》曰："天下之万理，出于一动一静。"实践证明，将动和静、劳和逸、紧张和松弛，这些既矛盾又统一的关系处理得当，协调有方，则有利于养生。"动"和"静"都要适度，太过和不及都可能导致疾病。《素问·宣明五气》指出："久视伤血，久卧伤气，久坐伤肉，久立伤骨，久行伤筋。""动"之过度，会损伤机体；但过度安逸，也会导致气机闭阻，气血瘀滞，亦可致病。

养生实践活动要根据不同情况灵活运用，达到形神共养的效果。动静结合是中医传统养生的基本原则。养生必须心体互用，劳逸结合，不可偏废，这样才能符合生命运动的客观规律，达到运动可延年、静养可益寿的效果。如果只强调"动则不衰"而使机体超负荷运动，消耗大于供给，忽略了劳逸适度，同样会使新陈代谢失调，导致疾病。

法国思想家伏尔泰曾说过"生命在于运动"。如今，越来越多的人崇尚运动养生。但运动要根据个人年龄、身体体质、锻炼基础、环境条件以及个人的性格爱好等实际情况选择适合自身的项目，制订运动方案。运动要因人而异，要有科学的指导，如果盲目跟风，要求过急、过量或安排不当，会适得其反，不利健康甚或危及生命。

总之，心神欲静，形体欲动，只有把形与神、动和静有机结合起来，才能符合生命运动的客观规律，有益于强身防病。动和静是物质在一定时间和空间完成的运动形式。生命体的发展变化，始终处在一个动静相对平衡的自身更新状态中。动静结合是中国传统养生防病的重要实施原则。气血需要动，而心神需要静。只有动静结合，才能达到形神合一的养生目的。

第六节　辨体施术

中医学一贯重视对体质的研究，早在《黄帝内经》中就有针对体质的多方面的探讨。中医养生学的辨体施术是在中医理论的指导下，针对个体的体质特征，通过合理的精神调摄、饮食调养、起居调护、形体锻炼,并重视未病先防、既病防变、瘥后防复等措施,改善体质,提高人体对环境的适应能力,以预防疾病,从而达到健康长寿目的。

《黄帝内经》提出辨体施术的养生法则,《灵枢》详述了体质类型与分型方法,个体以及不同群体的体质特征、差异规律,体质形成与变异规律,体质与疾病的发生、发展规律,体质与疾病的诊断、辨证规律,体质与预防,为实施辨体施术提供了理论依据。

《黄帝内经》强调要区别体质的阴阳、五行、形体、勇怯等来进行养生,如"春夏养阳,秋冬养阴"的四时顺养原则,"形与神俱""恬惔虚无""精神内守"的精神调摄,"饮食有节""谨和五味"的食养,"提挈天地,把握阴阳"等养生方法与原则应是在辨体的基础上开展的。《黄帝内经》的体质养生思想为后世体质养生和实践奠定了理论基础。《黄帝内经》不仅注意到个体的差异性,并从不同的角度对人的体质作了若干分类。如《灵枢》中的《阴阳二十五人》和《通天》,就提出了两种体质分类方法。在《素问·异法方宜论》里还指出,东南西北中五方由于地域环境气候不同,居民生活习惯不同,所以形成不同的体质,易患不同的病证,因此治法也要随之而异。后世医学家在《黄帝内经》有关体质学说的基础上进一步发挥,例如朱丹溪《格致余论·治病先观形色然后察脉问证论》曰:"凡人之形,长不及短,大不及小,肥不及瘦;人之色,白不及黑,嫩不及苍,薄不及浓。而况肥人湿多,瘦人火多,白者肺气虚,黑者肾气足。形色既殊,脏腑亦异,外证虽同,治法迥别。"又如叶天士研究了体质与发病的关系,在《温热论》中说:"吾吴湿邪害人最多,如面色白者,须要顾其阳气……面色苍者,须要顾其津液……"强调了治法须顾及体质。再如吴德汉在《医理辑要·锦囊觉后篇》中说:"要知易风为病者,表气素虚;易寒为病者,阳气素弱;易热为病者,阴气素衰;易伤食者,脾胃必亏;易劳伤者,中气必损。"说明了不良体质是发病的内因,体质决定着对某些致病因素的易感性。这为辨体施术提供了重要的理论根据。

近年来,中医界对体质类型研究主要有:田代华提出十二分法,将体质分为阴虚型、阴寒型、阳虚型、阳热型、气虚型、气滞型、血虚型、血瘀型、津亏型、痰湿型、动风型、蕴毒型。匡调元提出六分法,将体质分为正常质、晦涩质、腻滞质、燥红质、迟冷质、倦㿠质。陈慧珍提出妇女体质分为七种类型,分别是正常质、阴虚质、阳虚质、气虚质、痰湿质、滞涩质。苏树蓉将小儿体质分四种类型,分别为均衡型、不均衡型两大类,其中不均衡型又分为肺脾质、脾肾质。温振英提出小儿体质分为五种类型,分别是阴阳平和型、滞热型、脾胃气虚型、脾胃阴虚型、脾胃气阴两虚型。而目前被中华中医药学会吸纳并推广的是王琦提出九种体质类型,即平和质、气虚质、阳虚质、阴虚质、痰湿质、湿热质、血瘀质、气郁质、特禀质。

《黄帝内经》认为,理想的个体是阴阳平和的平人。身体功能是精气血阴阳动态变化的生命过程,阴阳在此消彼长中出现盛衰便产生偏颇体质,如偏阳体质易感风、暑、热邪,受邪发病后多为热证、实证,且易化燥伤阴,导致阴虚等病理性改变。偏阴体质则易受寒邪,受邪发病后多表现为寒证、虚证,长期发展易伤阳气,甚至水湿停滞,从而出现阳虚、气虚、痰湿等病理性改变。因此,在经过正确的体质辨识后,才可能制定出恰当的个性化养生方案。以动养和静养为例,形体肥胖、口黏苔腻等痰湿较明显的人,建议以动养为主,多运动出汗则利于排湿;精神倦怠、畏寒怕冷等表现为阳气不足的人,就要以静养为主,过度运动更加耗气伤津。由此可见,中医体质学说为个性化的养生提供了理论与方法,丰富了中医养生学的内容。在中医体质学说的指导下,养生先辨体质,对于不同的体质,主动地采取不同的养生方法技术,让养生更具针对性与实效性,以达到防病延年益寿之目的。

人们在实践中还认识到，体质不是固定不变的，外界环境、发育条件、生活条件的影响都可能使体质发生改变。因此，对于不良体质，可以通过有计划地改变周围环境，改善劳动、生活条件和饮食营养，以及加强体格锻炼等积极的养生措施，提高其对疾病的抵抗力，纠正其体质上的偏颇，从而达到养生的目的。

第四章
中医养生方法技术的分类和注意事项

扫一扫，查阅本章数字资源，含PPT、音视频、图片等

中医养生技术是中华民族优秀传统文化的重要组成部分，与几千年中华民族的健康生活息息相关，应充分挖掘其内涵，增强文化自信。然而，中医养生方法技术众多，具有一定的共性，但是不同的中医养生方法，又具有不同的特点及内涵，使用上也有禁忌和注意事项。

第一节 中医养生方法技术的分类

中医养生历史悠久，中医养生方法技术多种多样，中医养生方法技术的分类也有不同标准，如从养生动作的特征来看可有动静之分；从动作功能还可分为调息、调身、调心等。本部教材则是以作用因素为纲，综合作用方式，将中医养生方法技术分成经络腧穴类养生方法技术、运动类养生方法技术、食药类养生方法技术、情志类养生方法技术、志趣类养生方法技术和起居类养生方法技术、少数民族的特色养生方法技术及其他养生方法技术。

1. 经络腧穴类养生方法技术　传统医学认为，经络腧穴是运行气血、联系脏腑和体表的关键通道，是调整人体整体功能的网络系统。针刺、推拿、艾灸等疗法是中医养生方法技术的重要组成部分，一直为保障中华民族的健康发挥重要作用。而经络腧穴正是其施术的核心基础理论。故本部教材将依托经络腧穴理论的方法技术归为经络腧穴类养生方法技术，主要包括针刺、推拿、艾灸、足疗、刮痧、拔罐、贴敷、耳穴等。

2. 运动类养生方法技术　运动类养生方法技术是指人们通过各种运动来强身健体、延年益寿的养生实践。其特征是表现出以"静"为主体的动静结合，追求"天人合一"，包括呼吸吐纳、导引按摩等。运动类养生方法技术可分为传统功法养生方法技术和现代运动养生方法技术。

3. 食药类养生方法技术　中国传统食药养生理论是建立"天人合一"基础之上的。天地生人，人得天地之灵气，故最为天下贵。人是天地之精华，利用天地间的植物、动物、矿物质自然可以达到滋养身体、延年益寿的目的。食药类养生方法技术主要包括食饮养生方法技术、药膳养生方法技术、方药养生方法技术。

4. 情志类养生方法技术　《黄帝内经》记载："人有五脏化五气，以生喜怒悲忧恐。"这是古人长期观察人类情绪变化总结出来的五种最基本的情绪反应。五志本是五脏正常的生理情绪活动，但情志太过则会打破平衡，如喜伤心、怒伤肝、悲伤肺、思伤脾、恐伤肾就是五志太过致病的体现。中医历来重视情志与养生的关系。中医情志养生思想及方法蕴含着丰富的哲学思想与辨证思维，正确地调整情志，对延缓人体衰老、防治疾病有重要的作用。情志类养生方法技术主要包括以情制情法、移情法、暗示法、开导法、节制法、疏泄法。

5. 志趣类养生方法技术　中国古代精英教育首重立志，"凡学，官先事，士先志"。传统的学

习动力无疑源自志向，更有甚者将志向置于兴趣之上。而志趣也是中医养生领域的一个重要分支。志趣能让人感到愉悦，心情愉悦对于调节不良情绪，预防七情所伤至关重要。因此，中医养生强调先要发掘自己兴趣、禀赋、心之所向，以"志趣"作为养生的前提，以"志趣"来弥补因社会、家庭压力引发的不良情绪。志趣类养生方法技术包括弈棋养生、书画养生、品茗养生、插花养生、音乐养生等。

6. 起居类养生方法技术 古人云"日出而作，日落而息"，这是符合人体正常起居规律的生活习惯。起居类养生是指人们在日常生活中遵循传统的养生原则而合理地安排起居，从而达到健康长寿的方法。起居类养生方法技术主要包括起居环境、四时养生、睡眠养生和衣着养生四个方面。

7. 少数民族的特色养生方法技术 中华民族地大物博，拥有56个民族，各民族均具有悠久的医药养生历史。中医养生方法技术具有民族多元化的特点，许多少数民族在中华民族养生方法技术发展史上都作出过不可磨灭的贡献。例如，秦汉统一六国后，为养生文化交流和发展创造了优越条件，汉族与各少数民族开始通过多种渠道，使各地区、各民族人民的养生经验得到交流。本教材重点讲述藏医、蒙医、苗医、壮医、维吾尔族等医学养生方法技术。

8. 其他养生方法技术 根据作用因素不同，养生保健技术可分为经络腧穴类养生方法技术、运动类养生方法技术、食药类养生方法技术、情志类养生方法技术、志趣类养生方法技术、起居类养生方法技术和少数民族的特色养生方法技术，有些方法技术无法根据作用因素进行归类，或可自成体系，故将其归于其他养生方法技术，主要包括辟谷养生方法技术、房室养生方法技术和香薰养生方法技术。

第二节 中医养生方法技术应用注意事项

中医养生方法技术繁多，不同的方法技术作用也有一定的不同。但在实施过程中具有共同的注意事项。

1. 因人养生 人类本身存在较大的个体差异。这种差异不仅表现在不同的种族，不同个体的心理、生理、疾病的易感性均不相同。这就决定了养生方法的施术也要因人而异，辨体养生。辨体养生是通过望、闻、问、切等多种诊察手段，收集关于人体在形态、心理和生理功能上的资料，分析判别体质状态及生活状况，制定并实施具有针对性的养生方案。因人制宜是中医养生的重要原则。

2. "平和"则成 古语云"平则成"。世间万物达到平衡，事才会圆满，人才会健康。《黄帝内经》提及"阴平阳秘，精神乃治"，其内涵就是阐释人体阴阳、气血平衡，才有利于健康长寿。俗话说"心平气和"。"平"首先要心平，"气和"是指人体生理功能和畅协调。在一切养生之道中，心平是最为重要的一个环节。"心为君主之官"，心主宰全身，因此心理平衡，有利于人体各系统的生理功能正常运行，预防疾病，延缓衰老。除了心理上要"平"，饮食、起居、工作、志趣等方面也要掌握一个"平"字，这是中医养生方法技术的精髓。

3. 遵循整体观原则 整体观，是指中医养生方法技术对于人体的统一性、完整性以及对人与自然相互关系的整体认识。人体本身即为一个有机的整体，构成人体的各个组成部分之间是不可分割、相互联系、相互影响的。另外，人与自然界也是一个有机整体，自然界的瞬息变化随时会影响人们的生命和活动。因此，中医养生方法技术的施术也应遵循整体观原则，不仅利用五脏、六腑与筋、脉、肉、皮毛、骨等形体组织，目、舌、口、鼻、耳等官窍组织间的有机的联系，还利用脏、腑组织之间的相互促进、相互制约来整体调节人体的功能活动。

第五章
经络腧穴类养生方法技术

扫一扫，查阅本章数字资源，含PPT、音视频、图片等

经络腧穴学类养生方法技术是指运用针刺、艾灸、按摩、贴敷等方法，刺激经络、腧穴，以激发人体精气，达到调和气血、通利经络、增进人体健康等目的的一种中医养生方法技术。在《黄帝内经》中早已记载许多经络腧穴的具体内容，如《灵枢·经别》记载："经脉者，人之所以生，病之所以成，人之所以治，病之所以起。"并有"决生死，处百病，调虚实，不可不通"的特点。本章节主要介绍针刺、推拿、艾灸、刮痧、拔罐、贴敷、耳穴等养生方法技术。

第一节　针刺养生方法技术

针刺养生方法技术，是运用不同的针具刺入人体腧穴或其他特定部位，施以不同的手法刺激，通过调节经络的气血运行和功能活动，从而达到调整阴阳、增强体质、防治疾病、延年益寿目的的一种中医养生方法技术。

根据针具的不同，针刺方法技术主要有毫针法、三棱针法、火针法、皮肤针法、皮内针法、芒针法等，其中三棱针法、火针法、芒针法主要适用于疾病的治疗，毫针法、皮肤针法、皮内针法不仅适用于疾病的治疗，也适用于健康、亚健康人群日常的养生保健。另外，根据针刺部位的不同，针刺方法还包括耳针法、头针法、眼针法和腕踝针法等。例如耳针法，需要在耳郭的特殊部位进行特定的毫针针刺或皮内针埋针等操作。因此，针刺养生方法技术主要按针具的不同进行分类，以毫针养生方法技术、皮肤针养生方法技术和皮内针养生方法技术最为主。

针具是从砭石起源发展而来。砭石是一种一边磨锐的刀形石块，是最原始的医疗工具。《说文解字》说："砭，以石刺病也。"其最早用于切割脓疡、刺泻瘀血，而后逐渐发展为针刺放血的疗法。另据古书记载，砭石又称针石或镵石。针石是筒形类似针状的细石棒；镵石是一端锥形，形如箭头的石块。远古时期的人类不会铸铁，故用石为针。其时针具除砭石之外，还有骨针、竹针等。夏商周进入青铜器时代，《黄帝内经》中记述的"九针"始创于该时期，但由于生产力的限制，出现九针之后，仍沿用原有的石针，故在《黄帝内经》中九针与砭石并提。春秋时代出现了铁器，随着冶炼技术的进步与提高，直至战国到秦汉，砭石才逐渐被九针取代。九针是在承袭"砭石""针石""镵石"的基础上，经过漫长的历史时期，不断改进、逐渐完善形成的。九针的硬度与砭石相当，其弹性、韧性、锋利的程度更优于砭石，制造精巧。由于九针（图5-1）有九种不同的形状，在功用上不但保留了砭石切肿排脓的功能，而且还极大扩展了用途，具有多种使用功能，随之各种针刺方法逐渐形成和完善。从砭石到九针是针具发展上的重要变革，也是针刺方法形成的标志。

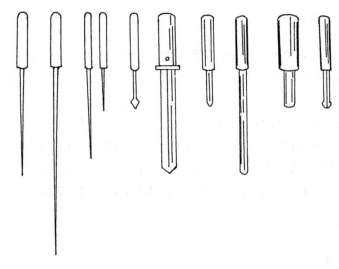

图 5-1　九针

关于针刺方法技术，《黄帝内经》中《灵枢·九针十二原》《灵枢·九针论》《灵枢·官针》《灵枢·刺节真邪论》和《素问·针解》等总结出较为完善的体系，包括持针原则、刺法种类、补泻手法、针刺强度、针刺宜忌等，其中最重要的是毫针的进针、行针和补泻手法。如在补泻手法方面，提到徐疾补泻、呼吸补泻、捻转补泻、迎随补泻和开阖补泻，为后世针刺方法技术奠定了基础。继之《难经》又有所发展，强调针刺时双手协作的重要性，对后世影响颇大。晋、唐时期的医家，针刺方法一直继承着《内经》《难经》之说。到宋、金之际产生了子午流注针法。元代和明代针法发展较为迅速，元代窦汉卿在《针经指南》中创立了"针刺十四法"，明初陈会的《神应经》提出"催气手法"，《金针赋》中记载了一整套的复式补泻手法，并对"烧山火"和"透天凉"作了系统论述。其后，高武的《针灸聚英》、汪机的《针灸问对》在《金针赋》基础上又有所发挥。而杨继洲的《针灸大成》集明以前针刺手法之大成，提出"刺有大小""大补、大泻"和"平补、平泻"等，对明以前针刺手法作了系统总结和归纳。清代中叶以后，针灸学渐趋衰落，针刺方法技术发展缓慢。20世纪50年代后，针刺技术又有了很大的发展，其研究也步入了一个新时期，从文献考证到临床观察，从实验研究到机制探索，都进行了大量的工作，对阐明针刺原理十分有益。

中医学运用针刺进行养生具有悠久的历史。早在《灵枢·逆顺肥瘦》中就有阐述，"上工刺其未生者也"，也就是说高明的医生懂得使用针刺预防疾病，针刺预防疾病当从"未病"时着手。《素问·刺法论》云："故刺法有全神养真之旨，亦法有修真之道，非治疾也，故要修养和神也。"指出针刺有保全精神，调养真气，维护机体自然健康状态的作用。《素问·刺热论》曰："肝热病者，左颊先赤；心热病者，颜先赤；脾热病者，鼻先赤；肺热病者，右颊先赤；肾热病者，颐先赤。病虽未发，见赤色者刺之，名曰治未病。"该篇论述了赤色为五脏热病先兆，可根据赤色所见部位不同，辨其所属脏腑，予以针刺，有预防五脏热病发作的作用。此后，医圣张仲景在《金匮要略》中言："若人能慎养，不令邪风干忤经络，适中经络，未流传脏腑，即医治之。四肢才觉重滞，即导引、吐纳、针灸、膏摩，勿令九窍闭塞。"详载了针刺、艾灸等具有良好的未病先防、既病防变的功能。药王孙思邈《备急千金要方》亦论述到："客忤病急而重，见兆先刺。"指出早期针刺可阻断病势的发展变化。清代潘霨在《卫生要术》中阐述了针刺的保健作用："人之脏腑经络血气肌肉，日有不慎，外邪干之则病。古之人以针灸为本……所以利关节和气血，使速去邪，邪去而正自复，正复而病自愈。"时至今日，针刺方法技术在养生中发挥着重要作用。

一、毫针养生方法技术

毫针养生方法技术是采用不同长短、粗细规格的毫针，施以提插、捻转等不同手法，刺激人体腧穴或特定部位的一种针刺养生方法技术。毫针为古代"九针"之一，是应用最为广泛的一种针具。

毫针方法技术主要包括毫针的持针法、进针法、行针法、留针法、出针法等针刺方法。每一环节的技术细节都有严格的操作规程和明确的目的要求，均需要在使用前有充分的指力练习、手法练习和实体练习，其中以针刺的术式、手法、量度、得气等关键性技术尤为重要。毫针刺法是各种针刺方法的基础，是养生专业人员必须掌握的基本方法和操作技能。

（一）操作方法

1. 毫针针刺前准备

（1）针具选择

①材质的选择：毫针是用金属制成的，制针材料主要有不锈钢、金、银等，其中不锈钢材料最常用。不锈钢毫针具备针体挺直滑利、较高的强度和韧性、耐热防锈、不易被化学物品腐蚀等特点，故目前被广泛采用。其他金属制作的毫针，如金针、银针，其传热、导电性能虽优于不锈钢针，但针体强度和韧性远不如不锈钢针，加之价格昂贵，除特殊需要外，一般很少应用。

②类别的选择：毫针的结构分为针尖、针身、针根、针柄、针尾5个部分（图5-2）。根据毫针针柄与针尾的构成和形状不同，毫针可分为环柄针、花柄针、平柄针和管柄针4类。毫针的形状、造型在具体选择时应注意：针尖要光洁度高，锐利适度；针身要光滑挺直而富有弹性；针根要牢固平整，光滑清洁；针柄要长短、粗细适中，便于持针操作；针尾要规范整洁。此外，环柄针针尾便于观察针体捻转幅度和温针灸时装置艾绒，是实际使用时最常用的针具；花柄针因其针体、针柄均较粗大，有利于散热，使用时不烫手，故常用于火针；平柄针和管柄针因无针尾，主要在管针进针法和进针器进针法时使用。

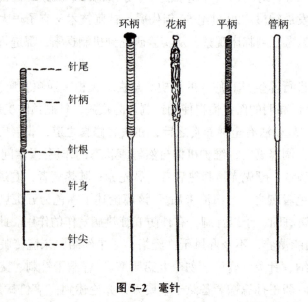

图 5-2 毫针

③规格的选择：毫针的不同规格，主要以针身的直径和长度区分。毫针的粗细规格见表5-1，毫针的长短规格见表5-2。

表 5-1 毫针的粗细规格表

直径/mm	0.45	0.42	0.38	0.34	0.32	0.30	0.28	0.26	0.24	0.22	0.20
号数	26	27	28	29	30	31	32	33	34	35	36

表 5-2 毫针的长短规格表

寸	0.5	1	1.5	2	3	4	5
毫米（mm）	15	25	40	50	75	100	125

根据接受针刺者的体质、体形、年龄、腧穴部位和刺法等因素，选用长短、粗细不同规格的毫针。在养生中以粗细为 28～31 号（0.30～0.38mm）和长短为 1～2 寸（25～50mm）者最常用。一般而言，年轻、体壮、形肥、肌肉丰厚部位的腧穴，可选取稍粗、稍长的毫针，反之老幼、体弱、形瘦、肌肉浅薄部位的腧穴，则应选用较短、较细的针具。

④毫针的检查：毫针每次使用前后，都必须进行严格检查。如果发现针体有损坏应立即挑出，不再使用，以免发生针刺意外或影响疗效。毫针检查要注意以下几点：

针尖：尖而不锐，圆而不钝，无钩曲或卷毛。

针体：光滑挺直，圆正匀称，坚韧而富有弹性。

针根：牢固，无剥蚀、伤痕。

针柄：金属丝要缠绕均匀，牢固而不松脱，长短、粗细适中。

（2）体位选择　针刺时，受术者体位的选择是否合适，对腧穴定位、针刺施术操作、留针及防止针刺意外均具有重要意义。对部分体质虚弱、精神紧张、畏惧针刺的受术者，其体位的选择尤为重要。

确定受术者针刺时的体位，应以施术者能够正确取穴、便于施术，受术者感到舒适安稳，并能持久保持为原则。常用体位有 6 种。

仰卧体位：适用于前身部腧穴。

俯卧体位：适用于后身部腧穴。

侧卧体位：适用于侧身部腧穴。

仰靠坐位：适用于头面、前颈、上胸和肩臂、腿膝、足踝等部腧穴。

俯伏坐位：适用于顶枕、后项和肩背等部腧穴。

侧伏坐位：适用于顶颞、面颊、颈侧和耳部腧穴。

（3）揣穴定位　揣穴定位的准确性是针刺取得良好养生效果的关键。针刺前，施术者需按照腧穴的定位方法定准腧穴位置。若施术者在定位腧穴体表位置的基础上，再施以揣摸触按，寻找腧穴酸、麻、胀、痛的精确敏感点，则针刺效果会更好。

（4）消毒　针刺前的消毒范围包括针具器械、施术者双手、施术部位、施术环境等。

①针具器械消毒：临床上目前多使用一次性无菌针，提倡"一针一穴一棉球"，以减少反复使用可能造成的感染。器械的消毒方法很多，如高压蒸汽灭菌法和药液浸泡消毒法等，一般首选高压蒸汽灭菌法。

②施术者双手消毒：在针刺操作之前，施术者应按照标准洗手法将手洗刷干净，待干后再用 75% 乙醇棉球擦拭，方可持针操作。持针施术时，施术者应尽量避免手指直接接触针身，如某些刺法需要触及针身时，必须用消毒干棉球作间隔物，以确保针身无菌。

③施术部位消毒：实施针刺的部位，可用 75% 乙醇棉球或棉签擦拭消毒；或先用 2% 碘酊

涂擦，再用75%乙醇棉球或棉签擦拭脱碘。擦拭时应从针刺部位的中心点向外绕圈消毒；当针刺部位消毒后，切忌接触污物，保持洁净，防止再次污染。

④施术环境消毒：施术环境的消毒，包括操作台上用的床垫、枕巾、毛毯、垫席等物品，要按时换洗晾晒，操作室要定期消毒净化，保持空气流通，保持环境卫生洁净。有条件的机构，可采用一次性床垫等医疗用品，确保施术环境的相对无菌。

2. 持针法 持针法是施术者握持毫针，保持针身端直坚挺，便于针刺的方法。

（1）"刺手"与"押手" 针刺时，执针操作的手称为"刺手"，一般为右手；配合刺手按压穴位局部、协同刺手进针的手称为"押手"，一般为左手。《灵枢·九针十二原》记述："右主推之，左持而御之。"《针经指南·针经标幽赋》更进一步阐述其义："左手重而多按，欲令气散，右手轻而徐入，不痛之因。"强调针刺过程中对于刺手、押手的不同运用。刺手与押手的作用，在于掌握针具和固定腧穴位置施行相关进针手法，两者协同搭配使用，紧密配合，具有提高针刺效果、减少进针刺痛的作用。

（2）持针姿势 持针的姿势根据用手多少、用指多少、握持部位及双手的配合，可分为单手持针法和双手持针法，其中单手持针法又分为二指持针法、三指持针法、四指持针法、持针身法。单手持针法中以三指持针法最为常用。

①单手持针法

二指持针法（图5-3）：施术者用刺手拇、食两指指腹捏住针柄，或用拇指指腹与食指桡侧指端捏住针柄的握持方法。一般用于较短的毫针。

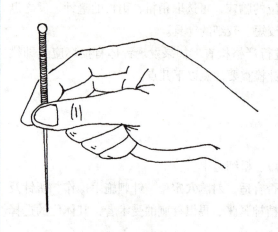

图5-3 二指持针法

三指持针法（图5-4）：施术者用刺手拇、食、中指指腹捏持针柄，拇指在内，食指、中指在外，三指协同的握持方法。适用于各种长度的针具。

四指持针法（图5-5）：施术者用刺手拇、食、中指指腹捏持针柄，以无名指抵住针身的握持方法。适用于较长的毫针。

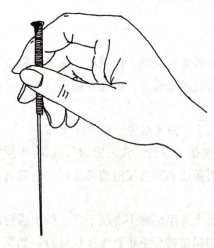

图5-4 三指持针法

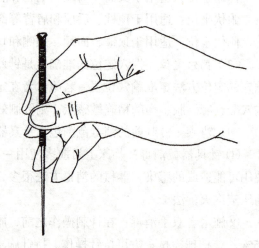

图5-5 四指持针法

持针身法：施术者用拇、食两指拿一个消毒干棉球，裹针身（即针体）近针尖的部位，并用力捏住的握持方法。适用于各种长度的针具。

②双手持针法：施术者用刺手拇、食、中三指指腹捏持针柄，押手拇、食两指借助无菌干棉球裹夹针体近针尖部分的握持方法。适用于长针。

3. 进针法与针刺角度、方向、深度　进针法是施术者采用各种方法将毫针刺入腧穴皮下的操作方法。常用进针法有单手进针法、双手进针法和管针进针法3种，并且进针过程中必须注意适宜的针刺角度、方向和深度。

（1）进针法

①单手进针法：用右手拇、食指持针，中指端紧靠穴位，指腹抵住针体中部，当拇、食指向下用力时，中指也随之屈曲，将针刺入腧穴皮下。单手进针法多用于较短的毫针。

②双手进针法：根据刺手和押手的配合方法不同，又分为指切进针法、夹持进针法、舒张进针法和提捏进针法4种。

指切进针法：又称爪切进针法，用押手拇指或食指的指甲切按腧穴皮肤，刺手持针，针尖紧靠押手指甲缘将针迅速刺入。此法适宜于短针进针，亦可用于局部紧邻重要组织器官的腧穴。

夹持进针法：押手拇、食二指持消毒干棉球，裹于针体下端，露出针尖，使针尖接触腧穴，刺手持针柄，刺手、押手同时用力将针刺入腧穴。此法适用于长针进针。

舒张进针法：押手食、中二指或拇、食二指将所刺腧穴部位的皮肤撑开绷紧，刺手持针，使针从刺手食、中二指或拇、食二指的中间刺入。此法主要用于皮肤松弛部位的腧穴。

提捏进针法：押手拇、食二指将所刺腧穴两旁的皮肤捏住提起，刺手持针，从提捏起的腧穴上端将针刺入，此法主要用于皮肉浅薄部位的腧穴。

③管针进针法：将针先插入用塑料、玻璃或金属制成的小针管内（针管需比毫针总体短2～3mm），触及腧穴表面皮肤；押手压紧针管，刺手食指对准针柄弹击，使针尖迅速刺入皮肤，然后将针管去掉，再将针刺入穴内。也有用安装弹簧的特制进针器进针者。此法多用于儿童和惧针者。

（2）针刺的角度、方向、深度　针刺的角度、方向和深度，不仅是毫针刺入的具体操作要求，也是后续行针过程中避免针刺疼痛和组织损伤，获得并维持和调整针感，取得疗效的关键。同一腧穴由于针刺角度、方向与深度的不同，会有不同的针刺感应，效果也各不相同。

①针刺角度（图5-6）：是指针刺时针身与皮肤表面所形成的夹角。一般根据腧穴部位的解剖特点和针刺操作要求而确定，具体分为直刺、斜刺和平刺3种。

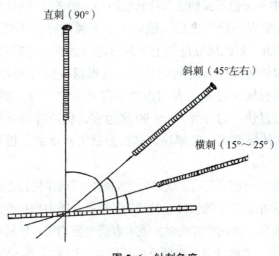

图5-6　针刺角度

直刺：是针身与皮肤表面呈90°垂直刺入。此法适用于人体大部分腧穴，浅刺与深刺均可。

斜刺：是针身与皮肤表面呈45°左右倾斜刺入。此法适用于骨骼边缘或内有重要脏器不宜直刺、深刺的腧穴，如需避开血管、肌腱时也可用此法。

平刺：即横刺、沿皮刺。是针身与皮肤表面呈15°左右或沿皮以更小的角度刺入。此法适用于皮薄肉少部位的腧穴，如头部的腧穴等。

②针刺方向：指针刺时针尖的朝向。一般需根据经脉循行方向、腧穴分布部位和针刺要求达到的组织结构等情况而定。

依经脉循行定方向：可按照"迎随补泻"的要求，针刺时结合经脉循行方向，或顺经而刺，或逆经而刺，从而达到针刺补泻的目的。

依腧穴分布部位定方向：针刺时，为保证针刺安全，应依据针刺腧穴所在部位的解剖特点确定针刺的方向。如针刺哑门穴时，针尖应朝向下颌方向缓慢刺入；针刺背俞穴时，针尖宜指向脊柱。

依养生需要达到的组织器官定方向：类似于临床针刺治病要求"气至病所"一样，为了增强特定组织器官的养生功效，在针刺时针尖应朝向目标组织器官部位。

③针刺深度：指针身刺入穴位内的深浅度。主要根据腧穴部位的解剖特点和养生需要确定，同时还要结合接受针刺者年龄、体质、时令等因素综合考虑，以既有针感，又能保证安全为基本原则。

依据腧穴部位定深浅：一般肌肉浅薄或内有重要脏器处宜浅刺；肌肉丰厚之处宜深刺。

依据经络属性定深浅：一般阳经属表，刺之宜浅；阴经属里，刺之宜深。

依据年龄定深浅：老幼者，宜浅刺；中青年者，可适当深刺。

依据体型体质定深浅：形瘦体弱者，宜浅刺；形盛体强者，可适当深刺。

依据季节、时令定深浅：春夏宜刺浅，秋冬宜刺深。

依据得气要求定深浅：针刺后浅部不得气，宜插针至深部以催气；深部不得气，宜提针至浅部以引气。

依据补泻要求定深浅：有些补泻方法强调针刺时先浅后深或先深后浅。

4. 行针法与得气 毫针进针后，为了使接受针刺者得气，或进一步调整得气的强弱，或使得气感向某一方向扩散、传导而采取的操作方法，称为"行针"，又称"运针"。行针手法包括基本手法和辅助手法两类，行针的目的是取得和维持得气感，得气是针刺取效的基础。

（1）行针基本手法 基本手法包括提插法和捻转法两种，两者既可单独应用，又可配合使用。

①提插法：是将针刺入腧穴一定深度后，施以上提下插的操作手法（图5-7）。将针向上引退为提，将针向下刺入为插，如此反复地做上下纵向运动就构成了提插法。对于提插幅度的大小、层次的变化、频率的快慢和操作时间的长短，应根据接受针刺者的体质、腧穴部位和针刺目的等灵活掌握。使用提插法时施术者的指力一定要均匀一致，幅度不宜过大，一般以0.3～0.5寸为宜，频率不宜过快，每分钟60～90次为宜，保持针身垂直，不改变针刺角度、方向。通常认为行针时提插的幅度大、频率快，刺激量就大；反之，提插的幅度小、频率慢，刺激量就小。

②捻转法：是将针刺入腧穴一定深度后，施以向前向后捻转动作使针在腧穴内前后旋转的行针手法（图5-8）。捻转角度的大小、频率的快慢、时间的长短等，需根据接受针刺者的体质、腧穴的部位、针刺目的等具体情况而定。使用捻转法时，施术者指力要均匀，捻转角度要适当，一般应掌握在180°左右，不能单向捻针，否则针身易被肌纤维等缠绕，引起局部疼痛或滞针而使出针困难。一般认为捻转角度大、频率快，其刺激量就大；捻转角度小、频率慢，其刺激量则小。

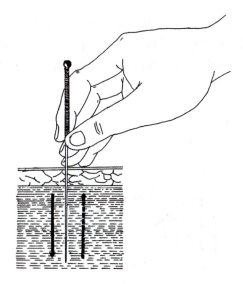

图 5-7 提插法

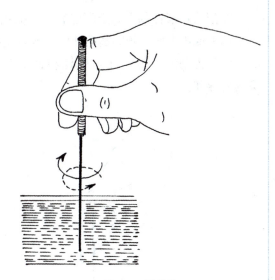

图 5-8 捻转法

（2）行针辅助手法　行针的辅助手法是行针基本手法的补充，是以促使得气、加强针感和得气为目的的操作手法。常用的行针辅助手法有以下 6 种。

①循法：施术者用手指沿着经脉的循行路径，在腧穴的上下部轻揉循按的方法（图 5-9）。《针灸大成》指出："凡下针，若气不至，用指于所属部分经络之路，上下左右循之，使气血往来，上下均匀，针下自然气至沉紧。"说明循法能推动气血，激发经气，促使针后易于得气。此外，循法还具有一定的行气作用。

②弹法：针刺后，在留针过程中，以手指轻弹针尾或针柄，使针体微微振动的方法称为弹法（图5-10）。《针灸问对》："如气不行，将针轻弹之，使气速行。"弹法具有催气、行气的作用。

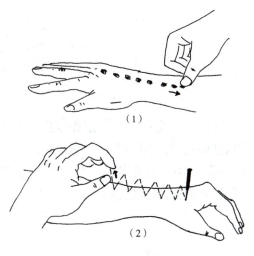

图 5-9 循法

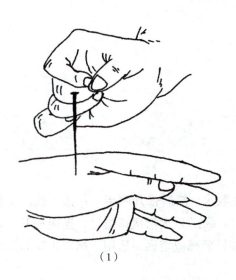

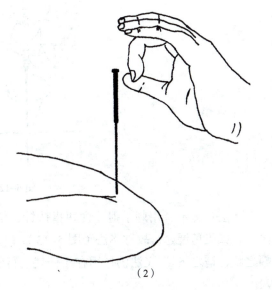

图 5-10 弹法

③刮法：毫针刺入一定深度后，以拇指或食指的指腹抵住针尾，用拇指、食指或中指指甲，由下而上或由上而下频频刮动针柄，或者用拇指、中指固定针柄，以食指指尖由上至下刮动针柄的方法称为刮法（图5-11）。刮法在针刺不得气时用之可激发经气，如已得气者可以加强针刺感应的传导和扩散。

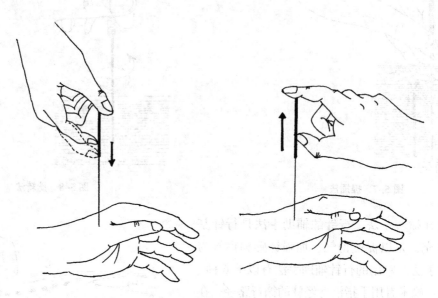

图5-11 刮法

④摇法：毫针刺入一定深度后，刺手手持针柄，将针轻轻摇动的方法称摇法（图5-12）。《针灸问对》有"摇以行气"的记载，在《针灸大成》亦载有"针摇者：凡出针三部，欲泻之际，每一部摇一次……庶使孔穴开大也"。摇法可分为两种：一是直立针身而摇，以泻实清热；二是卧倒针身而摇，使经气向一定方向传导。

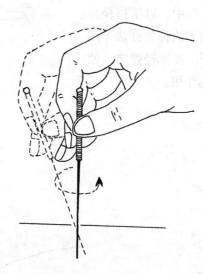

图5-12 摇法

⑤飞法：施术者用刺手拇、食两指持针，细细捻搓数次，然后张开两指，一搓一放，反复数次，状如飞鸟展翅，故称飞法（图5-13）。《医学入门》载："以大指次指捻针，连搓三下，如手颤之状，谓之飞。"飞法的作用在于催气、行气，并使针刺感应增强，适用于肌肉丰厚部位的腧穴。

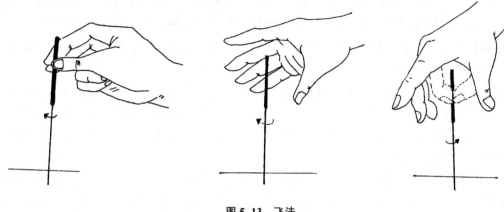

图5-13 飞法

⑥震颤法：针刺入一定深度后，刺手拇、食两指夹持针柄，用小幅度、快频率的提插、捻转手法，使针身轻微震颤的方法称震颤法（图5-14）。震颤法可促使针下得气，增强针刺感应。

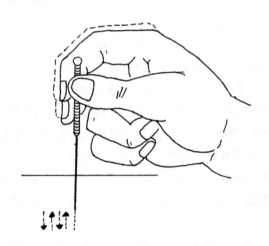

图5-14 震颤法

（3）得气　是指施术者将毫针刺入腧穴一定深度后，施以一定的行针手法，使针刺部位产生经气感应，这种针下的经气感应又称"气至"或"针感"。

① 得气的表现：正如《标幽赋》中记载"轻滑慢而未来，沉涩紧而已至……气之至也，若鱼吞钩饵之沉浮，气未至也，如闲处幽堂之深邃"。结合临床，得气可归纳为主观感觉和客观表象两个方面。主观感觉一是指接受针刺者有酸、麻、胀、重、凉、热、触电、跳跃、蚁走以及特定条件下的疼痛等感觉；二是指施术者有针下沉、涩、紧等感觉，是判定得气的主要指征。客观表象是指接受针刺者在针刺腧穴局部有紧张凸起、穴位处肌肉跳动、循经性皮疹等改变。

②得气的作用：得气是针刺取效的前提。《灵枢·九针十二原》指出："刺之要，气至而有效。"得气是应用补泻的基础。《难经·七十八难》指出："得气，因推而内之，是谓补；动而伸之，是谓泻。"得气亦是判定正气盛衰、邪气轻重和针效快慢的依据。《灵枢·终始》指出："邪气来也紧而疾，谷气来也徐而和。"《针灸大成》指出："若针下气至，当察其邪正，分清虚实。"说明针下之经气感应当有正、邪之分。此外，《标幽赋》还指出："气速至而速效，气迟至而不治。"说明得气迅速者，则针刺效果较好；反之，得气迟慢者，则没有针刺效果。

③得气的影响因素：影响针刺得气的因素主要包括三个方面：一是施术者因素，包括取穴是否准确，针刺方向、角度、深浅是否适宜，准确适宜则易于得气，反之则反。二是受术者因素，

主要与受术者个体禀赋、体格强弱等原因关系密切，体形强壮、阳气偏盛、神气敏感者，容易得气；体质虚弱、阴气偏盛者，较难得气；机体阴阳之气无明显偏颇者，得气适时而平和。三是环境因素，包括天气、室温、湿度、时令等，一般而言，天气清爽、室温适宜、干湿适度时针刺易于得气，反之得气较慢或不易得气。

④促使得气的方法：接受针刺者如果不得气，若属施术者操作误差因素或接受针刺者腧穴解剖结构位置差异因素，只需重新调整针刺部位、角度、深度，运用必要的手法，再次行针，一般即可得气。若因接受针刺者体质禀赋因素或因其他外界因素致局部感觉迟钝者，调摄养生时大多采用循弹催气、留针候气和补益经气的方法。

循弹催气法：是指针刺入腧穴后，通过循法、弹法、刮法、摇法、飞法、震颤法等辅助行针手法，催促经气速至针下的方法。如《神应经》说："用大指及食指持针，细细动摇进退搓捻其针，如手颤之状，谓之催气。"

留针候气法：是指针刺入腧穴后，留针等待气至针下的方法。《素问·离合真邪论》说："静以久留，以气至为故，如待所贵，不知日暮。"候气时，可以安静等待较长时间，也可以间歇地运针，施以各种催气手法，直到气至而止。

补益经气法：是指针刺入腧穴后，通过联合应用灸法，温补经气，促进气至针下的方法。

5. 留针法　将针刺入腧穴并施行手法后，使针留置穴内称为留针。一般情况下，只要针下得气并施以适当的补泻手法后，留针10～30分钟（或不留针）即可出针。留针的目的是为了加强针刺的作用和便于继续行针施术。留针方法可分为静留针法和动留针法两种，养生调摄中留针与否及选用何种留针方法要根据接受针刺者的体质和身体状况而灵活选用。

（1）静留针法　将针刺入穴位内，静置一段时间，期间不施行任何针刺手法的留针方法。静留针法，又可分别采取短时间静留针法和长时间静留针法。短时间静留针法，即留针10～30分钟，为一般常用；长时间静留针法，可静留针几小时，甚而几十小时，现在多以皮内针埋藏的方式代替。

（2）动留针法　在留针期间，间歇进行行针操作、施以针刺手法的方法。可根据接受针刺者的病情和留针时间的长短，每隔5～10分钟行针1次。该方法有助于保持或加强针感。

6. 出针法　出针，是指在施行针刺手法或留针达到预定针刺目的和要求后，将针退出体外的操作，又称"起针""退针"。《医经小学》说："出针不可猛出，必须作三四次，徐徐转而出之则无血，若猛出必见血也。"出针时，施术者先以押手持消毒干棉球轻轻按压于针刺部位，刺手持针做轻微的提捻动作，感觉针下松动后，将针缓慢退至皮下，再将针迅速退出，然后用消毒干棉球按压针孔片刻。如刺针深度较浅，针下无紧涩感，也可迅速将针退出。

出针当重视先后顺序，一般而言，出针应按"先上后下、先内后外"的顺序进行。出针后应注意观察有无出血，尤其是头皮、眼眶等易出血的部位，出针后应用干棉球按压片刻，以免出血或血肿。出针后还要检查核对针数有否遗漏，并及时处理针刺后遗感，嘱接受针刺者稍作休息，待接受针刺者气息调匀、情绪稳定后方可离去。

7. 针刺补泻的方法　针刺补泻的方法贯穿于进针、行针和出针全过程，是毫针刺法的核心内容。"补法"是指能鼓舞人体正气，使低下的功能状态恢复正常的针刺手法；"泻法"是指能疏泄病邪，使亢进的功能状态恢复正常的针刺手法。《灵枢·九针十二原》言："虚实之要，九针最妙，补泻之时，以针为之。"《灵枢·经脉》说："盛则泻之，虚则补之，热则疾之，寒则留之，陷下则灸之。"《素问·通评虚实论》曰："邪气盛则实，精气夺则虚。"这些论述说明针刺调节阴阳平衡通过"补虚泻实"以实现。

（1）单式补泻手法

①徐疾补泻法：进针后，浅层得气，随之缓慢进针至一定深度，再迅速退针至浅层，反复施行，重在徐入，是为补法；快速进针至一定深度，得气后，随之缓慢退针至浅层，反复施行，重在徐出，是为泻法。

②提插补泻法：针刺得气后，在针下得气处反复施行小幅度的重插轻提手法，以下插用力为主，是为补法；针刺得气后，在针下得气处反复施行小幅度的轻插重提手法，以上提用力为主，是为泻法。

③捻转补泻法：针刺得气后，在针下得气处反复施行捻转手法，拇指向前捻转时用力重（左转），指力下沉，拇指向后还原时用力轻，是为补法；针刺得气后，在针下得气处反复施行捻转手法，拇指向后捻转时用力重（右转），指力上浮，拇指向前还原时用力轻，是为泻法。

④迎随补泻法：进针时针尖随着经脉循行方向刺入为补法，针尖迎着经脉循行方向刺入为泻法。

⑤呼吸补泻法：令接受针刺者深呼气时进针，得气后，依呼进吸退之法行针，接受针刺者深吸气时出针，是为补法；令接受针刺者深吸气时进针，得气后，依吸进呼退之法行针，接受针刺者深呼气时出针，是为泻法。

⑥开阖补泻法：缓慢退针，出针后迅速按压针孔片刻，是为补法；疾速出针，出针时摇大针孔且不加按压，是为泻法。

⑦平补平泻法：针刺得气后，采取均匀提插、捻转的行针方法，是为平补平泻法。

（2）复式补泻手法

①烧山火法：将腧穴的可刺深度分作浅、中、深三层（天、人、地三部），针至浅层得气；再先浅后深，逐层（部）施行紧按慢提法（或捻转补法）九数；然后一次将针从深层退至浅层，称之为一度（三进一退）。如此反复施术数度，待针下产生热感，即留针于深层。进出针时可结合呼吸补泻、开阖补泻一同操作。烧山火法以针下产生热感为基本要求，具有使机体阳气日隆、热感渐生、阴寒自除的作用，适用于体质属虚寒之证偏重的人群。

②透天凉法：将腧穴的可刺深度分作浅、中、深三层（天、人、地三部），针至深层得气；再先深后浅，逐层（部）施行紧提慢按法（或捻转泻法）六数；然后一次将针从浅层进至深层，称之为一度（一进三退）。如此反复施术数度，待针下产生凉感，即留针于浅层。进出针时也可结合呼吸补泻、开阖补泻一同操作。透天凉法以针下产生凉感为基本要求，具有使机体阴气渐隆、凉感渐生、邪热得消的作用，适用于体质属实热之证偏重的人群。

应用烧山火法或透天凉法，以选用肌肉比较丰厚处的穴位为宜；当基础针感较强时，手法操作幅度不宜过大，重复次数不宜太多；更不可强力施行，以免引起接受针刺者疼痛。

（3）影响针刺补泻的因素

①机体功能状态：对针刺作用效应影响的决定因素是机体的功能状态。当机体功能状态低下而体质呈虚证倾向时，针刺可以起到扶正补虚的作用；当机体功能状态亢进而体质呈实证倾向时，针刺可以起到祛邪泻实的作用。如胃肠功能亢进而易发痉挛疼痛时，针刺可预防痉挛疼痛；胃肠功能抑制而易致腹胀纳呆时，针刺可促进胃肠蠕动，增进食欲，预防腹胀。

②腧穴相对特异性：腧穴的功能特性不仅具有普遍性，还具有一定的相对特异性。诸如关元、气海、命门、膏肓等腧穴，能鼓舞人体正气，促使功能旺盛，具有强壮作用，适宜于补虚。诸如水沟、委中、十二井、十宣等腧穴能疏泄人体邪气，抑制功能亢进，具有祛邪作用，适宜于泻实。当施行针刺补泻时，应结合腧穴作用的相对特异性，有助于取得更好的针刺补泻效果。

③针刺手法：接受针刺者功能状态及具有特殊作用腧穴的选择，是影响补泻效果的基础条件，针刺手法是激发、促进腧穴功能特性发挥，改善机体反应状态的必要手段，是取得补泻效果的重要因素，是针刺效应的体现。同时，不同规格针具的选用，刺入角度、方向与深度的选择也会对针刺补泻效果发挥一定的影响作用。

8. 针刺异常情况的预防与处理　　针刺是一种既简便又安全的调摄养生方法，但如操作不慎、疏忽大意，或犯刺禁，或针刺手法不当，或对人体解剖部位缺乏全面的了解，也会出现晕针、滞针、弯针、断针、血管损伤、针后异常感、创伤性气胸、内脏和神经损伤等异常情况。

（1）晕针　　是指在针刺过程中受术者发生晕厥的现象。

①现象：在针刺过程中，接受针刺者轻则出现神情异常、头晕目眩、恶心欲吐等，甚见心慌气短、面色苍白、冷汗出、四肢厥冷、脉沉细等；重则出现神志昏迷、唇甲青紫、大汗淋漓、二便失禁、脉微欲绝等。

②原因：多见于首次接受针刺，恐针、畏痛、情绪紧张者；或素体虚弱，或劳累过度，或空腹者，或大汗、大泻、大出血者等；或体位不当，或刺激手法过强，或诊室闷热，或过于寒冷等。

③处理：立即停止针刺，迅速全部出针。接受针刺者平卧，头部放低，松解衣带，保温，服用糖水或温开水，通畅空气。重者在行上述处理后，可指压水沟、素髎、内关、合谷、太冲、涌泉、足三里等穴，亦可灸百会、气海、关元等穴，一般接受针刺者可逐渐恢复正常。若见不省人事、呼吸微弱、脉微欲绝者，可配合医学急救措施。

④预防：对于初次接受针刺者，特别是精神紧张者，要先做好解释工作，消除其恐惧心理；对体质虚弱、大汗、大泻、大出血者等，取穴宜精，手法宜轻。对于饥饿或过度疲劳者，应推迟针刺时间，待其进食或体力恢复后再行针刺。尽可能选取卧位，保持接受针刺者的体位舒适自然。消除过热、过冷因素，保持室内空气流通清新。施术者在施术过程中应密切观察接受针刺者的神态，随时询问其感觉，如有不适立即处理。

（2）滞针　　是指在行针或出针时，施术者捻转、提插、出针均感困难，且接受针刺者感觉疼痛或疼痛加剧的现象。

①现象：在行针时或出针时，施术者捻转、提插和出针均感困难，若勉强行捻转、提插时，接受针刺者剧烈疼痛。

②原因：进针后接受针刺者移动体位；针刺入腧穴后局部肌肉剧烈收缩；施术者向单一方向捻针太过，肌纤维缠绕于针身。若留针时间过长，也可出现滞针。

③处理：体位移动者，帮助其恢复原来体位；如精神紧张而致肌肉痉挛引起者，须消除其紧张情绪，做好耐心解释；单向捻转过度者，需向反方向捻转；或用手指在滞针邻近部位做循按手法，或弹动针柄，或在针刺邻近部位再刺一针，以宣散气结、解除滞针。

④预防：针刺时选择较舒适体位，避免留针时移动体位。对于初诊接受针刺者和精神紧张者，要做好针刺前解释工作，消除紧张情绪。避免单向过度捻转，行针手法宜轻巧。

（3）弯针　　是指进针、行针或留针时，针身在接受针刺者体内出现弯曲的现象。

①现象：针柄改变了进针时或留针时的方向和角度，施术者提插、捻转和出针均感困难，接受针刺者感觉针刺部位疼痛。

②原因：施术者手法不熟练，进针用力过猛过速或针下碰到坚硬组织；或进针后接受针刺者改变了体位；或外力碰击或压迫针柄；或针刺部位处于痉挛状态；或滞针处理不当等。

③处理：出现弯针后，不得再行手法，切忌强拔针、猛退针，以防引起折针、出血等。若体

位移动所致者，须先恢复原来体位，局部放松后始可退针。若针身弯曲度较小者，可按一般的起针方法，随弯针的角度将针慢慢退出。若针身弯曲度大者，可顺着弯曲的方向轻微地摇动退针。如针身弯曲不止一处，须结合针柄扭转倾斜的方向逐次分段退出。

④预防：首先施术者手法要熟练、轻巧，避免进针过猛、过速。接受针刺者的体位选择应适当，留针期间不可移动体位。防止针刺部位和针柄受外力碰压。另外，针刺痉挛状态的部位时宜慎重，滞针要及时处理。

（4）断针　又称折针，是指针刺过程中，毫针针身折断在接受针刺者体内的现象。

①现象：在行针、出针时，发现针身折断，或部分针身浮露于皮肤之外，或全部没于皮肤之下。

②原因：针具检查疏忽而使用劣质针具。针刺或留针时接受针刺者改变了体位。针刺时将针身全部刺入；行针时强力提插、捻转，引起肌肉痉挛。遇弯针、滞针等异常情况处理不当，并强力出针。外物碰撞、压迫针柄等。

③处理：施术者应镇静沉着，告诫接受针刺者勿变动原有体位，以防残端向深层陷入。若残端尚有部分露于皮肤之外，可用镊子钳出。若残端与皮肤相平或稍低，而折面仍可看见，可用左手拇、食二指垂直向下挤压针孔两旁，使残端露出皮肤之外，右手持镊子将针拔出。若残端深入皮下，须采用外科手术方法取出。

④预防：针刺前必须仔细检查针具，对于不符合质量要求的针具应剔除不用。避免过猛、过强行针。选择的毫针的针体长度必须大于针刺深度，针刺时切勿将针身全部刺入腧穴，更不能进至针根，应留部分针体在体外。行针和退针时，如果发现有弯针、滞针等异常情况，应及时处理，不可强力硬拔。

（5）针刺导致血管损伤　包括出血和皮下血肿。出血是指出针后针刺部位出血；皮下血肿是指针刺部位因皮下出血而引起肿痛等现象。

①现象：出针后针刺部位出血或肿胀疼痛，甚见皮肤呈青紫等现象。

②原因：针刺过程中刺伤血管，或者接受针刺者凝血机制障碍所致。

③处理：出血者，可用干棉球行长时间按压。若微量的皮下出血而出现局部小块青紫时，一般不必处理，可自行消退。若局部肿胀疼痛较剧，青紫面积大而且影响到活动功能时，在24小时内先冷敷止血，24小时之后，再做热敷或在局部轻轻按揉，使局部瘀血吸收消散。

④预防：术前仔细检查针具，熟悉腧穴解剖结构，避开血管针刺。若非开阖泻法操作，出针时立即用消毒干棉球按压针孔。有出血倾向者，针刺时要慎重。

（6）针后异常感　是指接受针刺后，接受针刺者针刺部位遗留疼痛、沉重、麻木、酸胀等不适感的现象。

①现象：出针后接受针刺者不能挪动体位；受术者被针刺的局部肢体遗留酸痛、沉重、麻木、酸胀等不适感；或针孔出血，或针刺处皮肤青紫、结节等。

②原因：肢体不能挪动体位，可能是有针遗留，或针刺时体位选择不当，接受针刺者移动体位或外物碰压针柄。施术者手法不熟练，行针手法过重，留针时间过长等。针前失于检查针具，针尖带钩，使皮肉受损，个别可能由凝血功能障碍引起。

③处理：如有遗留未出之针，应随即出针，退针后让接受针刺者休息片刻，不要急于离去。在针刺局部做循按手法或推拿，不适感即可消失或改善；局部出血、青紫者，可用棉球按压片刻；血肿青紫明显者，应先冷敷再热敷。

④预防：针前要仔细检查针具。手法要熟练，进针要迅速，行针手法要适当，不可过强。嘱

接受针刺者不可随意改变体位，防止外物碰压针柄。留针时间不宜过长。退针后应清点针数，避免遗漏。要仔细查询有无出血病史。要熟悉浅表解剖知识，避免刺伤血管。

（7）针刺引起创伤性气胸　是指针刺入胸腔，使胸膜破损，空气进入胸膜腔所造成的气胸。

①现象：接受针刺者突感胸闷、胸痛、心悸、气短、呼吸不畅、刺激性干咳，严重者呼吸困难、发绀、冷汗、烦躁、精神紧张，甚至出现血压下降、休克等危急现象。

体格检查：视诊可见患侧肋间隙变宽、胸廓饱满，叩诊患侧呈鼓音，听诊患侧呼吸音减弱或消失，触诊或可见气管向健侧移位。

影像学检查：可见患侧肺组织被压缩。部分接受针刺者出针后并不立即出现症状，而是过一定时间才逐渐感到胸闷、疼痛、呼吸困难等。

②原因：针刺胸部、背部及邻近穴位不当，刺伤胸膜，空气聚于胸腔而造成气胸。

③处理：一旦发生气胸，应立即出针；接受针刺者采取半卧位休息，避免屏气、用力、高声呼喊，应平静心情，尽量减少体位翻转。一般轻者可自然吸收；如有症状，可对症处理，如给予镇咳、消炎等药物，以防止因咳嗽扩大创孔，避免加重和感染。重者，如出现呼吸困难、发绀、休克等现象，应立即组织抢救。

④预防：为接受针刺者选择合适体位。对于胸部、背部及邻近腧穴，根据接受针刺者体型，严格掌握针刺的角度、方向和深度，施行提插手法的幅度不宜过大。

（8）刺伤内脏　是指针刺胸、腹和背部相关腧穴不当，引起心、肝、脾、肾等内脏损伤而出现的各种症状。

①现象：刺伤心脏时，轻者可出现胸部刺痛，重者有剧烈的撕裂痛，引起心外射血，导致立即休克、死亡。刺伤肝、脾时，可引起内出血，接受针刺者可感到肝区或脾区疼痛，或向背部放射；如出血过多，可出现腹痛、腹肌紧张、压痛及反跳痛等症状。刺伤肾脏时，可有腰痛，肾区压痛及叩击痛，或见血尿；严重时血压下降、休克。刺伤胆囊、膀胱、胃、肠等空腔脏器时，可引起局部疼痛、腹肌紧张、压痛及反跳痛等症状。

②原因：施术者缺乏腧穴解剖学知识，或未能掌握正确进针的角度、方向和深度。

③处理：损伤轻者，卧床休息后，一般即可自愈。如果损伤严重或出血征象明显者，应用止血药等对症处理。密切观察病情及血压变化。若损伤严重，出血较多，出现失血性休克时，则必须迅速进行输血等急救或外科手术治疗。

④预防：熟悉腧穴解剖学知识，明确腧穴下的脏器组织。凡接受针刺者脏器组织处相应部位的穴位，都应注意针刺的角度、方向和深度，特别是针刺的深度。

（9）刺伤周围神经　是指针刺引起周围神经损伤，出现损伤部位感觉异常、肌肉萎缩、运动障碍等现象。

①现象：针刺误伤周围神经，可立即出现触电样的放射感觉，甚至出现沿神经分布路线发生麻木、热、痛等感觉异常，或有程度不等的运动障碍、肌肉萎缩等。

②原因：在有神经干或主要分支分布的腧穴上，针刺或使用粗针强刺激出现触电感后仍然大幅度提插，或留针时间过长，或同一腧穴反复针刺等。

③处理：应该在损伤后立即采取治疗措施，轻者可做按摩，嘱患者加强功能锻炼，可应用维生素B族类药物治疗，如在相应经络腧穴上进行维生素B族类药物穴位注射；重者应配合西医措施进行处理。

④预防：针刺神经干附近腧穴时，手法宜轻，出现触电感时，勿继续提插捻转。刺激时间不宜过长，刺激次数不宜过多，留针时间不宜过长。

（10）刺伤中枢神经　是指脊柱、背部、颈项部及附近腧穴针刺不当，刺入脊髓、脑，引起触电样感觉向肢端放射、头痛、恶心、呕吐，甚至昏迷等现象。

①现象：刺伤脊髓时，可出现触电样感觉向肢端放射、暂时性肢体瘫痪等，有时可危及生命。刺伤延脑时，可出现头痛、恶心、呕吐、抽搐、呼吸困难、休克和神志昏迷等，甚至危及生命。

②原因：针刺胸腰段及棘突间腧穴时，针刺过深，或手法太强，误伤脊髓。针刺项部穴时，若针刺的方向及深度不当，伤及延髓，造成脑组织损伤，严重者出现脑疝等严重后果。

③处理：立即出针。轻者，加强观察，安静休息，能渐渐恢复；重者应配合西医措施进行及时救治。

④预防：凡针刺督脉腧穴、背腰部及头项的腧穴，特别是风府、哑门、风池等穴时，不可向上针刺，也不可刺之过深。应认真掌握进针深度、方向和角度。行针中必须随时注意针感，选用捻转手法，尽量避免提插等手法。

（二）功效机制

1. 祛邪扶正、疏通经络、和畅气血　经络是运行气血的通道。《标幽赋》说毫针"本形金也，有蠲邪扶正之道；短长水也，有决凝开滞之机""虽细桢于毫发，同贯多歧"，说明针刺的作用主要在于祛邪扶正、疏通经络，使气血运行流畅。针刺行针时的提插捻转目的是为了调气、运气，气机调畅则血行通利。所以，针刺的首要功效在于疏通经络、和畅气血。

2. 调和五脏、养精蓄锐　经脉"内属于脏腑，外络于肢节"。故毫针在外作用于经脉，通过经脉的联络作用，调理五脏。《灵枢·本脏》："五脏者，所以藏精神血气魂魄者也。""五脏皆坚者无病，五脏皆脆者不离于病。"故针刺可以调养五脏，使精充、气足、神有所归养。

3. 调理虚实、平衡阴阳　《素问·宝命全形论》曰："人生于地，悬命于天，天地合气，命之曰人。"人的机体生理功能多受外界环境和生活习性的变化影响，这种变化会导致机体的脏腑功能、阴精阳气的盛衰变化，进而产生虚实的偏差。针刺调气血、和五脏，则可纠正这种偏差，"盛则泻之，虚则补之，热则疾之，寒则留之"（《灵枢·经脉》），针刺损有余而补不足，使虚实得理，阴阳得平。

此外，通过得气的快慢和得气性质，针刺还具有辅助诊断功能，可以分析未病机体体质偏颇、邪正偏性和阴阳虚实平衡状态。

现代研究表明，针刺经络穴位后，手法使穴位感受器产生传入冲动，在脊髓内换元后其二级冲动主要经腹外侧索向高位中枢传递。此外，进入脊髓后角的针刺信号还可对前角或侧角神经元发生影响而发动躯体-内脏反射或躯体-躯体反射，经交感纤维或γ-传出纤维分别对相同或相邻节段区域内的痛反应和内脏活动进行调节、控制。针刺信息经脊髓上行入脑后，经过丘脑换神经元上行到大脑皮层后才能最后形成针感，经中枢整合调制后，通过传出途径对脏腑器官的活动和痛反应进行调节和控制。已有实验证明，针刺效应的外周传出途径与神经反射性通路和神经-体液途径有关。通过这些途径，针刺对神经系统、呼吸系统、心血管系统、消化系统、泌尿生殖系统、内分泌系统和免疫系统发挥良好调节作用。如对神经系统，针刺可以改善脑血流量和脑氧代谢，从而预防缺血性脑损伤；对内分泌系统，针刺可以改善胰岛β细胞的分泌功能，调节血糖状态；对免疫系统，针刺有双向调节作用，可以使亢进的免疫功能抑制，使低下的免疫功能增强。

（三）使用禁忌

1. 接受针刺者处于饥饿、饱食、醉酒、大怒、大惊、过度疲劳、精神紧张时，不宜立即进行针刺。
2. 接受针刺者若平素体质偏弱、禀赋气血偏虚，其针感不宜过重，应尽量采取卧位行针。
3. 针刺时应避开大血管，腧穴深部有脏器时应掌握针刺方向、角度、深度，切不可伤及脏器。
4. 针刺眼区睛明穴、项部风府、哑门等穴以及脊椎部位的腧穴时，应注意进针角度，避免大幅度提插、捻转和长时间留针，以免伤及重要组织器官。
5. 皮肤有破溃、瘢痕或皮下有不明肿块者，除特殊需要外，均不应在局部直接针刺。
6. 孕妇调养时，不宜刺下腹部、腰骶部及三阴交、合谷、至阴等对胎孕反应敏感的腧穴。
7. 幼童调养时，因囟门未闭合，囟门附近的腧穴不宜针刺；因小儿不易配合，针刺也不宜留针。
8. 有凝血机制障碍者，应禁用针刺。

（四）注意事项

1. 针刺养生时，选穴宜精当，施针宜和缓，注意严把禁忌情况。针刺过程中注意观察被针刺者情况，如发生针刺意外要及时处理。
2. 施术过程中，如持针身法、夹持进针法等某些刺法需要触及针体时，应当用消毒棉球作间隔物，施术者手指不宜直接接触针体。
3. 行针时，提插幅度和捻转角度的大小、频率的快慢、时间的长短等，应根据接受针刺养生者的具体情况和术者所要达到的目的而灵活掌握。
4. 头、目等部位应注意针孔的按压。对于头皮、眼周围等易出血的部位，出针后应急用干棉球按压，按压着力适度，勿揉动，以免出血或皮下血肿。对于留针时间较长的，出针后亦应按压针孔。

二、皮肤针养生方法技术

皮肤针养生方法技术是以多支不锈钢短针浅刺人体特定部位（腧穴）的一种针刺养生方法技术。皮肤针通过叩刺皮部及皮部浮络、孙络，可以激振经气，荡涤络血，进而疏通经络、调和气血，从而达到防治疾病、调摄养生的目的。

皮肤针针头呈小锤形，一般针柄长 15～19cm，针头一端附有莲蓬状的针盘，下边散嵌着不锈钢短针，针尖呈松针形（图 5-15）。针柄有软柄和硬柄两种类型，软柄一般用有机玻璃或硬塑料制作。根据所嵌针数的不同，又分别称为梅花针（五支针）、七星针（七支针）、罗汉针（十八支针）等。

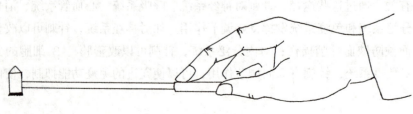

图 5-15　皮肤针

皮肤针方法技术是我国古代"半刺""浮刺""毛刺""扬刺"等针法的发展。《灵枢·官针》曰:"半刺者,浅内而疾发针,无针伤肉,如拔毛状。""浮刺者,傍入而浮之,以治肌急而寒者也。""毛刺者,刺浮痹皮肤也。""扬刺者,正内一,傍内四而浮之,以治寒气之博大者也。"

(一)操作方法

1. 操作前准备

(1)针具检查　皮肤针针柄要坚固且具有弹性,全束针尖应平齐,无偏斜、钩曲、锈蚀和缺损。针尖的检查,可用干脱脂棉轻沾针尖,如果针尖有钩或有缺损则棉絮易被带动。

(2)针具消毒　应选择高压消毒法。宜选择一次性皮肤针。

(3)受术者局部皮肤消毒　用75%乙醇或0.5%碘伏棉球在施术部位消毒。强刺激部位宜用0.5%碘伏棉球消毒。

(4)施术者双手消毒　施术者双手应用肥皂水清洗干净,再用75%酒精棉球擦拭。

2. 持针姿势

(1)软柄皮肤针　将针柄末端置于掌心,拇指居上,食指在下,余指呈握拳状固定针柄末端。

(2)硬柄皮肤针　用右手握针柄,以无名指、小指将针柄末端固定于小鱼际处,一般针柄末端露出手掌后2~5cm,以拇、中二指夹持针柄,食指置于针柄中段上面。

3. 叩刺方法　受术局部皮肤经常规消毒以后,将皮肤针的针尖对准要针刺的部位,然后运用腕力灵活地垂直扣刺,即将针尖垂直叩击在皮肤上后,立刻弹起,反复多次进行。

4. 刺激强度　根据养生者体质、年龄和叩刺部位的不同,可分别采用弱刺激、中等刺激和强刺激。

(1)弱刺激　用较轻的腕力叩击,动作幅度小,频率慢,针尖刺入皮肤深度浅,受术局部皮肤略见潮红,受术者无疼痛感觉。适用于老幼、禀赋虚弱、初次接受皮肤针叩刺者,以及头面五官肌肉浅薄处。

(2)中等刺激　用适度的腕力叩击,动作幅度、频率、针尖刺入皮肤深度介于强、弱刺激之间,受术局部皮肤潮红,但无出血,受术者稍觉疼痛。适用于多数人群,除头面五官等肌肉浅薄处,其他部位均可选用。

(3)强刺激　用较重的腕力叩击,动作幅度大,频率快,针尖刺入皮肤深度深,受术局部皮肤可见出血,受术者有明显疼痛感觉。适用于年轻体强,以及肩、背、腰、臀、四肢等肌肉丰厚处。

5. 叩刺部位

(1)穴位叩刺　指选取与养生目标相关的穴位叩刺。主要用于背俞穴、夹脊穴等。

(2)局部叩刺　指在养生调摄的局部叩刺。如头面、五官、肩颈等。

(3)循经叩刺　指沿着经脉循行路线叩刺。主要用于项、背、腰、骶部的督脉和膀胱经,其次是四肢肘、膝以下的三阴、三阳经。

6. 施术后处理　叩刺后皮肤如有出血,须用消毒干棉球擦拭干净,保持清洁,以防感染。

7. 皮肤针叩刺间隔时间　根据养生需要确定,一般多使用弱刺激或中等刺激,可每天1次或隔日1次。必须使用强刺激时,可隔日或隔多日1次。

（二）功效机制

皮肤针具有疏经通络、活血化瘀的作用；皮肤针刺入皮肤后，通过影响皮肤机械感受器及内分泌细胞，实现机械力信号向生物化学信号传导，起到养生的作用。

（三）使用禁忌

1. 局部皮肤有破损及瘢痕者，不宜使用本法。
2. 凝血功能障碍者不宜使用本法。

（四）注意事项

1. 注意检查针具，当发现针尖有钩毛或缺损、针锋参差不齐者，须及时弃用。
2. 针具及针刺局部皮肤叩刺前均应消毒。
3. 操作时运用腕力垂直叩刺，并立即抬起。叩刺频率要均匀。不可斜刺、压刺、慢刺、拖刺，避免使用臂力增加受术者疼痛。
4. 叩刺后，局部皮肤需用 75% 乙醇或 0.5% 碘伏棉球消毒并应注意保持针刺局部清洁，以防感染。
5. 若发生晕针应立即停止叩刺。轻者使患者呈头低脚高卧位，注意保暖，必要时可饮用温开水或温糖水，或掐按水沟、内关等穴，即可恢复。严重时按晕厥处理。

三、皮内针养生方法技术

皮内针养生方法技术是以皮内针刺入并固定于腧穴部位皮内或皮下的一种针刺养生方法技术。皮部以经脉为纲纪，皮内针通过长时间留针刺激皮部，可以振奋皮部卫阳之气，进而疏通经络、调和气血，从而达到养生、防病的目的。

皮内针用不锈钢制成，有麦粒型（图5-16）和揿钉型（图5-17）两种。麦粒型皮内针针身长 5～10mm，针身直径 0.28mm，针柄呈圆形，其直径 3mm，针身与针柄在同一平面。揿钉型皮内针针身长 2～3mm，针身直径 0.28～0.32mm，针柄呈圆形，其直径 4mm，针身与针柄垂直。

图 5-16　麦粒型　　　　图 5-17　揿钉型

皮内针方法技术源于《素问·离合真邪论》中"静以久留"的方法。皮内针进针、固定和留针的操作，又称为"埋针"，在养生中适用于需要持续留针的情况，特别适用于顽固性痛证的预防，以及慢性难治性疾病，如高血压、软组织损伤、不寐等。

（一）操作方法

1. 操作前准备

（1）针具消毒　针具应选用高压蒸汽灭菌，宜使用一次性皮内针。

（2）部位选择　宜选择不妨碍肢体活动、易于固定针具的腧穴所在部位。

（3）局部皮肤消毒　宜用75%乙醇或1%～2%碘伏在施术部位消毒。

2. 进针

（1）揿钉型皮内针　施术者一手固定腧穴部皮肤，另一手持镊子夹持针尾直刺入腧穴皮内。

（2）麦粒型皮内针　施术者一手将腧穴部皮肤向两侧舒张，另一手持镊子夹持针尾平刺入腧穴皮内。

3. 固定

（1）揿钉型皮内针　用脱敏胶布覆盖针尾、粘贴固定。

（2）麦粒型皮内针　先在针尾下垫一橡皮膏，然后用脱敏胶布从针尾沿针身向刺入的方向覆盖、粘贴固定。

4. 固定后刺激　固定后每日按压胶布3～4次，每次约1分钟，按压力度以受术者能耐受为度，两次刺激间隔约4小时。为增强刺激量，皮内针固定后留针期间受术者可每天自行按压数次。

5. 出针　一手固定受术者腧穴部位两侧皮肤，另一手取下胶布，然后持镊子夹持针尾，将针取出。

6. 出针后处理　应用消毒干棉签按压针孔，局部常规消毒。

7. 留针时间　可根据养生需求决定其留针时间，一般为3～5天，最长可达1周。若天气炎热，留针时间不宜超过2天，以防感染。

（二）功效机制

皮内针具有通络止痛、活血化瘀的功效。皮肤与中枢神经系统均来源于神经外胚层，皮肤神经末梢分布复杂并表达多种激素和相关受体，皮肤细胞可分泌多种神经活性物质，参与循环、消化、免疫等多个系统的调节，从而达到养生作用。

（三）使用禁忌

1. 皮肤破损、瘢痕及皮下不明肿块局部，不宜使用本法。
2. 凝血功能障碍者不宜使用本法。
3. 体表大血管部位不宜使用本法。
4. 孕妇下腹、腰骶部及行气活血腧穴不宜使用本法。
5. 对金属过敏者不宜使用本法。

（四）注意事项

1. 初次接受皮内针刺激者，应首先消除其紧张情绪以防止晕针。
2. 皮内针固定留针时，宜选用较易固定和不妨碍肢体运动的穴位。
3. 皮内针固定后，若受术者感觉局部强烈刺痛，应将针取出重新操作或改用其他穴位。
4. 热天出汗较多，皮内针固定留针时间不宜超过2天。

5. 皮内针固定留针期间，针处不要着水，以免感染，若发现感染，应将针取出，并对症处理。

6. 一般情况下，同一受术部位出针3天后可再次施针。

第二节　推拿养生方法技术

推拿养生方法技术是指在中医基础理论指导下，应用一定的推拿手法作用于人体经络、腧穴等特定部位，以达到养生目的的养生方法技术。推拿养生方法技术的种类，可以分为自我推拿与被动推拿，前者由自己操作，常常叫作自我保健按摩；后者由医生等专业人员操作，受术者被动接受，叫被动推拿。

历代医家十分推崇将推拿应用于防病养生与保健，如《保生心鉴·太清二十四气水火聚散图序》指出："是以仙道不取药石而贵导引，导引之上行其无病，导引之中行其未病，导引之下行其已病，何谓也？二十四邪方袭肌肤，方滞经络，按摩以行之，注闭以改之，吐纳以平之，使不至于浸其荣卫，而蚀其脏腑也。修身养命者，于是乎取之。"众多医籍对推拿养生保健作用均给予了充分的肯定和高度评价。如与《黄帝内经》同时问世的《黄帝岐伯按摩经》就是一本记载养生保健按摩的推拿学巨著；张仲景所著的《金匮要略》中就将膏摩疗法列为一项重要的养生方法；葛洪的《肘后备急方》、孙思邈的《备急千金要方》中都记载了许多自我推拿养生的方法，如天竺国按摩法、老子按摩法等；巢元方《诸病源候论》尤其重视摩腹养生术；《太平广记》引《谭宾录》，称大医家孙思邈有"推步导养之术"，故"年九十余而视听不衰"，其中的"推步导养之术"就包括老子按摩法。

一、推拿养生手法的要求

推拿养生手法与治疗性推拿手法一样，都要符合"持久、有力、均匀、柔和、深透"的推拿手法基本要求。①持久，就是指始终保持手法操作的连贯性，不应因操作时间延长而手法变形及力量不够，从而影响疗效。②有力，是指手法必须达到一定的力度，手法力度不够有时也会影响疗效。当然，有力的前提是确保手法的安全性。③均匀，是指操作节律要均匀，速度不可时快时慢，动作幅度不可时大时小，手法的力度均匀，不可忽轻忽重。当然，不同手法与不同部位，操作的节律与力度应有所不同。④柔和，是指手法既要有力，又不生硬僵滞，做到轻而不浮、重而不滞，刚中有柔、柔中带刚。⑤深透，深是指大部分推拿手法作用的层次不应该停留在皮肤表面，而应渗透到皮下深层组织；透主要是指力的渗透，同时包括热的渗透。

二、常用推拿养生手法

1. 揉法

【操作方法】将第5掌指关节背部尺侧吸附于体表施术部位，通过前臂主动摆动带动腕关节被动屈伸、旋转，产生节律性连续动作，使所产生的功力通过小鱼际、手背、第5掌指关节背部尺侧作用于施术部位。见图5-18。频率为120～160次/分。

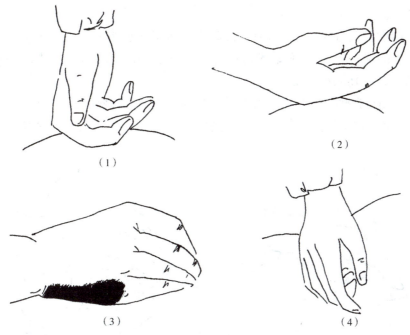

图 5-18 擦法

【应用】擦法是常用的养生推拿手法之一,具有温经通络、行气活血、滑利关节、解痉止痛的作用。适用于身体肌肉较丰厚部位如颈部、肩背部、腰骶部、臀部、四肢部等的保健。

【注意事项】注意动作连贯,不可有顿挫、跳动及撞击感。操作时,接触面与操作部位不可有摩擦,以免施术者接触面出现皮肤破损。

2. 一指禅推法

【操作方法】用拇指螺纹面或指端或拇指桡侧偏峰着力,其余四指自然伸直或屈曲呈半握拳状,通过前臂主动摆动带动拇指指间关节被动屈伸做有节律的连续摆动,使所产生的功力通过着力处持续作用于特定部位。见图 5-19。频率为 120～160 次/分。

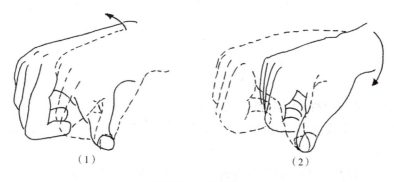

图 5-19 一指禅推法

【应用】本法有理气活血、通经止痛、祛瘀消肿作用。适用于全身各部位,尤其是头面及颈部等部位的经络和腧穴。

【注意事项】一指禅推法的动作要领可归纳为"沉肩、垂肘、悬腕、指实、掌虚、紧推慢移"。操作时要求肩部自然放松,不要耸肩,肘关节屈曲下垂,不可高于腕关节,腕关节自然放松。拇指要自然着力,使拇指螺纹面着实吸定于操作部位,不可离开或来回摩擦,但手掌及其余四指均要放松,不可使劲。操作过程中,吸定点不能随着前臂及腕的摆动而在体表上滑动、摩擦。推动时动作要快,移动时要慢,即"紧推慢移"。

3. 揉法

【操作方法】用指腹、鱼际、掌、前臂等部位贴附于体表施术部位，做有节律的摆动或环旋运动，并带动该处的皮下组织一起做轻柔缓和的运动。包括指揉法、鱼际揉法、掌揉法及前臂揉法。频率一般为100～160次/分。

（1）指揉法　用指腹贴附于体表施术部位操作。操作时腕部放松，摆动前臂，带动腕和掌指，揉动时需要蓄力于指，吸定操作部位。分拇指揉法、中指揉法、双指揉法及三指揉法（图5-20）。

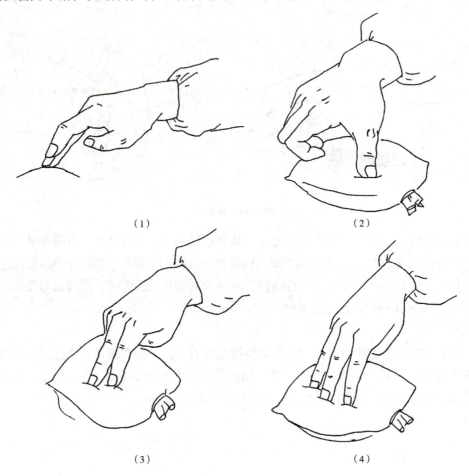

图5-20　指揉法

（2）鱼际揉法　用鱼际贴附于体表施术部位做环旋摆动（图5-21）。

（3）掌揉法　用全掌或掌根（可单掌也可双掌叠掌）着力贴附于体表施术部位做环旋揉动（图5-22）。

（4）前臂揉法　用前臂尺侧贴附于体表施术部位做环旋操作（图5-23）。

图5-21　鱼际揉法

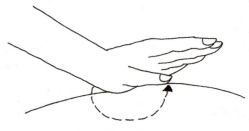

图5-22　掌揉法

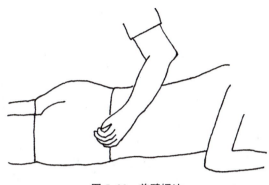

图 5-23　前臂揉法

【应用】揉法有活血祛瘀、消肿止痛、理气和胃等作用。指揉法常用于头面、胸胁部位；鱼际揉法多用于面部、颈部、胸胁部及腹部；掌揉法常用于腰背部；前臂揉法力度较大，接触面广，多用于背腰部、臀部及大腿后侧等部位。

【注意事项】操作过程中注意要有节律性，揉的幅度由小到大、用力由轻渐重，需带动皮下组织运动，与受术部位皮肤不能有摩擦。

4. 摩法

【操作方法】指摩法（图 5-24）是用手指螺纹面贴附于体表施术部位做有节律的环形动作，操作时肘微屈，腕部放松，以腕关节为中心，带动掌指来完成。动作宜轻缓柔和，不带动皮下组织，频率一般为 120 次 / 分。

掌摩法（图 5-25）是用掌根、全掌或鱼际贴附于体表施术部位，以肘关节为支点，带动前臂、腕关节做环形运动。动作应当协调和缓，频率一般为 100 次 / 分。

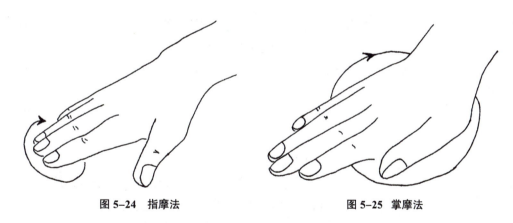

图 5-24　指摩法　　　　　　**图 5-25　掌摩法**

【应用】摩法能理气消积，温经散寒。常用于头面、胸腹及胁肋部。

【注意事项】摩动速度与力度适中。《圣济总录》指出："摩法不宜急，不宜缓，不宜轻，不宜重，以中和之意施之。"此外，必要时须配合使用介质。

5. 擦法

【操作方法】用手指、掌、鱼际或小鱼际着力于体表施术部位上，做直线来回往返摩擦运动。分为指擦法、掌擦法（图 5-26）、大鱼际擦法（图 5-27）、小鱼际擦法（图 5-28）。

【应用】擦法能使局部产生温热感，具有温经通络、理气止痛、消肿散瘀、健脾和胃、祛风散寒等作用。擦法多用于四肢部、腰背部、胁肋部等。

【注意事项】动作稍快，用力要均匀，应产生温热感，但不可擦破皮肤。操作时将受术部位皮肤暴露并涂以适量油性介质。

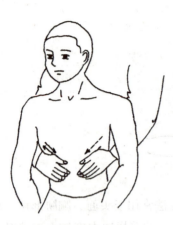
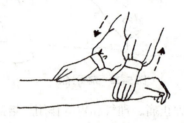

图 5-26　掌擦法　　　　图 5-27　大鱼际擦法　　　　图 5-28　小鱼际擦法

6. 推法

【操作方法】用指腹、指端、掌面或肘尖部紧贴施术部位做单向直线推动,也可顺着筋肉结构形态而推之,分别称为指推法、掌推法、肘推法。

【应用】本法具有活血通络、散瘀消肿、解痉止痛的作用。指推法多用于头面、颈项及肢体远端;掌推法适用于胸腹、腰背及四肢等;肘推法的刺激性较强,用于肌肉丰厚、形体肥胖或感觉迟钝的患者。

【注意事项】着力部位要紧贴施术部位,但不可推破皮肤。可以配合使用油性介质。推的速度不可过快,力度不可过轻或过重。

7. 搓法

【操作方法】双手掌面相对夹住操作部位(多为上肢、胁肋等部位),做一前一后往返搓动的动作,可上下来回移动(图 5-29)。频率一般为 200 次/分。

【应用】本法具有疏肝理气、开郁散结、温经通络、消除疲劳、调和气血的作用。常用于上肢部、胁肋部等。

【注意事项】操作时搓动要快,移动要慢,用力均匀,不得停顿。施力不可过重,以免造成手法僵滞。

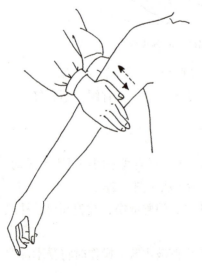

8. 抹法

【操作方法】用手指(多用拇指)指腹贴附于皮肤,轻柔和缓地做上下、左右的单向或往返移动。

【应用】抹法有醒脑明目、镇静开窍等作用。适用于头面和颈项等部位。

【注意事项】操作时不要带动深部组织;要求平稳缓和,轻而不浮,重而不滞。

9. 按法

【操作方法】用拇指指端或指腹着力于施术部位,由轻而重垂直向下按压,为指按法。用单掌或双掌,亦可用双掌重叠按压体表,称为掌按法。

【应用】本法具有放松肌肉、开通闭塞、活血止痛之作用。按法常与揉法结合应用,组成复合手法"按揉法"。指

图 5-29　搓法

按法适用于全身各部穴位；掌按法多用于腰背和下肢等肌肉丰厚部位。

【注意事项】按法操作时方向应与施术部位垂直，用力要由轻到重，再由重到轻。不要使用暴力猛然按压。按法接触面较小，刺激较强，常在按后施以揉法。

10. 压法

【操作方法】用拇指螺纹面、掌面或肘关节尺骨鹰嘴突起部着力于施术部位进行持续按压。分为指压法、掌压法及肘压法。

【应用】本法具有舒筋通络与解痉止痛的作用。适用于腰臀部、下肢后侧及背部肌肉丰厚部位。

【注意事项】操作时不可突施暴力，以免造成骨折等损伤。

11. 点法

【操作方法】用拇指指端点压体表，为拇指点法。也可以用屈拇指的指间关节桡侧突起或屈食指近端指间关节突起点压体表，分别叫作屈拇指点法与屈食指点法。

【应用】本法具有通经活络、开通闭塞的作用，适用于全身各部位，尤其是穴位处。

【注意事项】本法作用面积小，刺激量大，因此要注意用力大小。

12. 拨法

【操作方法】将拇指或肘尖深按于施术部位，垂直肌肉走行方向行单向或往返的拨动。

【应用】具有解痉止痛的作用，常用于四肢部、颈项部、肩背部、腰部、臀部。

【注意事项】压力不宜过大，以受术者能忍受为度。常常与按揉法及点法配合使用。

13. 拿法

【操作方法】用大拇指和食、中两指，或用大拇指和其余四指做相对用力，在一定的部位上做节律性的提捏动作（图5-30）。

【应用】本法具有祛风散寒、开窍止痛、舒筋通络、消除疲劳等作用。常用于头项、肩颈及四肢等部位。

【注意事项】操作时，不可用指端或指甲抠掐，用力应当由轻而重，不可突然用力，动作要和缓而有连贯性。

14. 振法

【操作方法】以食、中指螺纹面，或以掌面置于施术部位，注意力集中于指部或掌，前臂腕屈肌群和腕伸肌群交替性静止性用力，使手臂产生快速振颤，分别称为指振法或掌振法。

【应用】本法具有温补的作用。指振法适用于全身各穴位，掌振法适用于胸腹部。

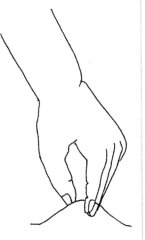

图 5-30　拿法

【注意事项】操作时手臂部不要有主动运动，即除手臂静止性用力外，不可故意颤动。动作持续，保持3分钟以上，频率最低为300次/分。

15. 拍法

【操作方法】用虚掌拍打施术部位，称为拍法（图5-31）。

【应用】拍法具有舒筋通络、行气活血的作用，适用于肩背、腰臀及下肢部。

【注意事项】操作时手指自然并拢，掌指关节微屈，拍打施术部位，平稳而有节奏。可单手操作，也可双手交替做节律性操作。

16. 击法

【操作方法】用拳、掌根、掌侧、指尖或桑枝棒叩击体表，称为击法。

（1）拳击法　手握空拳，腕伸直，以立拳或拳心、拳背叩击体表（图5-32）。

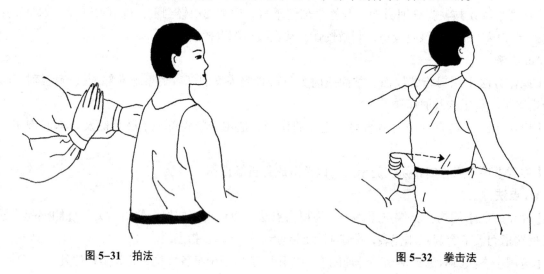

图5-31　拍法　　　　　　　　　　图5-32　拳击法

（2）掌击法　手指自然松开，腕伸直，以掌根部叩击体表（图5-33）。

（3）侧击法　手指自然伸直，腕略背屈，用单手小鱼际击打或双手小鱼际交替击打体表（图5-34）。

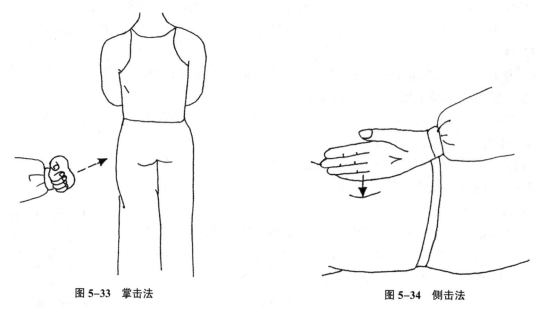

图5-33　掌击法　　　　　　　　　　图5-34　侧击法

（4）指尖击法　用指端轻轻垂直击打体表（多用于头部），如雨点落下。

（5）棒击法　手握特制桑枝棒一端，前臂主动运动，使棒体有节律地击打体表。

【应用】本法具有舒筋活络、调气和血、缓解痉挛的作用。主要用于四肢、颈腰背等部位。

【注意事项】击打时避开骨骼突起处，用力要稳，要含力蓄劲，收发自如，避免暴力击打。击打时要有反弹感。严格掌握适用部位及禁忌证。

17. 叩法

【操作方法】以小指侧或空拳底部击打施术部位。

【应用】本法有行气活血、疏经通络的作用。常用于肩背、腰臀及四肢部。

【注意事项】操作时要有节奏感，力度不可过大。一般双手交替操作。

18. 摇法

【操作方法】施术者双手配合使受术者关节做被动环转运动。按作用部位分为颈部摇法、肩部摇法、踝部摇法等多个关节的摇法。

【应用】本法具有舒筋通络、滑利关节的作用。可应用于全身多处关节。

【注意事项】各关节摇转时动作宜慢。不可超出关节的生理活动范围。对习惯性关节脱位、椎动脉型颈椎病及颈椎骨折等病证禁止使用该部的关节摇法。

19. 拔伸法

【操作方法】固定关节或肢体一端，牵拉另一端，应用对抗的力量伸展受术者的关节或肢体。按部位不同，分为颈椎拔伸法、腰部拔伸法等。

【应用】本法具有分解粘连、舒筋通络和滑利关节的作用。适用于全身多处关节。

【注意事项】根据不同部位和症状，适当控制拔伸力量与方向，不可暴力拔伸。

三、操作方法

（一）被动推拿

被动推拿，是为了区别于自我推拿而言，是由专业医生或保健技师操作。用于养生的被动推拿多采用全身推拿的方法，常称为全身保健推拿。下面简要列出全身推拿的常规操作程序。

1. 仰卧位操作

（1）头面部　①开天门：双手拇指偏峰由印堂推至神庭，4～6遍。②分阴阳：双手拇指偏峰由印堂推至两侧太阳，4～6遍。③点按印堂、睛明、攒竹、鱼腰、丝竹空、太阳、四白、阳白、头维、上星等穴。④循经点按五经4～6遍。⑤揉耳郭；搓耳旁、耳背；鸣天鼓。

（2）上肢　单掌或叠掌按揉、弹拨手三阴经、手三阳经，注意按揉肩部前缘及三角肌时左手按受术者的左侧、右手按摩右侧；拇指按压、弹拨揉手三阴经、手三阳经；拔伸腕关节及手掌；拔伸五指；拇指点按合谷、内关穴，中指按揉弹拨少海穴，拇指按揉曲池穴，拇指弹拨极泉穴；抖腕关节；牵抖上肢。

（3）下肢　按压拔伸大腿前侧中下段及小腿2～3遍；拿揉大腿前侧中下段及小腿2～3遍；双手拇指点按与弹拨胆经在下肢的循行部位及胃经在小腿的循行部位4～6遍，在相应的穴位如阳陵泉、足三里、上巨虚与下巨虚等要重点加强；拇指按压和弹拨足三阴经在小腿循行部位4～6遍，在相应的穴位如阴陵泉、三阴交及太溪等要重点加强；拇指按压和弹拨内侧缘足弓；掌推下肢；拳叩下肢；摇膝、髋关节；拔伸、牵抖下肢。

2. 俯卧位操作

（1）头颈及双肩　拇指按压弹拨后枕部，拇指按压弹拨颈椎，拇指按揉弹拨肩及肩胛背部，拿三角肌及上臂，双手拿揉双肩。

（2）腰背部　叠掌按揉腰背三线，督脉及督脉旁开1～1.5寸，8～10遍；或擦，或肘揉加弹拨腰背两侧；拇指按压揉双侧夹脊穴5～8遍。掌推腰背部三线，督脉及督脉旁开1～1.5寸，8～10遍；全掌分压、分抹背部两侧5～8遍；掌根弹拨双侧肾俞穴8～10遍。

（3）臀部及下肢　掌根按压牵拉同侧臀部及足跟2～3遍，全掌按压拔伸下肢2～3遍，叠掌按揉弹拨臀部及下肢5～8遍，拇指按压弹拨胆经在大腿及小腿循行部位4～6遍，拇指按压弹拨承扶到委中4～6遍，拿小腿，肘揉、弹拨臀部及下肢4～6遍。拇指或肘尖点按肾俞、大肠、环跳、秩边、承扶、委中、承山等穴，掌推下肢，活动膝、踝关节，叩击足跟。

（二）自我推拿

自我保健推拿以按揉、拍打等简单实用的推拿手法为主，可在专业医生指导下通过学习学会后自行操作。该套自我保健推拿方法既适合于久坐的办公族工间使用，也适宜于中老年人早晚居家养生使用。

1. 干洗手 取站立位或坐位。双手掌面相对搓擦及一手掌面与另一手掌背搓擦，反复操作3分钟左右。操作要领：对搓力度宜大，速度稍快，以双手出现热感为准。

2. 热浴面 双目微闭，将搓热的双手分别从鼻翼两旁向上向外分抹至双耳，反复8～10遍。

3. 五指梳头擦耳背 双手呈爪状，用适当力度从前额梳推经头顶至头侧时手指伸直，顺势用掌心向下擦耳背使耳朵发出"嗡嗡"摩擦音，反复8～10遍。以头皮及双耳微微发热为佳。

4. 鸣天鼓 用掌根由后向前推，使耳郭盖住外耳道，然后用掌心按住双耳，五指置于头枕部，食指叠置于中指上，食指突然用下滑落弹打头部，使双耳发出"咚咚"声，反复15～20次。

5. 横擦颈部 用一手手心贴于颈部，来回横擦颈部至颈部微微发热。

6. 叩齿 叩齿1～2分钟，可按左、前、右3个方向叩，每个方向叩8～10下为1个节拍，共3～4个节拍。

7. 拳揉膻中 右手半握拳，握拳时伸直掌指关节，食、中、无名及小指第一指间关节屈曲呈弧面，将此弧形面置于膻中穴，左手自然放在右手手背上，双手配合揉之，揉时配合按法，使局部产生痛感（酸痛或刺痛感）为佳。每次2分钟左右。操作时必须用弧形面去按揉，如此能刚柔相济，且要揉中带按，方可产生痛感。

8. 揉腹推腹

（1）揉腹法　右手握拳，左手置于右手手背，用右手拳心揉腹部，以脐为中心，揉脐中及其周围部位，时间3分钟左右。

（2）推腹法　双手叠掌推脐下前正中线，以脐中（神阙）、气海、石门、关元、中极、曲骨顺序施以推法，推8～12遍；然后双手掌分推（斜向下推）小腹两侧约当两侧腹股沟上方一手掌宽处，推8～12遍。

9. 按摩肾区 分按肾区与摩肾区两步操作。

（1）按肾区法　双手掌置于肾区（肾区在脊柱两侧近脊柱与脐相同水平区域）向上提按，配合揉法，操作8～12遍。

（2）摩肾区法　双手掌置于肾区行摩法，使局部有暖暖的感觉。

10. 掌推命门 左手置于右手手背，用右手掌推命门穴（命门穴在第2腰椎棘突下，约与脐相平）8～12遍至局部有暖暖的感觉。

11. 按揉太溪、太冲、三阴交，叩击足三里 取坐位。以操作左侧穴位为例，下肢屈曲内收。双手拇指叠置后按揉太溪、三阴交穴，太冲穴用一手拇指按揉即可，也可以用食指或中指按揉太冲穴，至局部酸痛或酸胀。每穴操作30秒至1分钟。然后屈膝立起小腿，握拳用拳之小鱼际侧叩击同侧足三里穴1分钟左右，至局部酸痛或酸胀。叩击足三里时力度宜大些，使局部有酸胀及微微发热感为佳。

12. 揉搓足心，叩击足底 取坐位。以操作左侧足部为例，左下肢屈曲内收，暴露足底，右手鱼际揉按左侧足心（涌泉穴）处，至局部有微微发热感。然后用右手小鱼际近掌根处搓擦足心，同样要使之有微微发热感。然后用拳击法反复叩击足底2分钟左右。右侧足底用左手操作，方法如上所述。叩击足底力度宜大。

13. 叩击大腿及小腿内侧　取坐位。屈膝内收小腿。双手握拳，用双手拳心同时或交替叩击大腿及小腿内侧面，上下往返叩击 8～12 遍。叩击力度宜大，以操作后局部微微发热为佳。

14. 拍打、叩击上肢内侧与外侧　取站立位。一手虚掌拍打法或握拳拳心叩击法，操作于对侧上肢的内侧与外侧，上下来回分别操作 8～12 遍。

15. 拳叩腰骶　取站立位。一手或双手握拳，用拳背沿脊柱正中叩击腰椎至骶椎，反复 8～12 遍，力量据个人体质而定，量力而行。叩击时动作轻巧有弹性。

16. 叩击、拍打臀部及大腿与小腿外侧　仍取站立位。双手拳心叩击或双手虚掌拍打，同时操作于双侧臀部及大腿与小腿外侧，上下来回操作 8～12 遍，环跳、足三里及阳陵泉等穴位处可重点操作。叩击、拍打力度要大些，以操作完后全身微微汗出为佳。双手虚掌有节律地拍打臀部，要用虚掌拍打，力度可适当大些，但手腕要放松，手法要有弹性，不可实掌实拍。

四、功效机制

推拿养生方法技术具有宁心安神、健脾和胃、补益肺气、疏肝理气、活血化瘀、理筋和络等作用。推拿就是通过经络穴位来调节脏腑各组织器官间的平衡，加速新陈代谢，修复各种损伤，消除体内自由基，从而达到养生的目的。

五、推拿禁忌

以下情况，一般不适宜推拿。

1. 有传染性或溃疡性皮肤病者，如疥疮、无脓性疮疡和开放性创伤。
2. 有严重的心、脑、肺疾病者，有出血倾向的血液病者。
3. 妊娠 3 个月以上的孕妇，应慎用推拿。
4. 各种严重的精神病者，饥饿、饮酒后，或久病体弱，或极度疲劳者，或大失血者。

六、注意事项

1. 推拿前，要选择恰当的体位。受术者多采用仰卧位与俯卧位，便于受术者在放松、舒适状态下接受推拿养生疗法。施术者多选择站立位，也可以取坐位，以既方便操作，又有利于手法的运用与力量的发挥为原则。

2. 操作过程中，手法的力度要适当。既要有一定的力度以达养生作用，又要防止手法过重造成软组织瘀肿及骨折等推拿意外。

3. 注意手法的连贯性。一次完整的推拿操作往往会用到多种不同的推拿手法，不同手法之间的变换要连续、自然，使整套手法操作如行云流水，一气呵成。

4. 必要时配合推拿介质。有时为了增加手法的效果，或者手法本身的要求，如摩擦类手法，应该配合合适的推拿介质，如麻油、芳香精油及膏摩药膏等。

5. 在接受推拿养生方法时出现类似晕针现象，或皮肤出现过敏，此时应该立即停止施术，给予平躺、服用温开水及指掐人中穴等处理。

6. 养生推拿每次操作的总时间一般以 40 分钟到 1 个小时为宜。

第三节 艾灸养生方法技术

艾灸养生方法技术主要是利用艾叶或药物在特定穴位或部位上进行施灸，通过温热的刺激及药物的药性作用，从而达到防病养生目的的一种中医养生方法技术。艾灸养生不仅用于强身，亦可用于久病体虚之人的调养，是我国独特的养生方法技术之一。目前常用的艾灸养生方法技术有艾炷灸、艾条灸、温针灸、温灸器、药灸等。

艾灸法用于养生，在我国有着悠久的历史。《黄帝内经》虽然没有明确地记载灸法养生的内容，但书中所提出的治未病观点及灸法的作用，对灸法的发展有重要的指导意义。《扁鹊心书·须识扶阳》中指出："人于无病时，常灸关元、气海、命关、中脘……虽未得长生，亦可保百余年寿矣。"时至今日，艾灸养生仍是一种广为流传，行之有效的养生方法。

一、操作方法

首先，根据体质及养生要求选择穴位；其次，选择艾灸的方法；再次，选择艾灸的时间，艾灸一般可在10～15分/次，长至20～30分/次。一般说来，春、夏二季施灸时间宜短，秋、冬二季宜长。四肢、胸部施灸时间宜短，腹、背部位宜长。

（一）施术前准备

1. 穴位的选择 根据体质的类型、需要预防疾病潜在的病因病机、已发生疾病的诊疗标准及其证型选取适当的养生穴位或治疗部位。

2. 灸材选择

（1）艾条灸应选择合适清艾条或药艾条，检查艾条有无霉变、潮湿，包装有无破损。

（2）艾炷灸应选择合适的清艾绒，检查艾绒有无霉变、潮湿。

（3）间接灸应准备好所选用的药材，检查药材有无变质、发霉、潮湿，并适当处理成合适的大小、形状、平整度、气孔等。

（4）温灸器灸应选择合适的温灸器，如灸筒、灸盒等。

（5）准备好火柴或打火机、线香、纸捻等点火工具，以及治疗盘、弯盘、镊子、灭火管等辅助用具。

3. 体位选择 选择患者舒适、施术者便于操作的治疗体位。

4. 环境要求 应注意环境清洁卫生，避免污染。室内宜保持良好的通风。

5. 消毒 施灸过程中，要进行规范的消毒，分为灸具消毒、部位消毒、术者消毒。

（1）灸具消毒 应用温针灸时应使用的针具可选择高压消毒法，或选择一次性针具。

（2）部位消毒 应用温针灸时所采用的针刺部位可用含75%乙醇或0.5%～1%碘伏的棉球在施术部位由中心向外做环形擦拭，强刺激部位宜用含0.5%～1%碘伏棉球消毒。

（3）术者消毒 术者双手应先用肥皂水清洗干净，再用含75%乙醇棉球擦拭。

（二）施术方法

艾灸养生常用方法较多，应根据不同的体质及养生目的选择合适的灸法，目前常用的有艾炷灸、艾条灸、温针灸、温灸器灸、药灸等。

1. 艾炷灸法 将艾绒做成一定大小之锥形艾团，称为艾炷（图5-35）。将艾炷直接或间接置于穴位上施灸的方法，称为艾炷灸。

图 5-35 艾炷

艾炷制法：将纯净艾绒放在平板上，用拇、食、中三指一边捏一边旋转，把艾绒搓捏成的圆锥状。麦粒大者为小炷，蚕豆大或半截橄榄大者为大炷，黄豆大或半截枣核大者为中炷。艾炷要求紧实均匀，大小一致，过于松散，则燃烧不均匀。为防止艾炷倾倒，施灸时，先于施灸部位涂以少量凡士林或大蒜汁，然后放置艾炷施灸。一个艾炷，叫作一壮。施灸的壮数，可根据体质、年龄、病情以及治疗部位不同而定。一般少则 1～3 壮，多则数十壮乃至数百壮。艾炷灸法分直接灸和间接灸两类。

（1）直接灸　将艾炷直接放在穴位上施灸，待艾炷快燃尽时，即患者感到灼痛时，立刻换一个艾炷点燃。根据病情决定施灸壮数。一般每穴一次可灸 3 壮、5 壮、9 壮不等，并根据穴位所在的部位，酌情选用大小适宜的艾炷。根据施灸的程度不同，灸后有无烧伤化脓，直接灸又分为瘢痕灸（化脓灸）和非瘢痕灸（非化脓灸）。

①瘢痕灸：指以艾炷直接灸灼穴位皮肤起疱，渐致化脓，最后形成瘢痕的一种灸法。施灸时先将所灸腧穴部位皮肤涂以少量的大蒜汁，以增加黏附和刺激作用，然后将大小适宜的艾炷置于腧穴上，用火点燃艾炷施灸。每壮艾炷必须燃尽，除去灰烬后，方可继续易炷再灸，每换一次炷需涂蒜汁一次，待规定壮数灸完为止。施灸时由于火烧灼皮肤，因此可产生剧痛，此时可用手在施灸腧穴周围轻轻拍打，借以缓解疼痛。在正常情况下灸后 1 周左右，施灸部位出现无菌性化脓形成灸疮，经 5～6 周，灸疮自行痊愈，结痂脱落后而留下瘢痕。瘢痕灸会损伤皮肤，施灸前必须征得患者同意方可使用。在施灸化脓期间，应注意局部清洁，防止感染。

②非瘢痕灸：指以艾炷直接灸灼穴位皮肤，灸至局部皮肤出现红晕而不起疱为度的一种灸法。操作时，先在选好的穴位上涂少量凡士林，以使艾炷便于黏附，然后选用中、小艾炷粘固，从上端点燃施灸。当艾炷燃烧至患者感到皮肤发烫时，即将艾炷压灭或用镊子取下，更换新艾炷再灸，一般每穴灸 3～7 壮，以施灸处局部皮肤充血出现红晕为度，因皮肤无灼伤，故灸后不化脓，不留瘢痕。

（2）间接灸　是将艾炷与皮肤之间衬隔某种药物或物品而施灸的一种方法，也称隔物灸。我国古代的隔物灸法多种多样，广泛应用于内、外、妇、儿、五官等科。所隔的物品多数属于中药，常用的有动物、植物、矿物类。药物皆因病因症而施，单方复方具备。间接灸根据其衬隔物品的不同，又可分多种灸法，目前常用的有隔姜灸、隔蒜灸、隔盐灸、隔附子灸等。

①隔姜灸（图 5-36）：将鲜生姜切成直径 2～3cm，厚 0.2～0.3cm 的薄片，中心处用粗针刺数孔，上置艾炷，然后放置于所灸部位，点燃施灸。如患者感觉灼热不可忍受时，可用镊子

图 5-36 隔姜灸

将姜片连同艾炷向上略略提起，稍停片刻，重新放下再灸，当艾炷燃尽，再易炷施灸，以灸至局部皮肤潮红湿润为度。一般每次灸 5～10 壮。此法适用于一切虚寒证。

②隔蒜灸：取鲜独头大蒜切成厚约 0.3cm 的薄片，中间用粗针刺数孔（用蒜泥饼亦可），放于穴位或患处，上置艾炷点燃施灸。每灸 3～4 壮后可换蒜片再灸，直至灸处潮红为度。大蒜对皮肤有刺激性，灸后容易起泡，须将水泡以无菌操作刺破引流，涂以甲紫，并适当贴敷保护，以防感染。隔蒜灸有消肿、拔毒、止痛、发散的作用。

③隔盐灸：取纯净食盐研细，填平脐中，上置艾炷施灸，或于盐上放置薄姜片再施灸。如患者稍感灼痛，即更换艾炷。临床上一般施灸 3～9 壮。此法有回阳、救逆、固脱之功效。

④隔附子灸：常用的有隔附子片和隔附子饼灸两种。隔附子片灸是取熟附子用水浸透后，切片厚 0.3～0.5cm，中间用细针穿数孔，放于穴位处，上置艾炷点燃灸之；隔附子饼灸是将附子研成细末用黄酒调和做饼，直径 2.5cm 左右，厚约 0.4cm，中间穿数孔，放于穴位处，上置艾炷灸之。也可将一些芳香药品如白芷、藁本、丁香与附子共同研粉，制成药饼（掺入适量的淀粉）作隔衬物施灸。附子辛温大热，有温肾益火的作用，与艾灸并用，能发挥更大的温补作用。

2. 艾条灸法 艾条灸是用细草纸或桑皮纸裹艾绒制成圆筒形的艾条，一端燃烧，在穴位或患处施灸的一种治疗方法。艾条灸最早见于明代朱权的《寿域神方·卷三·灸阴证》："用纸实卷艾，以纸隔之点穴，于隔纸上用力实按之，待腹内觉热，汗出即瘥。"后来发展为在艾绒内加进药物，再用纸卷成条状施灸，名为"雷火神针"或"太乙神针"。在此基础上又演变为单纯艾条灸和药物艾条灸。由于操作简便，疗效良好，又易为患者所接受，故为临床常用的一种灸治方法。艾条灸法分悬起灸和实按灸两种。

（1）悬起灸　将艾条的一端点燃，悬于腧穴或患处一定高度之上，使热力较为温和的作用于施灸部位，称为悬起灸（图 5-37）。按其操作方法又可分为温和灸与雀啄灸、回旋灸。

①温和灸：将点燃的艾条一端，距离皮肤 2～3cm，熏烤穴位或患处，待患者有温热舒适感觉时，固定不动，灸至皮肤温热稍有红晕即可，一般灸 10～15 分钟或更长时间。

②雀啄灸：将艾条燃着的一端对准穴位，类似小雀啄食一样一上一下地施灸（图 5-38）。一般可灸 5 分钟左右。多用于治疗小儿疾病或急救晕厥等。

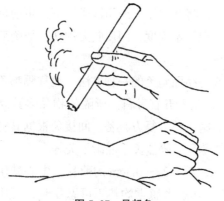

图 5-37 悬起灸

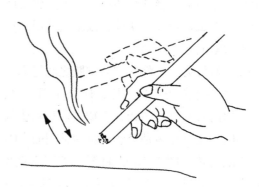

图 5-38 雀啄灸

③回旋灸：施灸时，艾条点燃的一端与施灸部位皮肤虽然保持一定距离，但艾条位置并不固定，而是均匀地左右移动或反复旋转施灸（图5-39）。

（2）实按灸　将点燃的艾条隔数层布或绵纸实按在穴位上，使热力透达深部，火灭热减后重新点火按灸，称为实按灸（图5-40）。若患者感到按灸局部灼烫、疼痛，即移开艾条，并增加隔层。灸量以每次每穴反复灸熨7～10次为度。若在艾绒内另加药物后，用纸卷成艾卷施灸，名为"太乙神针"和"雷火神针"。

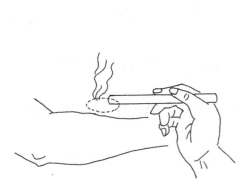

图5-39　回旋灸

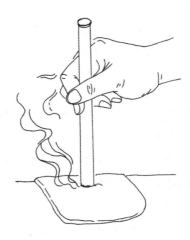

图5-40　实按灸

①太乙神针：历代医家之药物配方记载有所不同，一般处方为：人参250g，参三七250g，山羊血62.5g，千年健500g，钻地风500g，肉桂500g，川椒500g，乳香500g，没药500g，炮山甲250g，小茴香500g，蕲艾2000g，甘草1000g，防风2000g，人工麝香少许。加工炮制后，共研为末，每支艾条加药末25g。

②雷火神针：历代医家之药物配方记载有所不同，一般处方为：沉香、木香、乳香、茵陈、羌活、干姜、炮甲各9g，人工麝香少许。加工炮制后共研为细末，将药末混入94g艾绒，用棉皮纸卷成圆柱形长条，外用鸡蛋清涂抹，再糊上桑皮纸6～7层，阴干待用。

3. 温针灸　温针灸是针刺与艾灸相结合应用的一种方法，适用于既需要留针而又适宜用艾灸治疗的病证。明代高武《针灸聚英·卷三·温针》载有："王节斋曰，近有为温针者，乃楚人之法。"其法针于穴，以香白芷做圆饼，套针上，以艾蒸温之，多以取效，目前常见的有传统温针灸、电子温针灸。

（1）传统温针灸　针刺留针时，将纯净细软的艾绒捏在针尾上，或取约2cm长艾条1节，套在针柄上，艾条距皮肤2～3cm，点燃灸之（图5-41）。若艾火灼烧皮肤发烫，可在穴位上隔一纸片，稍减火力，亦防艾火掉落烫伤皮肤。艾绒或艾条烧尽时，除去残灰，稍停片刻出针。

（2）电子温针灸　是通过电热作用，使用传统毫针来代替艾条、艾炷作温针而防治疾病的一种方法。

4. 温灸器灸　温灸器是指专门用于施灸的器具，用温灸器施灸的方法称为温灸器灸，常用的温灸器就有灸架灸、灸盒灸、灸筒灸。

（1）灸架灸　将艾条点燃后插入灸架顶孔，对准穴位固

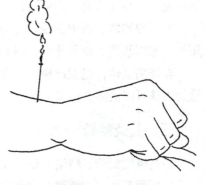

图5-41　温针灸

定好灸架，医者或患者可通过上下调节插入艾条的高度调节艾灸温度，以患者感到温热略烫可耐受为宜，灸毕移去灸架，取出艾条并熄灭。

（2）灸盒灸　灸盒灸是用一种特制的盒形灸具，内装艾条固定在一个部位而施灸的方法。用木板（厚约0.5cm）制成长方形无底盒，上面设有可随时取下的盖，并在其盒内中下部安置铁窗纱一块，距底边3～4cm。施灸时，把温灸盒置于所选部位中央，点燃艾条后，对准穴位放在铁纱上，盖好即可（温灸盒盖用于调节温度）。每次灸15～30分钟，并可用于多穴。温灸盒可制成大、中、小三种规格。

（3）灸筒灸　灸筒灸是用一种特制的筒状金属灸具，内装艾绒或药物，点燃后，置于应灸的穴位来回温熨，以患者感到舒适，局部皮肤发热，出现红晕为度。一般灸15～30分钟。灸筒灸器有多种，常用的有平面式和圆锥式两种。平面式适用于较大面积的灸治，圆锥式适于小面积点灸。

5. 药灸　将一些具有刺激性的药物涂敷于穴位或患处，使局部充血、起疱，犹如灸疮。常用中药有白芥子、细辛、大蒜、斑蝥等。

（1）白芥子灸　将白芥子适量，研为细末，用水调成糊状，贴敷于穴位或患处以活血止痛膏固定。贴敷1～3小时，以局部皮肤灼热疼痛为度。

（2）细辛灸　取细辛适量，研为细末，加醋少许，调成糊状，敷于穴位或患处，以活血止痛膏固定。贴敷1～3小时，以局部皮肤灼热疼痛为度。

（3）蒜泥灸　将大蒜捣烂如泥，取3～5g贴敷于穴位或患处，以活血止痛膏固定。贴敷1～3小时，以局部皮肤灼热疼痛为度。

（4）斑蝥灸　将芫菁科昆虫南方大斑蝥或黄黑小斑蝥的干燥全虫研末，用醋或甘油、乙醇等调和。使用时先取胶布一块，中间剪一小孔（如黄豆大），小孔对准应灸部位粘贴，将斑蝥粉少许置于孔中，上面再贴一层胶布固定，以局部起泡为度。

二、功效机制

艾灸的功效主要是通过艾灸的药物作用、艾灸产生的温热作用及穴位作用三者综合产生的。

1. 疏通经络，畅达气血　艾灸"生温熟热"，具有温通经络之效。"以通为用"是机体正常功能的生理基础，经络疏通、气血通畅是健康的生理状态。艾灸通过温热效应和光辐射效应，沿着经络走向传递到相应器官，产生远程效应，激发人体的免疫功能，达到机体调节功效。艾灸推动气血运行，调节神经-内分泌-免疫通路，调节脏腑功能。

2. 温经散寒，消瘀散结　寒为阴邪，易伤阳气，伤人气血，导致气滞血虚，百病皆生。灸火的热力能温阳通经，也能散寒逐痹。气为血之帅，血随气行，气得温则疾，气行则血行。灸之温热功能也可行气活血，消瘀散结。

3. 补虚培本，回阳固脱　艾为辛温阳热之药，以火助之。灸法有补阳壮阳、培补元气、升举阳气、密固肌肤、抵御外邪、调和营卫之功。

4. 防病强体，促健增康　艾灸中艾叶的化学成分是发挥功效的物质基础。艾烟中的有效部分渗透人体可以清除自由基、抗菌、提高免疫力及改善微循环的功效。

三、艾灸禁忌

1.在极度疲劳、情绪不稳、女性经期、过饥、过饱、酒醉等情况下不宜施灸。
2.颜面五官、心脏和有大血管的部位不宜施灸。

3. 孕妇的腹部和腰骶部都不宜施灸。

四、注意事项

1. 要注意体位、穴位的准确性。体位要适合艾灸操作的需要，同时要舒适、自然，要根据处方找准部位、穴位，以保证艾灸的效果。

2. 注意艾灸火力。艾灸火力应先小后大，灸量先少后多，程度先轻后重，以使患者逐渐适应，施灸时要注意思想集中，不要在施灸时分散注意力，以免影响效果。

3. 注意施灸顺序。艾灸时一般是先灸上部，后灸下部，先灸阳部，后灸阴部。

4. 注意施灸的时间。不要在饭前空腹时和饭后立即施灸。

5. 患者在精神紧张，大汗后、劳累后或饥饿时不宜应用灸法。

6. 采用瘢痕灸时，应先征得患者同意，灸后注意防止感染。

7. 防止艾灰脱落或艾炷倾倒而烫伤皮肤或烧坏衣被，尤其幼儿患者更应认真守护观察，以免发生烫伤。艾条灸毕后，应将剩下的艾条套入灭火管内或将燃头浸入水中，以彻底熄灭，防止再燃；如有绒灰脱落床上，应清扫干净，以免复燃烧坏被褥等物品。

8. 防止晕灸。晕灸时会出现头晕、眼花、恶心、面色苍白、心慌、汗出等症状，甚至发生晕倒。出现晕灸后，要立即停灸，并躺下静卧服用温水。

第四节　足疗养生方法技术

足疗养生方法技术是在中医基本理论和现代足部反射原理的指导下，运用手法、药物、器具等各种手段作用于足部，通过刺激足部经络、腧穴，从而达到疏通经络、调和气血、协调脏腑目的的一种养生方法技术。

远古时期，人们就知道用赤足舞蹈的方法预防和治疗疾病。《吕氏春秋·古乐》上记载："昔陶唐氏之始，阴多滞伏而湛积，水道壅塞，不行其原，民气郁阏而滞著，筋骨瑟缩不达，故作舞以宣导之。"这一记载说明，远在氏族社会时期，人们就已经开始运用刺激足部来治疗疾病了。中医经典著作《黄帝内经》有关于双足与经络和周身阴阳气血密切联系的记载，如《灵枢·动输》说："夫四末阴阳之会者，此气之大络也。"又如《素问·厥论》说："阳气起于足五趾之表，阴脉者，集于足下而聚于足心……阴气起于五趾之里，集于膝下而聚于膝上。"这些记载给足部按摩提供了理论基础。战国秦汉时期已经有关于足部按摩的明确记载。如《引书》："摩足跗，各三十而更。"隋唐时期《千金翼方·卷十一小儿·养小儿第一》记载："常以膏摩（小儿）囟上及手足心，甚辟风寒。"中国古代历史文学著作及养生典籍中也有关于足疗养生方法技术的记载，譬如《修龄要旨·祛病八法》中记述了足部按摩的具体方法："平坐，以一手握脚趾，以一手擦足心赤肉，不计其数，以热为度……此名涌泉穴，能除湿气，固真气。"

足疗养生方法主要通过各种物理方法，作用于十二经络中的足三阴经与足三阳经以及这些经络分布在足部及小腿部的腧穴。如足太阴脾经的隐白、太白、公孙、大都、三阴交、商丘、阴陵泉等穴位；足厥阴肝经的太冲、行间、中封、中都、蠡沟、地机等穴位；足少阴肾经的大钟、太溪、复溜、涌泉、然谷、照海、水泉、交信等穴位；足阳明胃经的内庭、陷谷、冲阳、足三里、上巨虚、条口、丰隆和下巨虚等穴位；足少阳胆经的侠溪、足临泣、地五会、丘墟、悬钟、阳陵泉、外丘和阳交等穴位；足太阳膀胱经的金门、京骨、束骨、仆参、昆仑、承山、承筋、飞扬、跗阳等穴位。

一、操作方法

（一）足部药浴

足部药浴即足部中药浸泡，通常又叫作中药足浴，即采用中药煮水浴足以达到养生目的的方法。我国人民很早就有浴足养生的良好习惯，温革的《琐碎录》中有"足是人之底，一夜一次洗"记载。民间有"脚暖头凉，穷煞医生"的俚语。足部中药浸泡多采用中药煎剂，用温度在 40～50℃的中药煎煮液浸泡足部及下肢（一般水量以淹没脚的踝部为好，如能浸泡到膝关节以下，效果更佳），浸泡时间一般为 10～30 分钟。

常用的足部中药浸泡处方：

1. 养生保健足浴方 1

【组成】千年健 15g，乌头 3g，天仙子 3g，桑枝 15g，艾叶 15g，硫黄 5g。

【用法】取千年健等前五味药加水 1000mL，浸泡半小时后大火煮沸，继而文火煎煮 20 分钟左右，去渣取汁。加硫黄 2.5g 后趁热浴洗足部 20 分钟，每日 2 次。第二次洗浴时，应先将浴液加热，再加硫黄 2.5g。

【功效】疏通经脉，祛风散寒，活血行气，温肾扶阳，强筋壮骨。

【应用】提高中老年人的免疫功能，延缓衰老过程。

2. 养生保健足浴方 2

【组成】地龙 15g，山羊角 20g，罗布麻 10g，夏天无 15g，山楂 30g，芹菜叶 20g。

【用法】以上六味加水 1000mL，文火煎煮 40 分钟，去渣取汁。趁热浴洗足部 20 分钟，每日 2 次。

【功效】清热疏肝，活血通络，清肝明目，引火下行。

【应用】提高老年人的机体免疫能力，延缓衰老过程。

3. 养生保健足浴方 3

【组成】泽兰 15g，毛冬青 20g，桂枝 25g，硇砂 2g。

【用法】以上前三味药加水 1000mL，文火煎煮 30 分钟，去渣取汁后加硇砂 1g 再煎 5 分钟，趁热浴洗足部。每次 20 分钟，每日 2 次。第二次浴洗时将浴液加热，同时再加硇砂 1g。

【功效】活血化瘀，行气祛痰，通经和络，强心益智。

【应用】常用于预防老年性痴呆症的发生。

（二）足部按摩

1. 足部按摩手法　足部养生按摩手法与推拿养生手法无异，但由于足部本身结构的特殊性，在足部养生按摩中也形成了一些特殊手法。应根据受术者足部情况及按摩需要选择使用，只要力度合适，操作方便，能达到养生的目的即可，无须过于拘泥。一般在按摩前需要做一些准备手法，如搓、揉、推、擦等按摩整个足部，然后重点按摩足部相关腧穴，最后再捏揉、叩击等放松整个足部。下面重点介绍一些用于足部腧穴的常用手法。

（1）单食指扣拳法

【操作方法】以一手（一般为左手，也称固定手）握脚固定，另一手（一般为右手，也称操作手）半握拳，食指弯曲，以食指的第 1 指间关节背面为顶点作为施力点进行按摩。

【应用】此法可用于足部涌泉、然谷等腧穴。

【注意事项】在运用此手法操作时，常常将固定手的拇指放在操作手的拳心中，这样既可以加强双手的配合以增加力度，又有利于操作手的固定。在运用此手法操作膝、肘等部位时，施力点常为食指的第1指间关节或第2指节的桡侧缘。

（2）单拇指指腹按压法

【操作方法】一手握脚固定，另一手的拇指指腹为施力点按摩足部有关腧穴。

【应用】此法可用于太冲、太溪、侠溪、足临泣等腧穴。

【注意事项】单拇指指腹除了可用按压手法外，也可以采用或配合使用指揉法、指推法。

（3）单食指桡侧刮压法

【操作方法】一手握脚固定，另一手食指、拇指张开，以拇指固定，食指弯曲呈镰刀状，以食指桡侧缘施力进行刮压按摩足部有关腧穴。

【应用】可用于太溪等穴位。

【注意事项】单食指桡侧除了可用刮压手法外，也可以采用或配合使用点按法和揉法。

（4）拇指尖端施压法

【操作方法】一手握脚固定，另一手拇指指端施力按压足部有关反射区。

【应用】适用于足部各腧穴。

【注意事项】施术的拇指常常配合食指对压以增强固定和力度。此外，采用此手法时施术者注意修剪指甲。

2.足部按摩程序及时间 足部按摩养生需要对整个足部进行按摩，一般从左脚开始，然后再到右脚。按摩时，从部位上，应先按脚底，从内侧到外侧，再到脚背，最后对小腿部分穴位进行按摩。从反射区来说，对于肾、输尿管和膀胱反射区的对应穴位，需先进行按摩，以刺激排泄系统，再按摩与心、胃、脾等部位相应的反射区。左右足各20分钟左右，一般每隔1天或者2天进行一次足部按摩。

（三）足部药熨

足部药熨，是指将药物打碎装袋加热后烫熨足部从而达到养生目的的方法。通常是将食盐炒热或老姜蒸热来烫熨足部，也可采用胡椒或复方中药。药袋加热的方法可采用蒸、煮或微波炉加热等方法。常用的复方中药可选用红花、钻地风各10g，香樟木、苏木各50g，老紫草、伸筋草、千年健、桂枝、豨莶草、路路通各15g，宣木瓜、乳香、没药各10g，打碎装袋加热烫熨足部。为了防止烫伤足部，一般可以先在足部缠1～2层手巾。

二、功效机制

足疗养生具有升阳固脱、活血化瘀的功效。通过各种物理方法对足部进行刺激，可以加快人体血液循环，调节人体各部位的功能，达到养生的目的。

三、足疗禁忌

1.患有各种严重出血性疾病者，如吐血、呕血、咳血、便血、脑出血、胃出血及其他内脏出血者。

2.患有一些外科疾病，如严重外伤、烧伤、骨折、关节脱位、胃肠穿孔、急性阑尾炎患者。

3.意识不清或昏迷的患者，各种严重精神病患者。

4.各种急性传染性疾病者，如肝炎、结核、流脑、乙脑、伤寒及各种性病等。

5. 急性心肌梗死及冠心病病情不稳定者。
6. 严重器官功能衰竭者，如肾衰竭、心力衰竭和肝坏死等危重患者。
7. 各种急性中毒，如煤气中毒、药物、食物中毒、毒蛇、狂犬咬伤等。
8. 急性高热病证。

四、注意事项

1. 空腹及饭后饱胀时不宜做足疗养生，否则可能会引起头昏、恶心、呕吐及胃脘不适等现象。
2. 接受足疗养生前宜先喝些水，治疗后 30 分钟内应尽可能多喝水，有心脏病、肾脏病的人，或老人，饮水量可适当减少。
3. 女性在怀孕、月经期间慎用。
4. 足部按摩时及足部按摩后要注意双足的清洁和保温。
5. 施术者要经常修剪指甲，操作时不能戴戒指。
6. 小儿、老人及久病体弱之人，力度宜轻。
7. 如遇大悲大怒、精神极度紧张、醉酒等情况引起情绪极度不稳定时，不宜立即进行足疗养生法。
8. 心脏病、肾病、糖尿病、肝病及癫痫患者，力度宜轻，药浴时间宜短。

第五节　刮痧养生方法技术

刮痧养生方法技术，是通过特制的刮痧器具（牛角、玉石等），蘸取一定的介质，采用相应的手法，在体表经络循行部位或其他特定部位进行反复刮拭摩擦，使局部皮肤出现潮红、红色粟粒状或暗红色出血点等"出痧"变化，从而达到活血透痧、防治疾病目的的一种中医养生方法技术。

刮痧法的历史悠久，大多数学者认为刮痧法与砭石、针刺、热熨、艾灸、推拿、放血等方法紧密联系。

旧石器时代，古人出于本能用手或者石片抚摩、捶击身体表面的某一部位，有时能使疾病得到缓解，甚至能够预防某些疾病的反复发作。通过长期的实践与积累，逐步形成了砭石防治疾病的方法，砭石因而成为针刺法、刮痧法等的共同起源形式。迄今为止，最早可考证的古书《五十二病方》中有"搔法"记载："候之，有血如蝇羽者。"其中的"血如蝇羽"与后世的刮痧法使皮肤出现的出血点相似。《五十二病方》中载有的"布炙以熨""抚以布"与现代刮痧中的间接刮法、摩擦法有密切的关系。后世医家在此基础上逐渐丰富刮痧法，在民间广泛流传。唐代有用苎麻刮痧的记载。宋代著作《保赤推拿法》记载："刮者，医指挨皮肤，略加力而下也。"元明时期，刮痧法得到进一步发展，传统刮痧法得到广泛的应用，例如有用瓷调羹醮香油刮背，使邪气随降的方法。危亦林《世医得效方》、王肯堂《证治准绳》、龚廷贤《寿世保元》、张景岳《景岳全书》等著作中都有刮痧法的记载，所有这些对后世刮痧法的发展都具有重要意义。至清代，刮痧法更加成熟，出现第一部刮痧专著——郭士遂的《痧胀玉衡·刮痧法》。该书对刮痧方法、工具及综合使用等方面均作了较为详细的论述，如在刮痧操作方面指出："背脊颈骨上下及胸前胁肋、两背肩臂痧，用铜钱醮香油刮之……头额、腿上痧，用棉纱线或麻线醮香油刮之；大小腹软肉内痧，用食盐以手擦之。"之后又出现另一部刮痧专著——陆乐山的《养生镜》，此书与《痧胀玉衡》共同奠定了刮痧法成为一种专门方法技术的基础。此后，有关刮痧法的论述专著日渐增多，刮痧方法技术也大量散见于其他医学著作中。

一、操作方法

（一）刮痧前准备

1. 刮痧板选择　刮痧板的选择通常是由刮痧板材质的功效作用和部位操作需求决定。

刮痧板的常用制作材质主要有水牛角、砭石、玉石和陶瓷等。不同材质的刮痧板具有不同的功效作用。水牛角刮痧板用天然水牛角加工制成，具有清热、解毒、化瘀、消肿的作用；砭石刮痧板用特殊的砭石加工制成，具有镇惊、安神、祛寒的作用；玉石刮痧板用玉石材料加工而成，具有清热、润肤、美容的作用；陶瓷刮痧板主要用陶瓷材料烧制而成，具有耐高温、防静电的特点。

刮痧板通常被制作成方形、椭圆形、缺口形、三角形、鱼形、梳形等形状（图 5-42）。不同形状的刮痧板适用于不同的部位操作需求。方形刮痧板一侧薄而外凸为弧形，对侧厚而内凹为直线形，适用于人体躯干、四肢部位刮痧；椭圆形刮痧板呈椭圆形或月圆形，边缘光滑，适用于人体脊柱双侧、腹部和四肢肌肉较丰满部位刮痧；缺口形刮痧板边缘设置有缺口，以扩大接触面积，减轻疼痛，适用于手指、足趾、脊柱部位刮痧；三角形刮痧板呈三角形，棱角处便于点穴，适用于胸背部、肋间隙、四肢末端部位刮痧；鱼形刮痧板外形似鱼，符合人体面部的骨骼结构，适用于人体面部刮痧；梳形刮痧板呈梳子状，可以保护头发，适用于头部刮痧。

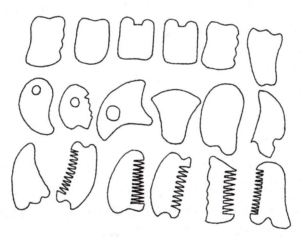

图 5-42　刮痧板

此外，还有以贝壳（如蛤壳）、木制品（如木梳）以及边缘光滑的嫩竹板、小汤匙、钱币、玻璃，或头发、苎麻等制成的刮痧用具。一般来说，凡边缘比较光滑的物体，都可以当作刮痧板使用，但材质应对人体无毒副作用。

2. 刮痧介质选择　古人常用水、麻油、桐油、猪油等具有润滑作用的物质及药剂作为刮痧介质。目前多用刮痧油和刮痧乳。

刮痧油是由中药与医用油精炼而成，具有清热解毒、活血化瘀、解肌发表、缓解疼痛、帮助透痧及润滑护肤增效等作用，适用于成人刮痧、刮痧面积大者或皮肤干燥者。

刮痧乳是由天然植物合成的乳剂，具有改善血液循环、促进新陈代谢、润滑护肤增效的作用，适用于儿童刮痧、面部刮痧等。

3. 部位与体位选择 刮痧时受术部位主要以经脉循行部位和养生调摄的部位为主,常选取的部位有头、颈、肩、背、腰及四肢等。受术部位应尽量暴露,便于操作。同时,根据刮痧部位和受术者体质等方面特点,选择受术者舒适持久、施术者便于操作的体位。常用的刮痧体位有端坐位、仰靠坐位、扶持站位、仰卧位、俯卧位、侧卧位等。

（1）端坐位　适用于头面、颈项、肩、背部和上肢部位的刮痧。

（2）仰靠坐位　适用于面、颈前、胸、肩部和上肢部位的刮痧。

（3）扶持站位　适用于背、腰、臀部和下肢部位的刮痧。

（4）仰卧位　适用于面、胸、腹和上肢内侧部位的刮痧。

（5）俯卧位　适用于头后、颈、肩上、背腰、臀部和下肢内、外、后侧部位的刮痧。

（6）侧卧位　适用于肩、臀部和下肢外侧部位的刮痧。

4. 清洁与消毒

（1）刮痧板　水牛角、砭石、陶瓷、玉石刮痧板宜用75%医用乙醇或1∶1 000的新洁尔灭等进行擦拭消毒；其中砭石、陶瓷、玉石刮痧板还可高温、高压或煮沸消毒。刮痧板使用后应及时消毒备用。

（2）刮痧部位　刮痧部位应用75%乙醇棉球,或热毛巾,或生理盐水棉球进行清洁或消毒。

（3）施术者双手　施术者双手应用肥皂水或洗手消毒液清洗干净,或用75%乙醇棉球擦拭清洁。

（二）刮痧操作

1. 持板法　一般为单手握板,刮痧板的底边横靠在手掌心部位,拇指与另外四个手指自然弯曲,分别放在刮痧板的两侧握持并固定刮痧板。

2. 刮拭法　根据刮痧是否直接在皮肤上操作、刮痧操作的力量大小、速度快慢、刮拭方向、刮痧板边角接触的部位以及刮痧手法不同,刮拭方法可以分为多种类别。

（1）按是否接触皮肤分类

①直接刮法:持刮痧器具在涂抹刮痧介质的皮肤表面直接刮拭的一种方法。此法以受力重、见效快为特点。此法适用于普通人群。

②间接刮法:刮痧部位铺上薄布或薄纱,持刮痧工具在布上刮动,刮痧器具不直接接触受术者皮肤的一种刮痧方法。此法以受力轻、动作柔为特点。由于薄布阻隔,影响直接观察皮表变化,为避免刮伤或过刮,可每刮10余次即揭开薄布观察1次,当皮肤出现红、紫痧点时,停止刮拭。此法适用于年龄小、体质虚弱、不耐受直接刮者。

（2）按力量大小分类

①轻刮法:刮痧板下压刮拭的力量小,受术者无疼痛及其他不适感觉的一种刮痧方法。轻刮操作后皮肤仅出现微红,无瘀斑。此法适用于老年体弱者及辨证属于虚证体质者。

②重刮法:刮痧板下压刮拭的力量较大,以受术者疼痛能承受为度的一种刮痧方法。此法适用于腰背部脊柱双侧、下肢软组织较丰富处、青壮年体质较强者及辨证属于实证、热证体质者。

（3）按移动速度分类

①快刮法:刮拭频率快,每分钟在30次以上的一种刮痧方法。此法适用于体质强壮者,主要适用于刮拭背部、四肢。

②慢刮法:刮拭频率慢,每分钟30次以下的一种刮痧方法。此法适用于体质虚弱者,主要适用于刮拭头面部、胸部、腹部、下肢内侧等部位。

③颤刮法：刮痧板的边角与体表接触，用力向下按压刮拭，并做快速有节奏的颤动，每分钟100次以上的一种刮痧方法。此法适用于预防痉挛性疼痛的病证，如胁痛、胃痛、小腹痛和小腿抽筋等。

（4）按刮拭方向分类

①直线刮法：用刮痧板在人体体表进行直线刮拭的一种刮痧方法。直线刮法应有一定长度。此法适用于身体比较平坦的部位，如背、胸腹及四肢部位。

②弧线刮法：按照肌肉走行或骨骼结构特点规律，刮拭时刮痧板呈弧线形方向走行的一种刮痧方法。此法适用于胸背部肋间隙、肩关节和膝关节周围等部位。

③逆刮法：从远心端开始向近心端方向刮拭的一种刮痧方法（常规的刮拭方向是从近心端开始向远心端方向刮拭）。此法适用于防治下肢静脉曲张、下肢浮肿受术者或按常规方向刮痧效果不理想的部位。

④旋刮法：刮痧时顺时针或逆时针方向做有规律的旋转刮拭的一种刮痧方法。旋刮法宜力量适中，不快不慢，有节奏感。此法适用于腹部肚脐周围、女性乳房周围和膝关节髌骨周围。

⑤推刮法：刮痧时，刮拭的方向与施术者站立位置的方向相反的一种刮痧方法。如受术者俯卧位，施术者立于受术者右侧前方，刮拭受术者左侧颈肩部时，宜采用此法。

（5）按刮痧板接触体表部位分类

①角刮法：使用方形或角形刮痧板的棱角接触皮肤，与体表呈45°角，自上而下或由里向外刮拭的一种刮痧方法。角刮法手法宜灵活不生硬，避免用力过猛而损伤皮肤。此法适用于四肢关节、脊柱两侧经筋部位、骨突周围、肩部穴位，如风池、内关、合谷、中府等。

②边刮法：将刮痧板的长条棱边与体表接触呈45°角进行刮拭的一种刮痧方法。此法适用于对大面积部位的刮拭，如腹部、背部和下肢等。

③摩擦法：将刮痧板与皮肤直接紧贴，或隔衣布进行有规律的直线往返移动，或旋转移动，使皮肤产生热感的一种刮痧方法。此法适用于预防肩胛内侧、腰部和腹部的麻木、发凉或绵绵隐痛；也可用于刮痧前，使受术者放松。

④梳刮法：刮痧梳或刮痧板与头皮呈45°角，从前额发际处及双侧太阳穴处向后发际处做有规律地单方向刮拭，如梳头状的一种刮痧方法。梳刮法动作宜轻柔和缓。此法适用于预防头痛、头晕、疲劳、失眠和精神紧张等病证。

⑤点压法：用刮痧板的棱角直接点压穴位，力量逐渐加重，保持数秒后快速抬起的一种刮痧方法。点压法的按压力度以受术者能承受为度，重复操作5～10次。此法适用于肌肉丰满处的穴位，或刮痧力量不能深达，或不宜直接刮拭的骨骼关节凹陷部位，如环跳、委中、犊鼻、水沟和背部脊柱棘突之间等。

⑥按揉法：刮痧板在体表经络穴位处做点压按揉的一种刮痧方法。操作时刮痧板应紧贴皮肤而不移动，每分钟按揉50～100次。此法适用于太阳、曲池、足三里、内关、太冲、涌泉、三阴交等穴位。

（6）按刮拭其他特殊手法分类

①弹拨法：用刮痧板的棱角在经筋附着处、特定的穴位处或人体肌腱处，利用腕力进行有规律地点压、按揉，并迅速向外弹拨，状如弹拨琴弦的一种刮痧方法。操作时手法轻柔，力量适中，速度较快，每个部位宜弹拨3～5次。此法适用于骨关节周围或经筋附着处。

②拍打法：施术者握住刮痧板一面，利用腕力或肘部关节的活动，使刮痧板另一面在受术者体表上进行有规律击打的一种刮痧方法。操作时要求速度均匀，力度和缓。此法适用于腰背部、

前臂、腘窝及其以下部位。

③双刮法：施术者双手各握一板，在同一部位双手交替刮拭，或同时刮拭两个部位的一种刮痧方法。双刮法双手用力要均匀，操作平稳。此法适用于脊柱两侧和双下肢。

④撮痧法：施术者在受术者体表的一定部位，用手指夹、扯、挤、抓，直至出现红紫痕为止的一种刮痧方法。根据不同的指法和力度又可分为夹痧法、扯痧法、挤痧法和抓痧法。

夹痧法：又称"揪痧法"，施术者五指屈曲，用食、中两指的第二指节对准施术部位，把皮肤与肌肉夹起，然后松开，一夹一放，反复进行，发出"啪啪"响，用力较重，至被夹部位出现痧痕为止。

扯痧法：施术者以拇、食指合力提扯施治部位，用力较重，以扯出痧痕止。

挤痧法：施术者以两手拇、食指同时放在施治部位，围出1~2cm的表皮做对抗挤压，至出现痧痕为止。

抓痧法：施术者以拇、食、中三指对合用力，交替、反复、持续均匀地提起撮痧部位或穴位，并在体表游走，至出现痧痕为止。此法适用于头面部的印堂、颈部天突和背部夹脊穴等部位。

⑤挑痧法：即挑刺法，是用针刺挑患者体表出痧部位或其他特定部位的一种刮痧方法。施术者先消毒受术者局部皮肤，在挑刺的部位上用左手捏起皮肉，右手持针，轻快地刺入并向外挑，每个部位挑3下，同时用双手挤出紫暗色的瘀血，反复多次，最后用消毒棉球擦净。此法适用于刮痧后出痧部位、背俞穴、阿是穴和阳性反应点等部位。

⑥放痧法：即刺络疗法，是以针刺静脉或点刺穴位出血的一种刮痧方法。可分为泻血法和点刺法。

泻血法：适用于肘窝、腋窝及太阳穴等处的浅表静脉消毒被刺部位，以左手拇指压其下端，上端用橡皮管扎紧，右手持消毒的三棱针，或注射针头对准被刺部位静脉，迅速刺入脉中0.5mm深后出针，使其流出少量血液，消毒棉球按压针孔。

点刺法：多用于手指或足趾末端穴位，针刺前挤按被刺部位，使血液积聚于针刺部位，常规消毒后，左手拇、食、中三指夹紧被刺部位，右手持消毒的三棱针、缝衣针或注射针头对准被刺位迅速刺入皮肤1~2mm深后出针，轻轻挤压针孔周围，使其少量出血，然后用消毒棉球按压针孔。

此外，放痧法还适用于刮痧后出痧部位，当皮肤上出现明显凸起的瘀斑、痧疱或青紫肿块时，用酒精棉球消毒后，用三棱针或一次性采血针头，紧贴皮肤平刺，放出瘀血少许，使瘀血、邪毒得泻，术后用碘伏消毒，并用胶布或创可贴加压固定。

3. 刮拭补泻方法

（1）补法　刮拭时，刮痧板顺着经脉循行方向运行，按压的力度小，刮拭速度慢，刮拭时间相对较长。一般适用于体质虚弱的受术者或对疼痛敏感者。

（2）泻法　刮拭时，刮痧板逆行于经脉循行方向，按压的力度大，刮拭速度快，刮拭时间相对较短。适用于身体强壮的受术者及疼痛迟钝者。

（3）平补平泻法　刮拭时，刮痧板按压的力度、刮拭的速度、刮拭的时间介于刮痧补法和刮痧泻法之间。刮痧时，刮痧板按压的力度和移动速度适中，时间因人而异。适用于虚实夹杂体质的受术者，尤其适宜于亚健康人群或健康人群的保健养生。

4. 刮拭顺序　刮拭顺序总原则为先阳后阴，先上后下。具体为先头面后手足、先背腰后胸腹、先上肢后下肢，逐步按顺序刮痧。全身刮痧者，顺序为头、颈、肩、背腰、上肢、胸腹及下肢；局部刮痧者，如颈部刮痧顺序为头、颈、肩；肩部刮痧顺序为头、颈、肩上、肩前、肩后、上肢；背腰部刮痧顺序为背腰部正中、脊柱两侧、双下肢。

5. 刮拭方向　刮拭方向总原则为由上向下、由内向外，单方向刮拭，尽可能拉长距离。头部一般采用梳头法，由前向后，或采用散射法，由头顶中心向四周；面部一般由正中向两侧，下颌向外上刮拭；颈肩背腰部正中、两侧由上往下，肩上由内向外，肩前、肩外、肩后由上向下；胸部正中应由上向下，肋间则应由内向外；腹部则应由上向下，逐步由内向外扩展；四肢宜向末梢方向刮拭。

6. 刮拭力度　一般情况下，刮拭时力度要均匀，先由轻到重，再由重到轻。先轻刮 6～10 次，然后力量逐渐加重，以受术者能够耐受为度重刮 6～10 次后，再逐渐减力轻刮 6～10 次。每个部位刮拭 20～30 次，使受术者局部放松，有舒适的感觉为宜。

7. 出痧程度　一般刮拭至皮肤出现潮红、紫红色等颜色变化，或出现粟粒状斑点、丘疹样斑点、片状斑块或条索状斑块等形态变化，并伴有局部热感或轻微疼痛。

一般情况下，血瘀、实证、热证体质者出痧多，虚证、寒证体质者出痧少，肥胖者不易出痧，阴经较阳经不易出痧，气温低时较气温高时不易出痧。对一些不易出痧或出痧较少的受术者，不可强求出痧。

8. 刮拭时间　刮拭的时间包括单次刮痧时间、刮痧间隔时间和疗程。

（1）单次刮痧时间　每个部位一般刮拭 20～30 次，通常一名受术者选 3～5 个部位；局部刮痧一般 10～20 分钟，全身刮痧宜 20～30 分钟。

（2）刮痧间隔时间　两次刮痧之间宜间隔 3～6 天，或以皮肤上痧退、手压皮肤无痛感为宜，若刮痧部位的痧斑未退，不宜在原部位进行刮拭。

（3）疗程　养生一般以 7～10 次为 1 疗程。

9. 刮痧后处理　刮痧后处理分正常情况处理和异常情况处理。

（1）刮痧后正常情况的处理　刮痧后应用干净纸巾、毛巾或消毒棉球将刮拭部位的刮痧介质擦拭干净。刮痧过程中产生的酸、麻、胀、痛、沉重等感觉，均属正常反应。刮痧后皮肤出现潮红、紫红色等颜色变化，或出现粟粒状斑点、丘疹样斑点、片状斑块或条索状斑块等形态变化，并伴有局部热感或轻微疼痛，都是刮痧的正常反应。数天后即可自行消失，一般不需进行特殊处理。刮痧结束后，最好饮一杯温开水，休息 15～20 分钟。

（2）刮痧后异常情况的处理　若出现头晕、目眩、心慌、出冷汗、面色苍白、恶心欲吐，甚至神昏仆倒等晕刮现象，应立即停止刮痧。使受术者呈头低脚高平卧位，饮用一杯温开水或温糖水，并注意保温，或点按受术者百会、人中、内关、足三里、涌泉等腧穴。

二、功效机制

1. 疏经脉，调畅气机　皮部分布以经脉为纪，是经脉功能活动反映于体表的部位。刮痧时，刮痧板或顺着经脉循行方向刮拭，或逆着经脉循行方向刮拭，可以调节经气的进退升降，使经脉气机双向良性调节，使气机调畅。

2. 通络脉，活血防瘀　皮部也是络脉之气在皮肤所散布的部位。刮痧时，刮痧板在皮部刮拭的轻、重、快、慢、颤、推、旋转、摩擦等可以激荡皮部孙络、浮络之气，气行则血行，血行则瘀无以成，故刮痧可以通络脉，活血防瘀。

3. 调皮部，祛邪排毒　刮痧后，皮部藩篱受到调整，隐匿于机体内的风、寒、热、湿、瘀等邪毒可随痧透出、随汗排出，从表而解。

4. 和脏腑，强体延年 经脉内联脏腑。通过刮痧疏经调气、通脉活血、祛邪排毒，使脏腑功能正常者可保固之、不足者可濡养之、亢进者可抑制之、紊乱者可调理之，从而达到阴平阳秘，身心安泰的目的。

此外，通过出痧的颜色、部位、形状，刮痧有分析未病机体体质偏颇、邪正偏性、阴阳虚实平衡状态的作用，刮痧也具有辅助诊断的功能。

现代研究表明，刮痧可刺激神经末梢和其他感受器而产生效应，促进微循环和淋巴循环，促进人体新陈代谢，并通过神经反射或神经体液传递，以及脑干网状结构大脑皮质下丘脑的有效激活，在较高水平上调节肌肉、神经、心血管、消化等的功能活动。如刮痧可扩张毛细血管，使局部组织充血，刺激血管神经，增快血流及淋巴液循环，加强免疫细胞吞噬作用及搬运力量，加速排除体内代谢废物、毒素。

三、刮痧禁忌

1. 对刮痧过敏者和对刮痧不能配合者，如醉酒、精神分裂症等。
2. 刮拭部位皮肤有肿胀破损、严重瘢痕，皮下有不明原因包块者。
3. 有出血倾向疾病者，如血友病、血小板减少性紫癜、严重贫血、白血病等。
4. 特殊部位，如眼睛、口唇、舌体、耳孔、鼻孔、乳头、肚脐、前后二阴及大血管显现处等部位。
5. 妊娠妇女的腹部、腰骶部，经期妇女的下腹部。
6. 急性扭挫伤、新发骨折部位。
7. 危急重症者，如严重感染性疾病、心脑血管疾病、肝肾功能不全出现浮肿等。

四、注意事项

（一）刮痧前注意事项

1. 刮痧前要选择空气流通清新、环境整洁安静的操作场所。
2. 保持舒适的室温，不可在有风的地方刮痧。因刮痧须暴露皮肤，且刮痧时皮肤汗孔开泄，因此冬季刮痧应注意室内保暖，如遇风寒之邪，邪气可从开泄的毛孔入里，引发新的疾病，而夏季高温湿热，刮痧也应避免风扇、空调直接吹拂刮拭部位。
3. 注意选择舒适体位，勿在过饥、过饱及精神过度紧张的情况下进行刮痧，以防晕刮。
4. 施术者双手、受术者被刮拭部位均要消毒清洁。刮痧工具也要严格消毒，防止交叉感染。刮拭前须仔细检查刮痧工具，以免刮伤皮肤。

（二）刮痧中注意事项

1. 刮拭手法用力要均匀平稳，不要忽轻忽重，以受术者能忍受为度。婴幼儿、老年人及对疼痛较敏感者，刮拭手法用力宜轻。
2. 刮拭时应注意点、线、面结合。"点"是指穴位，"线"是指经脉，"面"即指刮痧板边缘接触皮部（皮肤）的部分，3～5cm宽。点线面结合的刮拭方法，可在疏通经脉的同时，加强重点穴位的刺激，并掌握一定的刮拭宽度，提高效果。
3. 不可一味追求出痧而用重手法或延长刮痧时间。
4. 刮拭过程中，注意观察受术者神态变化，如遇晕刮，应及时处理。

（三）刮痧后注意事项

1. 刮痧使汗孔开泄，会消耗体内津液，故刮痧后宜饮温水 200～300mL，休息 15～20 分钟。

2. 刮痧后，为避免汗液、脱落皮屑和残剩刮痧介质淤积，应及时使用干毛巾、纸巾擦拭清理。

3. 刮痧后，为避免风寒之邪侵袭，一般须 3 小时左右待皮肤毛孔闭合恢复原状后，方可洗浴。

4. 刮痧后痧斑未退之前，不宜在原处再次刮拭出痧，避免造成损伤。

第六节　拔罐养生方法技术

拔罐养生方法技术是以杯、罐为工具，利用燃烧、抽、吸、挤压等方法将其中的空气排去，从而产生负压，使其吸拔于体表穴位或特定部位，通过吸拔和温热刺激等，形成局部充血或瘀血，而达到防病治病、强身健体为目的的一种中医养生方法。

拔罐养生方法古称"角法"，是中医独具特色的养生方法，具有取材容易、操作简便、取效快、安全可靠的特点，深受人们喜爱。拔罐疗法最早载于长沙马王堆汉墓出土的《五十二病方》。文中记载："以小角角之，如熟二斗米顷，而张角。"即用兽角吸拔人体体表皮肤，留罐约为煮熟两斗米的时间。唐代出现了以竹筒作为拔罐的常用用具。公元 624 年，唐代设"太医署"，将学生分为医、针、按摩、咒禁四科，其中医科又分为体疗（内科）、疮肿（外科）、少儿（儿科）、耳目口齿、角法五科，而角法一科的学制定位 3 年。王焘《外台秘要·骨蒸方一十七首》中记载："取三指大青竹筒，长三寸，一头留节，无节头削令薄似剑，煮此筒子数沸，及热，出筒笼，墨点处按之，良久，以刀弹破所角处，又煮筒子，重角之，当出黄白赤水，次有脓出……数数如此角之，令恶物出尽，乃即除，当目明身轻也。"即用竹筒拔罐来养生。至宋代，苏轼和沈括在《苏沈良方》中记载了运用火罐养生，《太平圣惠方》中也记载了有关角法的适应证和禁忌证。明代的《外科正宗》《济急仙方》中有竹筒吸拔法的记载。清代医家赵学敏在《本草纲目拾遗》中详细介绍了火罐的出处、形状、治疗的适应证、制作方法及优点等，如"火罐，江又及闽中者皆有之，系窑户烧售。小如大人指，两头微狭，使促口以受火气。凡患一切风寒，皆用此罐。"吴谦在《医宗金鉴》中记载了先用针刺，继用中草药（羌活、白芷、蕲艾等）煮罐后拔之的针药筒疗法及对预后的预测，并首次提出把辨证用药和拔罐法紧密结合的主张。

现代，罐具种类已由古代的兽角、竹罐、陶罐，发展为玻璃罐、塑料罐、橡胶罐、磁疗罐、红外线罐、激光罐等现代装置，罐型从几个型号发展到小至 1cm，大到全身罐；排气方法从燃火排气、水煮排气，发展到抽气筒排气、挤压排气及电动抽气等；操作方式由单纯的拔罐，发展为走罐、闪罐、按摩拔罐、刺络拔罐；从单一拔罐法发展到与其他方法配合应用。

一、操作方法

（一）操作前准备

1. 操作者先洗净双手，结合被施罐者的具体情况做好解释工作。

2. 根据证型、体质等不同情况，结合拔罐部位，选择合适的体位（如仰卧位、侧卧位、俯卧位、坐位等），充分暴露拔罐部位，注意保暖和遮挡。

3. 根据拔罐部位及拔罐方法选择合适的罐具，并检查罐口边缘是否光滑、有无缺损。

（二）操作方法

1. 火罐法　火罐是最常用的一种拔罐方法。其适用的罐子以竹罐、陶罐、玻璃罐为宜。它是利用燃烧时火焰的热力排出罐内的空气，形成负压，将罐吸附于体表。该法适用于平素怕冷、外感风寒、肌肉松软、皮肤麻木、脏腑功能减退的虚弱人群，以及风湿痹痛、瘀血内阻等人群。

（1）常用的火罐法有闪火法、贴棉法、投火法、架火法、滴酒法。

①闪火法：左手持镊子或血管钳夹住95%酒精棉球并点燃，右手握住罐体，罐口朝下，将点燃的酒精棉球伸入罐的中底部绕圈后迅速抽出，立即将罐扣在应拔的部位即可吸住。罐内负压的大小可通过改变闪火的时间、罐体大小、扣罐速度来调整。需要吸拔力大时，可选用大号罐延长闪火时间，加快扣罐速度。拔罐时注意酒精棉球蘸完后应挤出多余的酒精，以免流溢烧伤皮肤。另外，闪火时不要把火焰烧到罐口，以防烫伤。

②贴棉法：将蘸有适当酒精的小片棉花，贴于罐子内壁中、下段或罐底，点燃后迅速将罐子扣于所选的部位上即可吸住。操作时注意棉片不宜太厚，吸取的酒精不宜太多，以免造成贴棉脱落或酒精流溢灼伤皮肤。

③投火法：将酒精棉球或纸片点燃后投入罐内，在火最旺时，迅速将火罐扣在要拔部位，即可吸住。

④架火法：用不易燃烧及传热的块状物，放在患处作支架，并固定好，将95%酒精棉球放置在上面，点燃棉球后，迅速将罐子扣在燃烧的棉球上面，即可吸住。注意支架大小一般小于灌口直径2/3为宜。棉球最好处在灌口的中央，以便安全操作。

⑤滴酒法：在罐子内壁上中段滴1～2滴酒精，再将罐子横侧翻滚一下，使酒精均匀附于罐壁上，点燃酒精后，速将罐扣在选定的部位，即可吸住。

（2）拔火罐可分为闪罐、走罐、留罐及刺络拔罐。

①闪罐：拔罐部位消毒；将95%浓度的酒精棉球点燃后伸入玻璃罐中，瞬间拿出，将火罐吸附于体表，随后立即起开；反复吸拔多次，至皮肤潮红。

②走罐：拔罐部位消毒；在需要拔罐的皮肤表面涂上一些润滑的介质（如凡士林、液状石蜡、植物油、松节油、甘油等）或药物（药物根据所需的效果不同来选择），将95%浓度的酒精棉球点燃后伸入玻璃罐中，瞬间拿出，将火罐吸附于体表，手握罐体，推动罐体，循着经络来回运动。

③留罐：将95%浓度的酒精棉球点燃后伸入玻璃罐中，瞬间拿出，将火罐吸附于体表，留置10～15分钟后起罐，并用棉球将皮肤表面擦干净。

2. 水罐法　水罐法是利用热水使罐内温度升高，形成负压，从而使罐具吸附在皮肤上的拔罐方法，包括水煮罐法和蒸汽罐法。水煮罐法多用竹罐。水罐法常用于易感受风寒、素有风湿痹痛、脾胃虚寒等人群。

（1）水煮罐法　将竹罐倒置放入水中或药液中煮沸2～3分钟，然后用镊子将罐倒置夹起，迅速用多层湿冷毛巾捂住罐口片刻，以吸去罐内水液，降低罐口温度，趁热将罐拔于病变部位，并轻按罐具30秒左右，令其吸牢。此法操作要轻、快、准，要掌握好时机，出水后拔罐过快易烫伤皮肤，过慢易致吸拔不牢。

（2）蒸汽罐法　将水或药液在水壶内煮沸后，将罐口对准壶嘴，利用喷出的水蒸气将罐内冷空气排出，迅速将罐扣于病变部位，用手轻按罐体数秒，使之吸牢。

3. 抽气罐法　先将具有抽气功能的罐按扣在应拔部位，用抽气筒将罐内的部分空气抽出，使其产生负压，吸拔于皮肤上。

4. 药罐法　药罐法是中药外用与拔罐疗法的结合。常见的有贮药罐法和煮药罐法，药物的选择以辨证为依据。多用于具有风寒湿痹证的人群。

（1）贮药罐法　将预先制备好的中药药液（水煎液、酒浸液等）置于罐具内，再进行吸拔，以起到药物的作用与拔罐的作用相结合的双重效果。每次贮入罐内的药液不宜太多。可用闪火拔罐或用抽气罐。将药液涂抹在应拔的部位后再拔罐，这样可称为抹药罐法。若是酒浸液，则不可用闪火法吸拔。

（2）煮药罐法　先将药物煎煮好，然后将竹罐放入药液中稍微煮一小会儿，用镊子夹出竹罐稍微甩干后迅速将罐扣于应拔部位。

5. 起罐方法　起罐时，右手拇指或食指在罐口旁边轻轻按压，使空气进入罐内，顺势将罐取下。不可硬行上提或旋转提拔。

二、功效机制

拔罐法通过罐具吸拔一定部位或穴位，使人体局部产生温热和负压作用，引起局部组织充血和皮内轻微的瘀血，以畅通气血、疏导经络、祛风散寒，而达到扶正祛邪、养生防病的目的。

1. 疏通经络　当人体发生疾病时，经络气血功能失调，气滞血瘀，经络闭阻，从而引起病理变化。拔罐既可激发和调整经气、疏通经络，且可通过经络系统而影响其所属络的脏腑、组织的功能，使经脉气血通畅、脏腑安和。

2. 行气活血　气血充足，运行正常，则人体生命活动正常；若气血失常，则机体正常的生理活动必然受到影响，从而导致疾病的发生，即所谓"气血不和，百病乃变化而生"。拔罐法通过对人体局部的温热刺激及产生负压作用，引起局部组织充血，促使该处经络通畅，气血调和。

3. 祛风散寒　拔罐疗法能激发经络之气，振奋衰弱的脏腑功能，提高机体的抗病能力；同时，通过罐具的吸拔作用，能排吸出风、寒、湿邪及瘀血，以发挥畅通经络气血、扶正祛邪的作用。

西医学研究认为，拔罐疗法具有机械刺激和温热效应等作用，可增强白细胞及网状内皮系统的吞噬功能，对体液免疫功能紊乱具有双向调节作用，可增强机体的抗病能力。拔罐对局部血管的机械刺激作用，可使局部血管扩张而改善血运，促进新陈代谢，调节脏腑功能，从而有效地预防疾病；拔罐的负压机械刺激，可以使局部毛细血管充血、扩张，甚至破裂，从而出现瘀血现象，此种刺激作用可以使体内的代谢废物排出体外，改善缺氧，恢复健康；拔罐时的负压刺激及温热刺激，还可通过皮肤感受器和血管感受器，使反射途径传到中枢神经系统，调节其兴奋与抑制过程，使之趋于平衡，加强对身体各部分的调节和控制力，从而使机体恢复健康。

三、拔罐禁忌

1. 皮肤破损部位、皮肤传染病、皮肤严重过敏者或皮肤溃烂者。
2. 醉酒、过饥、过饱、过渴、过度疲劳者。
3. 身体极度虚弱、形体消瘦、皮肤失去了弹性而松弛者及身体毛发多的部位。
4. 血小板减少症、白血病、血友病、毛细血管脆性试验阳性等具有出血倾向的疾病者。
5. 恶性肿瘤患者、重度心脏病、心力衰竭、心尖搏动处，活动性肺结核、严重肺气肿、自发性气胸患者，肾衰、肝硬化患者；精神病、神经质、各种传染病者。

6.妊娠期妇女下腹部、腰骶部、乳房及合谷、三阴交、昆仑等穴位。其他部位刺激不宜强烈。

7.外伤、骨折、水肿、静脉曲张、大血管体表投影处及瘢痕处。

8.五官部位、前后二阴等部位。

四、注意事项

1.拔罐时保持室内空气清新。

2.注意清洁消毒。拔罐用具、施术者的双手、受术者的拔罐部位均应清洁干净，常规消毒。

3.根据不同的养生需求选用不同的部位，并选择适宜的罐具和拔罐方法。拔罐时选择适当体位和肌肉丰满的部位，心前区、皮肤细嫩处、皮肤瘢痕处、乳头、骨突出处及毛发较多的部位等均不宜拔罐。

4.拔罐时的吸附力过大时，可按挤一侧罐口边缘的皮肤，稍放一点空气进入罐中；初次采用闪罐者或年老体弱者，宜用中、小号罐具。

5.拔罐时要根据所拔部位的面积大小选择大小适宜的罐具。若应拔的部位有皱纹，或火罐稍大，不易吸拔时，可做一薄面饼，置于所拔部位，以增加局部面积，即可拔住。操作时必须迅速，才能使罐拔紧、吸附有力。

6.拔罐时间间隔随具体情况而定，体质虚弱者，可以每隔2～3日拔罐1次；连续每日拔罐的，应注意轮换拔罐部位。

7.用火罐时，应避免烫伤皮肤。若烫伤或留罐时间长而皮肤起水泡时，应及时处理。面积小者，涂以甲紫药水，保持局部干燥、卫生清洁、防治擦破即可；水泡较大时，用消毒针将水放出，再涂以甲紫药水，或用消毒纱布包敷，以防感染。

8.拔罐期间注意询问患者的感觉。若出现头晕、恶心、呕吐、面色苍白、出冷汗、四肢发凉等症状，应及时取下罐具，将患者仰卧位放平，可给予少量温开水或温糖水，或掐人中、合谷穴等，密切注意心率、血压的变化。

第七节 贴敷养生方法技术

贴敷养生方法技术是将中药配制成药液、药糊、药膏等剂型，贴敷于腧穴或病变局部等部位，从而起到养生作用的方法技术。贴敷养生法具有疗效确切、副作用小、使用方便等特点，在养生领域具有独特的优势。

贴敷最早源于《五十二病方》，至晋代、隋唐、宋明时期，药物贴敷疗法的应用已经相当普遍；清代出现了不少中药外治的专著，其中以《急救广生集》《理瀹骈文》最为著名，形成了较为完整的理论体系。时至今日，贴敷法仍是一种广为流传、行之有效的养生方法。

敷贴按剂型可分为：鲜药剂、药液剂、药糊剂、软膏剂、硬膏剂等，此外还有药袋剂、橡胶膏剂、涂膜剂等高分子聚合物制成的新型制剂。

一、操作方法

（一）药物的选择

对于药材的选择，应以扶正祛邪、辨体遣药为基本原则，通常选用补阴壮阳、益气活血、温经通络的药物。

1. 通经活络类药物 常用冰片、麝香、丁香、薄荷、樟脑、皂角、乳香、没药、花椒、肉桂、细辛、白芷、姜、蒜等。

2. 刺激发泡类药物 常用白芥子、斑蝥、毛茛、蒜泥、生姜、甘遂、石龙芮、铁线莲、威灵仙、旱莲草等。

3. 气味俱厚类药物 常用生半夏、附子、川乌、草乌、巴豆、生南星、苍术、牵牛、斑蝥、大戟等。此类药物气味俱厚,药力峻猛,甚至有毒。

（二）剂型的选择

目前常用的剂型有以下几种,新型制剂多为药厂生产。

1. 鲜药剂 把新鲜的生药洗净后切碎捣成药泥,直接敷于穴位上;或用纱布挤压过滤药泥制成药汁,再用消毒纱布块在药汁里浸泡后固定于穴位,外盖塑料薄膜,用胶布固定,适用于某些煎煮后药效易减弱的药物,此剂型的药易变质,应现用现制冷藏保存。

2. 药液剂 将药物放于砂锅内煎煮去渣取液,用纱布在药液里浸泡后,固定在穴位或患处,外盖塑料薄膜,用胶布固定。多种药物在煎煮过程中相互作用,可充分发挥复方方剂的特点,但药液易变质,需冷藏保存。

3. 药糊剂 将药物制成粉末,再加入酒、醋、油、蜜、面粉等,调和均匀制成糊状,药效释放缓慢,可缓和药物的毒性;丸剂、饼剂、锭剂是药糊剂的不同形式。丸剂是将药物研成细末,以蜜、水或米糊、酒、醋等调和制成的球形固体剂型,丸剂贴敷通常选择小药丸。丸者缓也,可使药物缓慢发生作用,药力持久。丸剂便于储存使用。饼剂可蒸熟趁热贴敷穴位,起到药物和温热的双重作用;锭剂是将药糊制成长方形等形状,烘干备用,使用时取适量药物加水磨成糊状敷于穴位,长期使用同一方药的慢性疾病患者,使用锭剂可以减少配药制作的麻烦,便于储存并随时取用。

4. 软膏剂 将药粉和油脂类物质如硅油、液蜡、凡士林等调和均匀,制成软膏剂。制剂柔软、滑润,黏着性、扩展性好,渗透性较强,药物作用迅速,对皮肤刺激性小,制剂呈半固体状,易保存。

5. 硬膏剂 俗称膏药,古称薄贴,是将药物配合植物油、红丹等基质熬制成硬膏,再将药膏摊涂在一定规格的布、桑皮纸上而成。将膏药烤软后进行搓揉,药物遇温融化,能粘贴在患处,应用方便,药效持久,便于储藏携带。

（三）腧穴的选择

以经络学说为基础,根据不同的需求,不同体质,不同疾病的特点,经辨别后合理选取相关穴位,组成处方进行应用。操作时力求少而精,一般以4～8穴为宜,对需要长期调理的人员,可采用几组穴位交替贴敷,如大椎、神阙、足三里、涌泉以及背俞穴中的肺俞、心俞、脾俞、肾俞等穴位是贴敷养生方法技术的常用穴位。

（四）贴敷方法

贴敷药物之前用75%酒精棉球或0.5%碘伏棉球擦拭局部消毒,然后用纱布或胶布固定药贴,贴敷时间一般成人为3～6小时,视药物刺激程度和个体敏感性的不同,贴敷时间也可以做适当调整,以患者耐受为度;如需再贴敷,应待局部皮肤基本恢复正常后或更换部位再敷药;换药时,可用消毒干棉球蘸温水或植物油或液状石蜡轻轻揩去粘在皮肤上的药物,擦干后再敷药。

(五)特殊贴敷养生方法

1. 三伏贴 是在夏季"三伏天"应用穴位贴敷法防治冬季易发疾病时使用的一类药贴。

(1)药物 将白芥子、延胡索、细辛和甘遂 2∶2∶1∶1 的比例共研细末,作为基础方,可根据辨证适量加减辛夷、白芷、苍耳子等药物,用姜汁、蜂蜜、植物油调制成药糊剂。

(2)选穴 主穴选取大椎、肺俞、膏肓;酌情加减配穴定喘、脾俞、肾俞、足三里。

(3)用法 将 1~2g 药物摊于 5cm×5cm 内径 1.5cm 的无纺布空白药贴上,再贴在穴位上。于夏季三伏天中的初、中、末伏各贴药 1 次,连续 3 年为 1 疗程。

(4)功效 根据"冬病夏治"的原则,夏季时人体具有气血旺盛、腠理开泄等特点,所以在"三伏天"时贴敷温阳祛寒的药物,两阳相和可更好的发挥扶阳祛寒、扶助正气、祛除冬病根因的功效。

(5)适应证 适用于经中医辨证属虚寒证的支气管哮喘、慢性支气管炎、肺气肿、肺心病、慢性咳嗽、体虚感冒、慢性鼻炎等多种肺系疾病,缓解冬季发作时的症状。

2. 三九贴 三九贴是"三九天"应用穴位贴敷防治疾病时使用的一类药贴。

药物、选穴、功效、适应证与三伏贴基本相同,但贴敷时间不同,为冬至数九开始;在冬季最寒冷的"一九、二九、三九"时进行穴位贴敷,能够格阴护阳,格拒寒冷,保护阳气,抵抗外邪,预防疾病,而且也会对夏天三伏贴的疗效起到加强和巩固的作用;此外冬至是自然界和阳气初动之时,此时贴药亦有激发阳气和承上启下的作用。

3. 脐贴 脐贴是对脐部应用贴敷法防治疾病时使用的一类药贴。肚脐(神阙穴)是脐贴部位,位于腹部中央,外联经络毛窍,内应五脏六腑,为诸脉汇聚之处,根据不同病证选择的药物贴敷于该穴位,可以激发经络脏腑之气、疏通经络、通调水道、调和气血,达到预防疾病的目的。西医学研究认为,脐的表皮角质层很薄,脐下有丰富的静脉网与门静脉连接,其皮肤筋膜和腹膜直接相连,故通透性好,药物分子易透过脐部皮肤角质层进入人体,迅速弥散入血而达及全身。

二、功效机制

贴敷以中药作用于穴位,渗透于经络及局部病灶,可以发挥药物和经络的双重作用,两者相互激发,相得益彰,协调人体各脏腑之间的功能。

1. 疏通经络、扶正祛邪 《素问·刺法论》曰:"正气存内,邪不可干。"正气不足是疾病发生的内在原因,在穴位上贴敷中药刺激穴位,使药经相和,扶助正气,进而增强人体防病能力。

2. 通调三焦、平衡阴阳 《素问·生气通天论》曰:"阴平阳秘,精神乃治。"体虚患者多阴阳失衡,通过贴敷,可调整和改善三焦、脏腑的阴阳平衡状态,达到养生的目的。

3. 活血化瘀、调和气血 《素问·长刺节论》曰:"迫藏刺背,背俞也。"背俞穴是脏腑气血汇聚之处,通过贴敷药物,药随经行,导入脏腑,直达病所,可以活血化瘀,调和气血,恢复脏腑功能。

三、贴敷禁忌

1. 皮肤病患者、局部皮肤有破损者、脐病患者、脐部感染者禁止在皮肤损伤部位贴敷;

2. 过敏体质者、疾病急性发作期患者、发热患者、严重高血压糖尿病患者、严重心肺肝肾疾病患者、严重传染病患者禁止贴敷。

3.孕妇不提倡进行贴敷治疗，尤其禁用麝香、红花等易至堕胎或不良反应的药物，以免引起流产或影响胎儿发育。

四、注意事项

1.贴敷前要对操作者双手及贴敷部位严格消毒。
2.加热药膏时要注意温度，一般不应超过45℃，避免过热烫伤皮肤。
3.贴敷膏制作时要严格控制刺激性强的药物或毒性药物的用量。
4.贴敷后局部皮肤微红或有色素沉着、轻度瘙痒均为正常反应，不影响疗效。
5.若贴敷后出现刺痒难忍、灼热、疼痛等感觉或有轻度水泡时，应立即将贴敷物取下，涂以碘伏；大的水泡应以消毒针挑破小口，保留泡壁，流尽液体后再涂碘伏，保持干燥，并使用消炎软膏，外用无菌纱布包扎，以防感染；若皮肤出现严重红肿、水泡等情况，应及时就医；头面部贴敷不宜采用刺激性强的药物发泡治疗，以免留瘢痕影响容貌。
6.贴敷期间注意禁食生冷、刺激性食物，禁食海鲜、羊肉等发物。

第八节　耳穴养生方法技术

耳穴养生方法技术是用针刺、艾灸及压籽等方法在耳郭及耳部穴位进行刺激，以达到养生防病的一种中医养生保健方法。

运用耳穴养生在我国历史悠久，早在2000多年前的《阴阳十一脉灸经》就有"耳脉"。《黄帝内经》中就已记载了许多耳与经络、脏腑的关系，望耳诊断疾病，耳背放血治疗抽搐等的经验和理论。如《灵枢·口问》记载了"耳者，宗脉之所聚也。"说明耳郭在全身的重要地位。《灵枢·五邪》中有"邪在肝，则两胁中痛……取耳间青脉起者去其挛"的记载。宋代《苏沈良方》中记载："摩熨耳目，以助真气。"即按摩耳郭可以扶助正气。明万历年间，朝鲜许浚在《东医宝鉴》中引用了中国道教的方法"以手摩耳轮，不拘遍数，诚所谓修其城廓，以补肾气、以防聋聩也"。又曰："养耳力者常饱。"《厘正按摩要术》曰："耳珠属肾，耳郭属脾，耳上轮属心，耳皮肉属肺，耳背玉楼属肝。"

一、操作方法

（一）操作前准备

1.体位　一般以坐位为主，也可取卧位。
2.选穴　选取耳穴（图5-43），一方面通过耳诊寻找刺激点，另一方面根据耳穴功能取穴。
3.消毒　使用耳针必须严格消毒。消毒包含两个方面：一是针具的消毒；二是皮肤消毒。耳穴皮肤消毒先用2%碘酒消毒，再用75%乙醇消毒并脱碘。

（二）操作方法

1.毫针刺法　选用直径0.25～0.3mm，长度15～25mm的毫针。进针时，术者押手拇指、食指

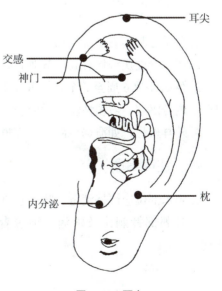

图5-43　耳穴

固定耳郭，中指托着针刺部的耳背，这样既可掌握针刺的深度，又可减轻针刺的疼痛。然后用刺手拇指、食指、中指持针，在有压痕的耳穴或敏感处进针。一般刺入皮肤 1～3mm，但不宜穿透耳郭。多用捻转、刮法或震颤法行针。得气以热、胀、痛，或局部充血红润为多见。针刺得气后可出针或留针，留针时间一般为 15～30 分钟。起针时，押手托住耳背，刺手拔针，并用消毒干棉球压迫针眼，以免出血。

2. 压丸法 是在耳穴表面贴敷小颗粒状药物的一种简易刺激方法，所用材料可以是油菜籽、小米、莱菔子、王不留行籽、磁珠、磁片等表面光滑、硬度适宜、直径 2mm 左右的球形状物，其中以王不留行籽、磁珠、磁片为主。应用时，将所选压丸贴于 0.6cm×0.6cm 小方块胶布中央，用镊子夹住，敷贴在选用的耳穴上。每日自行按压 3～5 次，每次每穴按压 30～60 秒，耳郭有发热、胀痛感。3～7 日更换 1 次，双耳交替。

使用时应防止胶布潮湿或污染，以免引起皮肤炎症。个别患者可能对胶布过敏，局部出现红色粟粒样丘疹并伴有痒感，可改用毫针法治疗。

3. 灸法 灸法是用温热刺激作用于耳郭以达到养生目的的一种方法。可选艾条灸、线香灸、灯芯草灸等法。艾条灸可灸整个耳郭或较集中的部分耳穴，线香灸可灸单个耳穴。将艾条或线香点燃后，对准选好的耳穴施灸，灸火距皮肤 1～2cm，以局部有温热感为度，每穴灸 3～5 分钟。灯芯草灸，即将灯芯草的一端浸蘸香油后，用火柴点燃，对准耳穴迅速点灸，每次 1～2 穴，两耳交替使用。

4. 按摩法 按摩法是在耳部不同部位用双手进行按摩、提捏的一种治疗方法。分全耳按摩、摩耳轮和提拉耳垂法。全耳按摩，是用两手掌心依次按摩耳郭两侧至耳郭充血发热为止；手摩耳轮，是两手握空拳，以拇指食指两指沿着外耳轮上下来回按摩至耳轮充血发热为止；提捏耳垂，是用两手由轻到重提捏耳垂，按摩时间以 15～20 分钟、双耳充血发热为度。

二、功效机制

耳穴养生方法技术具有镇静安神、泻火解毒、降气止咳、聪耳明目等作用。耳与脏腑经络有着密切的联系，各脏腑组织在耳郭均有相应的反应区（耳穴），通过刺激耳穴，对相应的脏腑有一定的调治作用，从而达到养生目的。

三、耳穴禁忌

1. 严重心脏病者不宜使用。
2. 严重慢性疾病伴有高度贫血者禁用，血友病者不宜针刺，可做耳穴贴压。
3. 孕妇怀孕 6 周至 3 个月期间不宜针刺，5 个月后，需要治疗者可轻刺激。忌用子宫、腹、卵巢、内分泌穴，习惯性流产者应忌用。
4. 外耳疾患，如溃疡、湿疹、冻疮破溃时，不宜使用该方法技术。

四、注意事项

1. 施术部位应严格消毒，防止感染。
2. 耳郭部针刺比较疼痛，须患者配合接受耳针治疗，并要防止晕针，一旦发生应及时处理。

附：养生常用耳穴

部位	穴位名称	定位
1 耳轮部	耳中	在耳轮脚处，即耳轮1区。
	直肠	在耳轮脚棘前上方的耳轮处，即耳轮2区
	尿道	在直肠上方的耳轮处，即耳轮3区
	肛门	在三角窝前方的耳轮处，即耳轮5区
	耳尖	在耳郭向前对折的上部尖端处即耳轮6、7区交界处
	结节	在耳轮结节处，即耳轮8区
	轮1	在耳轮结节下方的耳轮处，即耳轮9区
	轮2	在轮1区下方的耳轮处，即耳轮10区
	轮3	在轮2区下方的耳轮处，即耳轮11区
	轮4	在轮3区下方的耳轮处，即耳轮12区
2 耳舟部	指	在耳舟最上1/6处，即耳舟1区
	腕	在耳舟自上向下第二个1/6处即耳舟2区
	肘	在耳舟自上向下第三个1/6处，即耳舟3区
	肩	在耳舟自上向下第四、五个1/6处，即耳舟4、5区
	锁骨	在耳舟最下方的1/6处，即耳舟6区
3 对耳轮部	跟	在对耳轮上脚的前上部，即对耳轮1区
	趾	在耳尖下方的对耳轮上脚后上部，即对耳轮2区
	踝	在趾跟区下方，即对耳轮3区
	膝	在对耳轮上脚中1/3处，即对耳轮4区
	髋	在对耳轮上脚的下1/3处，即对耳轮5区
	坐骨神经	在对耳轮下脚的前2/3处，即对耳轮6区
	交感	在对耳轮下脚前端与耳轮内缘相交处，即对耳轮6区与耳轮内侧缘相交处
	臀	在对耳轮下脚的后1/3处，即对耳轮7区
	腹	在对耳轮体前部上2/5处，即对耳轮8区
	腰骶椎	在腹区的后方，即对耳轮9区
	胸	在对耳轮体前部中2/5处，即对耳轮10区
	胸椎	在对耳轮体后部中2/5处，即对耳轮11区
	颈	在对耳轮体前部下1/5处，即对耳轮12区
	颈椎	在颈区后方，即对耳轮13区
4 三角窝部	角窝上	在三角窝前1/3的上部，即三角窝1区
	内生殖器	在三角窝前1/3的中下部，即三角窝2区
	角窝中	在三角窝中1/3处，即三角窝3区
	神门	在三角窝后1/3的上部，即三角窝4区
	盆腔	在三角窝后1/3的下部，即三角窝5区
5 耳屏部	上屏	在耳屏外侧面上1/2处，即耳屏1区
	下屏	在耳屏外侧面下1/2处，即耳屏2区
	外耳	在屏上切迹前方近耳轮部，即耳屏1区上缘处
	屏尖	在耳屏游离缘上部尖端，即耳屏1区后缘处
	外鼻	在耳屏外侧面中部即耳屏1、2区之间
	肾上腺	在耳屏游离缘下部尖端，即耳屏2区的后缘处
	咽喉	在耳屏内侧面上1/2处，即耳屏3区
	内鼻	在耳屏内侧面下1/2处，即耳屏4区
	屏间前	在屏间迹前方，耳屏最下部，即下屏区（耳屏2区）下缘处

续表

部位	穴位名称	定位
6 对耳屏部	额	在对耳屏外侧面的前部，即对耳屏1区
	屏间后	在屏间切迹后方，对耳屏前下部，即额区（对耳屏1区）的前下缘
	颞	在对耳屏外侧面的中部，即对耳屏2区
	枕	在对耳屏外侧面的后部，即对耳屏3区
	皮质下	在对耳屏内侧面，即对耳屏4区
	对屏尖	在对耳屏的尖端即对耳屏1、2、4区之交点
	缘中	在对耳屏的上缘，对屏尖与屏轮切迹的中点，即对耳屏2、3、4区的交点
	脑干	在屏轮切迹处，即对耳屏3、4区与对耳轮12区之间
7 耳甲部	口	在耳轮脚下方前1/3处，即耳甲1区
	食道	在耳轮脚下方中1/3处，即耳甲2区
	贲门	在耳轮脚下方后1/3处，即耳甲3区
	胃	在耳轮脚消失处，即耳甲4区
	十二指肠	在耳轮脚及部分耳轮与AB线之间的后1/3处，即耳甲5区
	小肠	在耳轮脚及部分耳轮与AB线之间的中1/3处，即耳甲6区
	大肠	在耳轮脚及部分耳轮与AB线之间的前1/3处，即耳甲7区
	阑尾	在小肠区和大肠区之间，耳甲6、7区交界处
	膀胱	在对耳轮下脚下方中部，即耳甲9区
	肾	在对耳轮下脚下方后部，即耳甲10区
	输尿管	在肾区与膀胱区之间，即耳甲9、10区交界处
	胰胆	在耳甲艇的后上部，即耳甲11区
	肝	在耳甲艇的后下部，即耳甲12区
	脾	在耳甲腔的后上部，即耳甲13区
	心	在耳甲腔正中凹陷处，即耳甲15区
	气管	在心区和外耳门之间，即耳甲16区
	肺	在心区和气管区周围处，即耳甲14区
	三焦	在外耳门外下，肺与内分泌之间即耳甲17区
	内分泌	在屏间切迹内，耳甲腔的前下部，即耳甲18区
8 耳垂部	牙	在耳垂正面前上部，即耳垂1区
	舌	在耳垂正面中上部，即耳垂2区
	颌	在耳垂正面后上部，即耳垂3区
	垂前	在耳垂正面前中部，即耳垂4区
	眼	在耳垂正面中央部，即耳垂5区
	内耳	在耳垂正面后中部，即耳垂6区
	扁桃体	在耳垂正面下部，即耳垂7、8、9区
9 耳背部	耳背心	在耳背上部，即耳背1区耳背
	耳背肺	在耳背中部近乳突侧，即耳背2区
	耳背脾	在耳背中央部，即耳背3区
	耳背肝	在耳背中部近耳轮侧，即耳背4区
	耳背肾	在耳背下部，即耳背5区
	耳背沟	在耳背对耳轮沟和对耳轮上下脚沟处
10 耳根部	上耳根	在耳根最上处
	耳迷根	在耳轮脚后沟起始的耳根处
	下耳根	在耳根最下处

第九节　器械辅助养生方法技术

器械辅助养生方法技术是以特定的器具、器械为辅助工具，在人体的特定部位或穴位进行刺激，以达到养生防病的一种中医养生方法。

一、电针法

电针法是指在毫针针刺得气的基础上，应用电针仪输出脉冲电流，通过毫针作用于人体一定部位以达到养生目的的一种方法。

（一）电针器具

在我国目前普遍使用的电针仪均属于脉冲发生器的类型，运用低（频）脉冲电流刺激人体经络穴位，使组织内离子分布状况发生改变，从而调节神经肌肉组织的紧张度，促进周围血液循环，使肌体兴奋或使抑制的偏胜偏衰状态得以调整，趋之平衡达到镇痛止痉、消炎消肿，促进组织再生的临床作用。

电针仪一般可以使用交、直流两用电源，能够输出连续波、疏密波、断续波。

（二）操作方法

使用电针仪时，电极线输出端两极分别连接于毫针针柄或针体，按电流回路要求，确保连接牢靠、导电良好，通常主穴接负极，配穴接正极。如果选取有主要神经干通过的穴位，将针刺入后，接通电针仪的一个电极，另一个电极则用盐水浸湿的纱布裹上，作无关电极，固定在同侧经脉的皮肤上。

打开电针仪电源开关，选择所需的波形、频率，调节对应输出电钮，从零位开始逐级、缓慢加大电流强度，调节至合适的刺激强度，避免突然加大电流强度而造成突然强烈的刺激。

电针治疗完成后，首先缓慢将各个旋钮调至零位，关闭电针仪电源开关，然后从针柄或针体取下电极线。

（三）注意事项

1. 电针仪使用前必须检查其性能是否良好，输出是否正常。
2. 调节输出量应缓慢，开机时电流量输出强度应逐渐从小到大，切勿突然增大，以免发生意外。
3. 禁止电流直接流过心脏，如胸、背部穴位使用电针时不可将2个电极跨接身体两侧，以免电流回路经过心脏。
4. 靠近延脑、脊髓等部位使用电针时，电流量宜小，并注意电流的回路不要横跨中枢神经系统。
5. 电针治疗过程中，患者出现晕针现象时，应立即停止电针治疗，关闭电源，按毫针晕针的处理方法处理。
6. 年老、体弱、醉酒、饥饿、过饱、过劳、孕妇等不宜使用电针，孕妇慎用电针。
7. 皮肤破损处、肿瘤局部、孕妇腹部、心脏附近、安装心脏起搏器者、颈动脉窦附近禁用电针。

二、腧穴激光照射法

腧穴激光照射法是利用激光腧穴治疗仪发射出的激光束直接照射在穴位上以防治疾病的方法，又称激光针。该法是 20 世纪 60 年代发展起来的一门新兴科学。激光具有单色性好、相干性强、方向性优和能量密度高等特点。

（一）激光器具

1. He-Ne 激光腧穴治疗仪　He-Ne 激光器是一种原子气体激光器，作为激光腧穴的光源，激光红色，工作物质为 He-Ne 原子气体，发射波长 6328A，功率从 1 毫瓦（mW）到几十毫瓦，光斑直径为 1～2mm，发散角为 1mW 弧度角。其激光束能分布到达生物组织的 10～15mm 深处，可用来代替针刺而对穴位起到刺激作用。

2. 二氧化碳激光腧穴治疗仪　工作物质是二氧化碳分子气体，发射波长为 10600nm，属长波红外线波段，输出形式为连续发射或脉冲发射。二氧化碳激光照射穴位时，既有热作用，又有类似毫针的刺激作用。目前多用 20～30W 二氧化碳即光速散光，使它通过石棉板小孔，照射患者穴位。

3. 掺钕钇铝石榴石激光腧穴治疗仪　工作物质为固体掺钕钇铝石榴石，输出方式为连续发射。激光仪发出近红外激光，可进入皮下深部组织，并引起深部的强刺激反应。

（二）操作方法

根据针灸选穴原则首先确定需要照射的部位，然后接通电源，He-Ne 激光器应发射出红色的光束，将激光束的光斑对准需要照射的穴位直接垂直照射，光源至皮肤的距离为 8～100cm，每次照射每穴 5～10 分钟，照射时间一般不超过 20 分钟，每日照射 1 次，10 次为 1 疗程。

若用有光导纤维的新型激光治疗仪，操作时先将空心针刺入选定的穴位，得气后，结合补泻手法。然后刺入光导纤维输出端，进行照射。也可预先将光导纤维输出端和空心针相连接，打开 He-Ne 激光治疗仪的电源，并调整至红光集中于一点，再刺入穴位，直至得气。留针 15～20 分钟。

（三）注意事项

1. 接通电源后，当 He-Ne 激光管不亮或出现闪辉现象时，表明启动电压过低，应立即断电，并将电流调节旋钮按顺时针方向转 1～2 档，停 1 分钟后，再打开电源开关。

2. 避免直视激光束，以免损伤眼睛。工作人员及面部照射的患者，应戴防护眼镜。

3. 照射过程中，光束一定要对准需要照射的病灶或穴位，嘱患者切勿移动，以免照射不准，影响疗效。

4. 若使用中出现头晕、恶心、心悸等不良作用，应缩短照射时间和次数，或终止使用。

三、腧穴红外线照射法

腧穴红外线照射法是利用红外线辐射器在人体的经络穴位上照射，通过产生温热效应，从而达到疏通经络、宣散气血作用的一种方法。

（一）红外线照射器具

红外照射治疗仪主要是利用电阻丝缠在瓷棒上，通过电阻丝产生的热，使罩在电阻丝外的碳棒温度升高，一般不超过 500℃。电阻丝是用铁、镍、铬合金或铁、铬、铅合金制成，瓷棒是用碳酸硅、耐火土等制成，反射罩用铅制成，能反射 90% 左右的红外线。此外，还有用碳酸硅管的，管内装有陶土烧结的螺旋柱，柱上盘绕铁镍铝电阻丝，通电后发出热能，穿过碳化硅层，透过红外漆层，发射出红外线。

（二）操作方法

首先接通 220V 交流电源，打开开关，指示灯亮后，预热 3～5 分钟。选取适当的体位，充分暴露照射部位，将辐射头对准照射部位，检查照射部位的温度感觉是否正常，调整适当的照射距离，一般应距离照射部位 30～50cm。治疗过程中，根据患者的感觉，随时调节照射距离，以照射部位出现温热舒适的感觉、皮肤呈现桃红色均匀红斑为宜。每次照射时间为 15～30 分钟，每日 1～2 次，10～20 次为 1 个疗程。

（三）注意事项

1. 防止烫伤，治疗期间要经常询问患者感觉和观察局部皮肤反应情况。
2. 照射过程中如有感觉过热、心慌、头晕等症状时，应立即停止照射。
3. 避免直接辐射眼部，必要时用纱布遮盖双眼，以免损伤眼睛。
4. 恶性肿瘤、活动性肺结核、重度动脉硬化、闭塞性脉管炎、有出血倾向及高热患者禁用红外线照射。

四、腧穴磁疗法

腧穴磁疗法是运用磁场作用于人体经络腧穴以达到养生目的的一种方法，简称"磁疗"。具有镇静、消肿、止痛、消炎、降压等功用。

腧穴磁疗法是在中医磁石治病的基础上发展起来的。中医磁石治病历时悠久，如宋代严用和的《济生方》、杨士瀛的《仁斋直指方论》、李时珍的《本草纲目》及张锡纯的《医学衷中参西录》中均提到磁石入耳可治疗耳聋的方法。

20 世纪 60 年代初，应用人工磁场治病在我国兴起，至 70 年代磁疗的应用技术有了重大突破，并被国内外医学界所重视，临床及实验也逐渐阐明了磁疗的作用机制。

（一）磁疗器材

一般由钡铁氧体、锶铁氧体、铝镍钴永磁合金、铈钴铜永磁合金、钐钴永磁合金等制作而成，磁场强度为 300～3000Gs。从应用情况看，以锶铁氧体较好，不易退磁，表面磁场强度可达 1000Gs 左右。常见的有磁片、磁珠、磁带、旋转磁疗机、电磁疗机、震动磁疗器。

（二）操作方法

1. 静磁法 静磁法是将磁片或磁珠贴敷在腧穴表面，产生恒定的磁场以防病养生。分为贴敷法和磁针法。

（1）贴敷法 分直接贴敷法和间接贴敷法。直接贴敷法即用胶布或无纺胶布将直径为 5～20mm、厚 3～4mm 的磁铁片，直接贴敷在穴位或痛点上，或用磁珠贴敷在耳穴上；间接贴敷法即将磁铁片放在衣服口袋中，或缝到内衣、衬裤、鞋、帽内，然后穿戴到身上，使穴位接受磁场的作用。

（2）磁针法　将皮内针或短毫针刺入穴位或痛点，针的尾部伏在皮肤外面，其上再放磁铁片，然后用胶布固定。该法主要适用于头面五官部位及腱鞘炎部位。

2.动磁法　动磁法是用变动磁场作用于腧穴以防病养生的方法。分为脉动磁场法和交变磁场法。

（1）脉动磁场法　利用同名旋磁机，由于磁铁柱之间互为同名极，故发出的为波动磁场。根据使用部位情况，可用两个同名旋磁机对置于一定部位进行治疗，使磁力线穿过该部位，如关节部位可用此法；也可采用异名极并置法，将两个互为异名极的旋磁机顺着一定部位并置，如神经、血管、肌肉等疾患可用此法。

（2）交变磁场法　多是使用电磁疗机产生的低频交变磁场。具体方法：将磁头导线插入孔内，选择合适的磁头置于治疗部位，接通电源，指示灯亮，电压表指针上升。电压旋钮有弱、中、强3档，可根据具体情况选用。每次治疗10～15分钟，每日1次，10～15次为1个疗程。

（三）注意事项

1.严重心、肺、肝脏疾病及血液病、急性传染病、出血、脱水、高热等忌用。

2.掌握磁疗剂量，一般从小剂量开始，无不良反应时酌情增加剂量。

3.磁疗有时可出现心悸、恶心、乏力、头晕、低热等不良反应，不良反应轻者可坚持治疗；若不良反应重而不能坚持者，则应中断治疗。

4.夏季贴敷磁片时，可在磁片和皮肤之间放一层隔热物，以免汗液浸渍使磁片生锈。

5.磁片不要接近手表，以免手表被磁化。直接贴敷法一般使用时间不宜过长，以免磁片生锈，刺激皮肤。

6.体质极端虚弱、新生儿及孕妇下腹部忌用，皮肤破溃、出血处忌用。

第六章
运动类养生方法技术

扫一扫,查阅本章数字资源,含PPT、音视频、图片等

运动类养生方法技术,是指进行主动运动的一类养生方法技术,包含了传统功法养生方法技术和现代运动养生方法技术。

第一节 传统功法养生方法技术

传统功法养生方法技术是指在中医理论指导下,以意识为主导,通过形体的导引运动,配合呼吸吐纳,来调畅经络气血、调节脏腑功能,而达到强身健体,延年益寿,促进身心健康的方法技术。传统功法养生源远流长,《吕氏春秋·古乐》记载,原始氏族部落时期的陶唐氏部落,由于天常阴雨,而水道淤塞不畅,居地阴凉潮湿,容易导致人体内气血郁堵淤滞,筋骨萎缩,腿脚肿胀,活动困难。于是人们就编创舞蹈来宣导气血,通利关节,以形体运动的方式来养生保健。传统功法养生起源于原始人类的这种自我运动保健行为,发展到今天,则趋于成熟。常见的养生功法分为静功和动功,主要有放松功、内养功、强壮功、八段锦、五禽戏、易筋经、太极拳、六字诀等。

一、传统功法养生中的"三调"

"三调"即"调心、调身、调息",既是属于习练传统功法的三大要素,也是达到其养生功效的重要前提。"三调"习练分为练形、练气和练意三个阶段。练意的至高境界是达到"三调合一",即通过意识指导呼吸,呼吸催动形体,形、气、意高度协调一致,从而达到提高其健身与养生的效果。调心、调身、调息三者之间相互联系,调身是调息和调心的基础,调息是贯穿始终的重要环节,而调心则是最终的目的。因此在习练传统功法时,只有分别练习、熟练掌握之后融会贯通,方能做到形神兼备、内外兼修、意气相合。

(一)调心

1. 调心的内涵 《灵枢·口问》指出:"心者,五脏六腑之主也……心动则五脏六腑皆摇。"心主血脉,只有当心主血脉的功能正常,全身各脏腑形体官窍才能发挥其正常的生理功能,心藏神,说明人的思维活动和情绪变化也能影响五脏六腑的功能。《素问·灵兰秘典论》又说:"心者,君主之官也,神明出焉。"指出心主神志与心主血脉的生理功能密切相关。血液是神志活动的物质基础,心血充足则能化神而使心神灵敏不惑;而心神清明,方能驾驭气以调控心血的运行,濡养全身脏腑形体官窍以及心脉自身。正因为心具有主血脉的生理功能,所以才具有主神志,主司意识、思维、情志等精神活动的作用。

调心的目的和意义在于改变日常意识活动的内容和方式,使机体进入练功所需要的意识状

态。调心的状态包括意念调控和境界调整两个方面,意念调控是有意的、主动性操作;境界调控是无意的、伴随性操作。二者之间的关系是稳定的意念有助于形成境界,而特定的境界往往会产生其相应的意念。意念调控是指"练功中有意引导、形成或消除特定意识内容的操作",是指主观上将意识移置于某一现实事物的心理操作活动。意念调控的目的在于平息杂念,回归本心。

2. 调心的基本要求

（1）用意轻灵　入静养神时,用意讲究轻灵,即是有意识地把意念集中在身体的某一部位或某一件具体的事物上,但不是刻意追求,不应该急功近利,而应讲究用意轻灵,意念似守非守。对于初学者而言,动作习练过程中需刻苦练习,"内"和"外"相互协调,形神相随,以意导劲,避免意念的断裂,随着对动作练习熟练的加深,心志调节能力的增强,对"意"的感悟力也会随着提升。

（2）意守灵活　即意念集中时,意守的部位要灵活应用。意守时应心定而平静,对于意守的部位和意守的时间应灵活,熟悉于心,使心情愉悦,但又要避免引起兴奋,不能急躁。随着对功法的熟练深入会提高意守的水平,如一般意守下丹田可以补肾温阳,意守足三里可以健脾和胃,意守大敦穴可以平肝潜阳等。总之,意守要保持似守非守,灵活使用。

（3）把握真意,去除杂念　真意是诱导、维持与深化入静状态时的自觉状态。通过意守寻找真意,当意守某一个部位时,意识活动聚集沉淀,真意显现。与真意相对应的是杂念,是指在练功过程中,使意念不能集中,思想不能安宁的各种杂乱念头。功法练习中出现的杂念主要来自于生活、工作或学习过程中遇到的相关问题,可影响功法锻炼的正常进行。初学者,在练习功法时可能会不断出现一些杂念,这属于正常现象,切不可急躁。只要保持乐观的情绪,做好充分的准备工作,专心锻炼,杂念会逐渐减少甚至消失。

3. 调心的方法　传统功法锻炼调心的根本方法为运用意念使精神放松与入静,即通过对情志的调理,使情志处于安然宁静的状态,达到身心合一,形神统一。功法中运用意念的方法有很多,如:意守法、松静法、默念法、观想法、诱导法等。

（1）意守法　指将意念集中在身体的某一部位或某一特定穴位,在身心放松的状态下,聚精会神,达到入静的方法。意守法又包括静态意守和动态意守。静态意守是指意念集中于自身某一特定穴位,如意守丹田、意守涌泉等;动态意守是指意念随着部位移动的方法,如三线放松法。初学者可能会出现不易入静,杂念较多的情况,这时切忌急躁,需因势利导,使思维活动趋于单一,切记不能死守。

（2）松静法　是通过意念来诱导,使身心达到最大程度的松静状态的锻炼方法,主要包括先松后静法和吸静呼松法。先松后静法是指先从头至脚放松,继而进入松静状态,吸气时注意一个部位,呼气时默念"松"字,以助放松,然后再注意下一个部位,如此反复,放松后达到入静;吸静呼松法是静与松交替进行,吸气时意想"静",呼气时意想"松",同时使全身由表至里,从上至下,从左至右地放松,心无杂念,心境轻松。

（3）默念法　是用意念念字或词句,但不发出声音来诱导意念集中,排除杂念,达到入静的方法。锻炼过程中,呼吸要保持均匀细长,用意要轻,也可以根据病情的需要而灵活选择默念的字或词句。如高血压患者可以默念"血压下降""放松"等。

（4）观想法　是指集中意念来观想某些美好的事物,有助于消除杂念,达到入静状态的锻炼方法。选择观想的事物多倾向于锻炼者自身所熟悉的事物或情景,有利于练习者入静。

（5）诱导法　是指借助于音乐或肢体动作的诱导,使意念集中,以达到入静状态的方法。如选择单调舒缓或是幽静动听的音乐以诱导意念集中，达到入静的目的。

4. "调心"的生理学机制 心脏的主要功能是把血液泵到全身，是推动血液循环的核心动力。心肌收缩力量主要是靠心率和脉搏输出量来评定。经过健身气功的坚持练习，心肌收缩力量增大同时心输出量增多，表现为窦性心动徐缓，心率有所降低，心肌在较低功耗就能实现机体需要。传统功法的练习对调心的作用不仅仅是直观意义上简单的锻炼心肌，还包括感觉功能在运动中的反馈。就正负反馈而言，传统功法不同形式的技术动作之间存在正负反馈，如六字诀、八段锦等动作之间存在相似信息，通过强化后成为自我调节的重要心理暗示。注意力是大脑皮质对刺激信号进行综合分析实现的长时间专注。调心目的是对控制注意力能力的提升，实现调整大脑皮质兴奋状态。肌肉放松可减轻担忧、焦虑，提高自信心，从而消除精神上的过度紧张，解除人在应激时所引起的不良反应。另一方面，通过调节呼吸的频率和深度，可以使大脑得到充足的氧气供应，从而促进神经系统的兴奋性，使其高度有序的工作，心灵也就自然可达到静的境界。正是为了实现调身、调心、调息之间相互融合，才需要不断探寻适合自身所需的习练条件和境界。调心是循序渐进的过程，由自身对外界环境的克服逐渐转化为自身调节出现自动化，在意志的转移过程中实现"充耳不闻"，体松心静，配合呼吸，意念受控的状态。随着练功的深入，便逐渐过渡到对外界的声音干扰闻若不闻，身体轻松，呼吸绵绵，意念归一的状态，甚至做到呼吸绵绵深长，用意自如，练功结束好似沐浴过后，心情舒畅，精神饱满。当然，这些入静状态并非每一次功法锻炼都能出现，有时偶尔出现，有时常常来临，有时交替反复。它也不可能完全如上述描述那样线条明晰，需要练功者多加细心体会。

（二）调身

1. 调身的内涵 调身就是对身体姿势和动作的自我调整与控制，使之符合气功修炼的要求。形体不仅是生命的载体，也是气之所存、神之所在的主体。古人云："形不正则气不顺，气不顺则意不宁，意不宁则神散乱。"所以，调身是气功修炼的基础，不仅仅是对身体躯干及四肢的调整，还有对头、颈、肩、肘、腕、掌、指、胸、腹、胁、肋、脊、背、腰、臀、髋、腿、膝、踝、足、趾，乃至眼、耳、鼻、舌、口等都有很具体的要求，如含胸拔背、舌抵上腭、面带微笑、两眼微闭、下颚略收、虚灵顶劲、沉肩坠肘、收腹提肛等，都是气功修炼过程中总结出来的有效经验。调身的总体要求是形正体松。形正是指姿势和动作的准确到位，体松是指肌肉松紧的灵活调整，刚柔相济，紧中求松，松而不懈。形正则气顺，体松则气活，才能生气生神。

"调身"，外部表现为调节人体的肢体活动，但本质上却和"调息""调心"活动密切相关。"调身"，表现为练功时的姿势，在习练功法时具有重要的作用，尤其表现在对"意"与"气"的相互作用上。传统功法的三个要点：一是"形正"，二是"气顺"，三是"意宁"，息息相关，"牵一发而动全身"。在习练过程中，最基本的要求首先是"呼吸平稳""精神放松""意识平静"，意念随形体动作的变化而变化，通过肢体动作的变化，来引导气的运行，做到意随形走，意气相随，从而起到健体养生的作用。

2. 调身的基本要求

（1）**虚灵顶劲** 这是在调身过程中对头部姿势的要求。虚灵，虚虚领起。虚灵顶劲是指头要正中，虚灵向上，好似头上悬顶一物之状。具体操作是头自然上顶，颈项自然放松而有上拔之意，督脉经气上升，胸部舒展，任脉之气下降。下颌内含，颈项自然前屈。头顶呈虚灵之状。

（2）目睁圆口　这属于练习功法时对面部操作的基本要求，也是放松面部的关键方法。即两眼微睁，平视前方，目光内敛，做到似看非看的效果，与意念相合至一处。圆口是指唇齿轻轻张开，齿合和非合，两侧白齿如咬物，舌尖自然抵于上门齿内与齿龈相交处。放松两腮，舒展眉头，面带微笑，面部放松，有助于入静和放松全身。

（3）含胸拔背　这是对胸背部姿势操作的基本要求。含胸拔背是一种姿态，含胸指胸前部内含以及胸部肌肉放松，使呼吸顺畅，有利于气沉下丹田，更容易形成腹式呼吸。含胸不是凹胸的紧张内收，是使胸部有宽舒的感觉，是肩锁关节放松、两肩微向前合。两胁微敛的姿势下，胸腔上下径放长，使横膈下降舒展，含胸即是胸部的"蓄势"。拔背是指背部脊柱伸展挺拔，大椎穴向上领，直通百会，使脊背伸直，有利于督脉经气的运行。

（4）松腰收腹　松腰是指腰部自然放松，使腰背竖直，不要硬挺，两肩轻轻下放，用意念放松腰部，使腰部呈自然弯曲状态。松腰可使腰部灵活，力由脊发，气血流畅，积聚霸力，而收腹是腹部略向内收，这样可以帮助元气内敛，加强内压，促进气的周身运动。功法锻炼重视"实其腹"。欲"实其腹"则需要通过全身锻炼使精气充足于腹，故松腰收腹也是其中重要的一环。

（5）两腿柱立　两腿像柱子一样站立，以增强下肢锻炼的霸力。有的姿势要求两脚平行分开与肩等宽，有的姿势则要求两脚之间的距离可以比肩稍宽，并要求臀部紧收，内侧肌群收紧，膝关节勿屈曲，双足踏实，使整个身体因两腿柱立而稳实，不能歪斜。

（6）五趾抓地　是指趾掌的内、外缘及足跟部都要抓地，要求用意下塌，脚下生根，而不是五趾蜷缩地用力抓地。五趾抓地历来是对功法锻炼者的一个基本要求，全身其他部位都要放松，但下肢五趾不能放松。五趾抓地，足心涵空，脚跟稳实，脚下生力，上虚下实，培根固本，如挺拔云松、地上木桩。五趾与内脏相通，大趾通肝脾经，小趾通膀胱经，四趾通胆经，脚底心是肾经的涌泉穴。有意识地将两脚摆平正，五趾抓地，脚跟踏实，具有疏通经络，调理脏腑、增强新陈代谢的作用。

3. 调身的基本手型及步法

（1）传统功法的常用基本手型有拳、掌、勾手三种（图6-1）。上述基本手型结合上肢冲、推、架、亮、外展、内敛、旋转等各种姿势进行锻炼，具有增强上肢肌力，改善关节与韧带柔韧性和灵活性的作用。

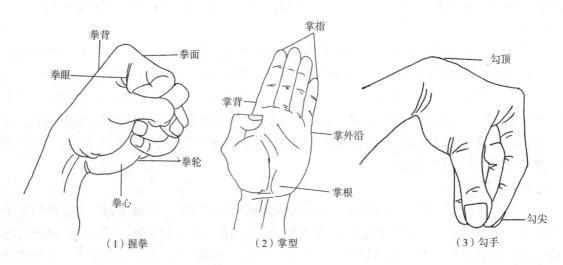

图6-1　调身的基本手型

（2）功法锻炼常用的基本步法有弓步、马步、仆步、虚步、歇步等（图6-2）。长期反复锻炼，具有增强下肢肌力，霸力与持久力的功用。

（1）弓步　（2）马步　（3）虚步　（4）仆步　（5）歇步

图6-2　功法锻炼的基本步法

4.调身的生理学功能　调身是对机体神经系统、骨骼肌系统、血液循环系统、感觉功能等不同系统进行有效调节。传统功法在习练过程中大脑皮质兴奋性提升，对骨骼肌系统中的肌腱和肌梭感受器传导动作电位，实现对动作的精细控制。技术动作的正确性是习练传统功法有效的前提，神经调节的有效性是反应机体良好状态的重要因素。人们的行动是受一定目的支配，这种支配行为并实现目的称之为动机。调身是大脑发出暗示自身健康的指令，配合相应组织予以配合实现对其刺激后的正负效应。动机对调身的促进是以正效应为导向，实现大脑皮质和思维形式的统一，出现动机目的的实现。而大脑皮质与传统功法动作完成及其心理暗示之间呈倒U形曲线关系。当动作习得和动机配合实现最佳功能水平时，体现为最高点。进行动机和自我调节之间不断变化，并促成最佳水平，可以视为调身的主要目标。传统功法中一方面是通过调整过身体对肌肉、骨骼的紧张与放松，来使"内啡肽"的分泌增强，从而是精神放松进入更高的境界，是人体活动达到理想功能的状态，人体功能达到稳定，心理状态就更易入静。

（三）调息

1.调息的内涵　所谓"一呼一吸谓之息"，"气顺"在于形正者，其质为"调息"也。所谓调息在一定意义上可以理解为调整呼吸。调息，简单地讲，就是调理气息，使呼吸之气平和、协调，达到习练所规定的某种状态或效果。广义的调息属于传统养生法中呼吸修炼的范畴，常常与调气、服气、行气、运气、引气、存气、纳气等概念相关联。但调息多指静功，其他多指动功。调息一般要配合调身进行，也就是说，呼吸的节律和频率要配合身体的姿势和动作，或者符合功法本身的要求。调息是传统功法修炼的主要目标。无论佛道，修禅习练都非常重视呼吸法，甚至认为人的性命就在"呼吸"之间。

（1）调息品相　调息时，由于方法有得当和失当之分，因而气息呼吸会出现不同的状态。《童蒙止观》首先揭示了四种品相。息有四种相：一风，二喘，三气，四息。前三为不调相，后一为调相。

（2）调息类型　调息类型各有特点，分别为燕息、反息、踵息。

（3）调息形式　根据气息调理的方式，可以分为数息、随息、闭息、观息、还息、静息、胎息七种。

2.调息的基本要求　调息的基本要求是对运动过程中腹式呼气和胸式呼吸的合理调整。根据动作的幅度大小调节，主要体现为呼吸自然，避免不必要的憋气动作。同时，调息要求做到心平气和，在自然平和的原则指导下，尽力做到深、长、细、匀。深，指呼吸之气深达下丹田或脚跟；长，指一呼一吸的时间较长；细，指呼吸之气出入细微；匀，指呼吸之气出入均匀，无忽快忽慢现象。对于初学者而言，这里所说的深、长、细、匀的呼吸并不是一开始就能达到，而是经过长期的练习，在练习过程中宁静情绪，集中意念的基础上慢慢形成，若是在短期内强求完整的深长呼吸，容易造成胸腹肌紧张，阻滞气机升降，出现气短胸闷、腹胀胁痛等情况。因此，呼吸要顺其自然，通过呼吸锻炼，使之由浅入深，由快至慢，功到自然成，避免不必要的憋气动作。在初期学习阶段注意循序渐进，切不可急于求成过度疲劳。其次是对传统功法整体观的把握。做到练的同时也需要注重养。对自身调节"心静"可以有效调节时不妨有意识的注意呼吸深长、节奏。进一步对自己的吸气和呼气通过鼻腔来完成，唇齿微微闭合，如若有发音动作，更需要注意口型的正确性。随着技术动作的掌握，逐渐体会"意"与"气"的关系。在平静呼吸基础上实现意识中的心理暗示，形成呼吸习惯。

3. 调息的锻炼方法

（1）**静呼吸法** 练习者在精神活动相对安静的状态下，有意识地把呼吸锻炼的柔和、细缓、均匀、深长的呼吸法，称静呼吸法。常用的静呼吸法包括自然呼吸法、数息呼吸法和深长呼吸法。

（2）**腹式呼吸法** 是指有意识地使小腹随着一张一缩的呼吸而运动的呼吸方法。这种呼吸方法可使膈肌的上下活动和腹壁的前后活动幅度增大，以协调五脏六腑的功能。常用的腹式呼吸方法包括顺腹式呼吸法、逆腹式呼吸法和停闭呼吸法。

（3）**存想呼吸法** 存想呼吸法是指锻炼者在自然呼吸锻炼与腹式呼吸锻炼的基础上的比较高深的一种意念存想呼吸法。这是用意念引导呼吸，用呼吸引发内气锻炼的呼吸方法。一般有潜呼吸法、体呼吸法、胎息法。

以上所有的呼吸方法都应遵循顺其自然、循序渐进、练养结合的原则，不能盲目追求某种呼吸效应和感受，一切都要从自然柔和着手。

4. 调息的生理学功能 调息在传统功法的习练过程中扮演了重要角色。在我国古代医学中，息可以理解为气。气有两层含义：其一为来自大自然的水谷精微，是人生息存在的主要特征；另一方面，气是大自然气息，传统哲学思想中突出强调"天人合一"之意。在生理学中，气是呼吸的主要物质，以氧气供能为主，与血液中的血红蛋白形成氧合作用，为机体有氧代谢的基础。此外，气还可理解为底气、自信、气势等。调息的生理学基础是以机体的呼吸为主，同时对习练环境提出了相应的要求。在空气清新、流通的自然环境中进行习练。

在传统功法练习中要求呼吸与技术动作相配合。主要是在动作习练过程中掌握胸式呼吸和腹式呼吸的正确方式。动作的完成需要和呼吸时相互配合，动作的内屈、外展尤其是反弓动作的完成多采用吸气。而两臂内收，展体动作则是采用呼气为主。此外，对于部分动作的完成要合理进行憋气。憋气动作的使用主要是在关键时期，避免因长时间憋气使心肌过度延展而导致血压过高和静脉回心血量减少，致使大脑缺氧。调息的要求是实现运动过程中呼吸波动范围保持在相应区间内。

二、静功养生方法技术

静功起源于身心之静。人体的生命过程中，无论是形体还是意识，都存在动静两种因素。循其动而外向发展，乃形成体力劳动、脑力劳动以及文娱、体育、各种技艺、社会学术思想等；循其静而内向发展，则有气功各种方法、理论之创造。静功重在精神之静，老子云："致虚极，守静笃。"庄子曰："惟道集虚，虚者，心斋也""虚则静""抱神以静，形将自正"。孔子云："静者寿。"管子曰:"修心静者,道乃可得。"静,包括宁静、清静、集中诸义。《增一阿含经》中写道:"自净其意,是诸佛教。"《楞严经》中说:"置心一处,无事不办。"

所谓静功,仅就外观之形态而言。其内则有动有静。如外静内动,气动神静,性静神动等等。佛家之禅,义为静虑,静中虑,即有静有动,而非绝对的静。这类养生方法的共同特点是要求练功时人体处于安静的非运动状态下,通过精神意念与呼吸运动结合,或纯粹通过精神意念的锻炼来治病健身,追求长寿。

放松功

放松功是静功的一种,是一种以松为主,松静结合的静气功法。该功法是20世纪50年代上海市气功疗养所著名气功师蒋维乔在继承古人静坐意守的基础上总结和发展起来的,可作为练好其他各类传统功法的基础功夫,始终贯穿在整个练功过程中。放松不是指单纯的肌肉放松,它还要求精神上的放松。此功法的特点是将体势、呼吸、意守三种练功手段结合在一起,通过采用或站、或坐、或卧等姿势来练习。精神内守,意导气行,通过形与神合,以意识导引全身各部分,并与均匀细长的呼吸配合,有节奏地依次注意身体相应的部位,逐步地松弛肌肉骨骼,把全身调整到自然轻松、舒适的状态。只有精神真正做到了放松,肌肉才能够达到最佳状态的放松,机体各脏腑组织功能才趋于协调平衡。这一功法的锻炼能较好地排除杂念,安定心神,疏通经络,协调脏腑。健康者练此功,能增强体质,预防疾病;于体弱病者来说,是一种理想的康复手段。不仅如此,放松功对消除疲劳、恢复体力有较好的效果,对消除紧张、促进睡眠也有很大帮助。

(一)功法特点

1. 简便安全,易于习练 该功法在练功体式上没有过多的要求,习练时采用卧式、坐式或站桩式均可,并且不受环境条件的限制,不需要占用大范围的练功场所,具有安全有效、易学、易练、易见效益等特点。该功法是练功者习静的基础,不仅适用于健康人的日常习练,也可应用于患者的康复练习。

2. 放松内外,神形兼修 放松功是通过自身大脑思维意识的放松,进一步调整身体状态,从而使精神、身体均达到自然、轻松、舒适的状态。因此该功法有利于解除身体和心理的紧张状态,消除身体和大脑的疲劳,恢复体力和精力,是一种形神兼修的功法。

(二)练功要领

1. 观想意境,念与意合 习练本功法要善于运用观想配合默念"松",以引导心身的全面放松。操作时目内视,意内想,耳内收,用意念意想注意身体某个部位,每想到一处时默念"松"字,逐步把全身调整到自然、轻松、舒适的状态,从而解除精神紧张和形体的疲劳,使身心都处于一种放松状态。能感受到"松""变大"是练习本功法的关键。如有"松弛感""轻松感""通畅感"等体验就是"松"的效应。

2. 神意察照,若有若无 在将运用意识引导相应部位放松时,需要注意对每一处所想部位的意念不能太重。要做到似守非守,若有若无,神意要灵明。松到那个部位时,即意念观想那个部位,意导气行,以意导松,静心体会,如此方能察照身心放松的变化。

3. 气息相依,以意导松 放松操作过程往往需要借助呼吸的调息来达到更好的放松。调息一般从自然呼吸开始,逐步过渡到腹式呼吸,同时逐渐集中思想,排除杂念,安神定志。呼吸与默念相结合,吸气时静静地观想松的部位,呼气时默想该部位"松",气息相依,以意导松。

（三）功法操作

放松功的操作因放松部位和顺序的不同，可将其分为三线放松法、分段放松法、局部放松法、整体放松法等。

1. 三线放松法 三线放松法是将身体划分成两侧、前面、后面三条线，每条线均有9个放松部位，练功时以意识导引及观想自上而下依次放松。初练功者采用仰卧或坐式较易放松，练功熟练者，可在各种姿势如站、坐、卧、行中练习。

（1）姿势要领

①站立姿势：两脚平行自然分开与肩同宽，双臂自然下垂，掌心向内，百会顶天，目视前方或微闭，以鼻自然呼吸，舌抵上腭，下颌内收，含胸拔背，收腹直腰，沉肩虚腋，双肘微屈，自然下垂，松臀，微屈髋屈膝，双足十趾抓地。见图6-3。

②坐立姿势：上身姿势同站立姿势要求，以坐骨结节端坐在与膝同高的方椅上，屈髋屈膝90°，两足自然分开与肩同宽，双手自然下垂或手背放在髌骨上方。见图6-4。

图6-3 站立姿势

图6-4 坐立姿势

③卧位姿势：一般以仰卧位为主，平身仰卧床上，头微前倾，身体姿势如同站立位姿势，双手掌心向下置于身侧，两足尖自然分开。见图6-5。

（2）三线分布

①第一条线：头两颞侧部—颈部两侧—两肩—两上臂—两肘关节—两前臂—两腕—两手—十指，静养中指尖的中冲穴1～2分钟。

②第二条线：面部—颈前—胸部—腹部—两大腿前—两膝关节—两小腿前—足背—足大趾端，静养足趾的大敦穴1～2分钟。

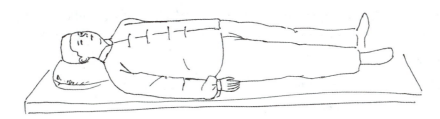

图 6-5 卧位姿势

③第三条线：后脑—后颈—背部—腰部—双臀部—两大腿后面—两小腿后面—足跟—足心。注意力放在足心上，静养足心的涌泉穴 1～2 分钟。

（3）放松方法　将意念按上面三线的走行顺序，想象自己身体的各个部位，尽量使肌肉放松。采取自然呼吸，当鼻吸气时意想要放松的部位，呼气时心里默念"松"或"放松"，使要放松的部位达到放松，并且要细细感受肌肉"松"时的感觉。如体会不到"松"感，可先使四肢肌肉紧张起来，再突然放松，体验"松"的感觉，这样可加速松弛反应的到来。每放松三线为一个循环，做完三条线的放松练习后，将意念收回，观想肚脐内丹田处，意守 3～5 分钟结束。每次练功可放松 2～3 个循环，练习时顺其自然，不可强求放松，但为了加强放松效果，也可在练习时播放轻音乐。

（4）注意事项

①练功的场地环境要尽量选择安静、幽雅，空气清新的地方。

②在练功时，精神状态要好，心中不要有杂念，精神放松，心情愉快，呼吸均匀和畅。

③练功的时间一般以早晚为宜，每次练 30～60 分钟，每天练功 1～3 次。

④不要在饭后或饭前练习，练功前注意要先排空大小便，穿着宽松的衣服。

⑤练功后应做收功，然后进行适当自我按摩或肢体运动，也可适当休息。

2. 分段放松法　分段放松法是把全身分成若干段，自上而下分段进行放松的方法。要求目内视、意内想、耳内听、结合默念"松"字和存想放松部位感觉，从而达到放松的目的。分段放松法的练功姿势较为多样，站、坐、卧、行皆可。呼吸多采用自然呼吸或腹式呼吸。

（1）分段方法　通常的分段有 2 种。

①第一种：头部—肩臂手—胸部—腹部—两腿—两脚。

②第二种：头部—颈部—两上肢—胸腹背腰—两大腿—两小腿及脚。

（2）放松方法　在正式练功前先调整好姿态，调匀呼吸，保持平静的形态，在放松过程中将每一个部位作为一个整体进行放松，待身体完全放松，则意守丹田或命门，再把口中唾液分 3 次咽下，这一过程称为玉液还丹。习练者可以根据自己的喜好或身体状态进行选取，每个部位反复操作 3～5 次，完整练习一遍分段法的时间应该不少于 10 分钟。

（3）注意事项　练功时先注意一段，默念"松"两三遍，再注意下一段，周而复始，放松两三个循环。本法适用于初练功且对三线放松感到部位多、记忆有困难者。

3. 局部放松法　局部放松法是在三线放松的基础上，就身体的某一局部病变部位或某一紧张点具有针对性的一种放松方法。习练时可以选取站、坐、卧、行中的任意一种。呼吸多采用自然呼吸或腹式呼吸。

（1）放松方法　针对身体的某一病变部位或某一紧张点，默念"松"20～30 次，配合吸气，并意守此部位，呼气默念"松"，操作 20～30 次，训练结束后，睁眼，以擦掌搓面收功。调心操作可以体会放松部位的感觉。局部放松既包含了身、心两个方面，也蕴含着很多层次。随着练功时间的积累，功夫不断地深入，放松的操作方法、操作内容也会发生相应的变化。

（2）注意事项　本方法首先意想放松部位，默念"松"字20～30次，适用于三线放松掌握得比较好，能对病变部位或紧张点进行放松者。

4.整体放松法　整体放松法就是将身体作为一整体来进行放松。

（1）放松方法　通常有3种放松方法：

①意想整个身体似喷淋流水般从头到足，笼统地向下放松。

②默念"松"，就整个身体，意想以脐为中心，笼络地向周身扩散放松。

③依据三线放松的三条线，沿着各条线，意想整条线像流水般地向下放松，中间不停顿。选择其中的一种方法，默念"松"20～30次，配合吸气，意守此部位，呼气默念"松"，操作20～30次，训练结束后，睁眼，以擦掌搓面收功。

（2）注意事项　本法适用于三线放松、分段放松掌握得比较熟练、能较好地调整身体、安定情绪者，或初练功感到进行三线、分段放松均有困难者。

（四）放松功的禁忌证

精神分裂症，精神忧郁症，癔病，高热，大出血等禁止习练。

内养功

内养功是明末清初在河北地区流传，由南宫县郝湖武流传下来的功法。现在留存的功法，是已故气功大师刘贵珍从威县刘渡舟处受承下来的，已辑录、整理成书，是静功的主要功种之一。

内养功是指通过默念字句、腹式呼吸、舌体起落、意守丹田等动作，来达到"大脑静、脏腑动"目的的一种功法。内养静功并非绝对静止不动，而是"外静内动"，是机体的一种特殊运动状态。该功法注重调息，对呼吸的要求较为严格，并配合默念字句以诱导入静，从而将调整呼吸与入静意守紧密结合起来，以疏通气血，调养五脏。无论静功还是动功，都离不开调心、调息、调身三项训练基本手段，也就是意守。该功法用想象和暗示的方法来建立一个适合自己练功需要的寒热温凉的环境，侧重呼吸锻炼，配合意守，通过意守和呼吸锻炼，达到"大脑静、脏腑动"的目的。通过习练内养功，可以让练习者的大脑思路更加清晰，内脏得到更好的调整，让全身得到放松，达到健脾益胃、消食化积、调气益元、促进新陈代谢的目的。

（一）姿势

内养功常用的习练姿势主要有4种，即仰卧式、侧卧式、坐式及壮式。姿势的选择以自然舒适为要，初学者适宜采用的姿势是卧式，后期可采用坐式。在练习这项气功的时候要做到自然舒适，使身体进入最佳状态。

1.仰卧式　平身仰卧床上，枕头高度适中，身体方正，头微向前抬，双目微闭，口微合，两臂自然舒伸，十指松展，掌心向下，放于身侧，两腿自然伸直，脚跟相靠，足尖自然分开，全身放松。见图6-6。

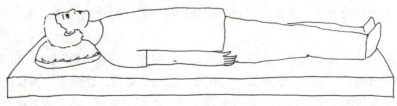

图6-6　仰卧位

2. 侧卧式 身体向右或向左侧卧于床上，枕头高度适中，脊柱微向后弓，呈含胸拔背之势。若向右侧卧时，右腿伸直在下，左腿在上，右腿伸直而左膝微曲成120度角，同时右肘屈曲向上，右手指微伸，靠于右侧面颊；左手臂在上，左手指微曲，放于左大腿外侧；若向左侧卧时，左腿伸直在下，右腿在上，左腿伸直而右膝微曲成120度角，同时左肘屈曲向上，左手指微伸，靠于左侧面颊；右手臂在上，右手指微曲，放于右大腿外侧；双目及口微闭，全身放松，以便意念集中。见图6-7。

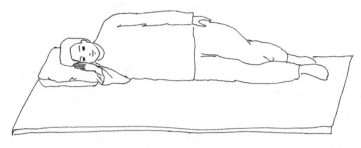

图6-7 侧卧位

3. 坐式 身体端坐于椅上，头微向前俯，双目及口微闭，躯体端正，含胸拔背，松肩垂肘，十指舒展，掌心向下，轻放于大腿近膝部，两脚平行分开，脚距约与肩同宽，膝关节屈曲成90°，全身放松。见图6-8。

4. 壮式 具体要求和仰卧式基本相同，唯一不同之处是壮式需将枕头垫高约25cm，肩背呈坡形垫实，不可悬空，两脚并拢，掌心向内，紧贴于大腿内侧。

内养功姿势的选择应根据病情和个人习惯而定，卧式一般适应于体质虚弱者。

（二）呼吸法

内养功的呼吸法较为复杂，采用闭停式呼吸法，要求呼吸、停顿、舌动、默念4种动作相互配合。呼吸力求自然，尽量保持深、长、细、匀，不要憋气，以防出偏。如此循环不已、周而复始地进行呼吸锻炼。常用呼吸法有3种：

图6-8 坐式

1. 第一种呼吸法 此法的呼吸运动形式是：吸——停——呼，并分别在上述各阶段配合字句的默念。具体做法：轻合其口，舌抵上腭，用鼻呼吸，先行吸气，同时用意领气下达小腹，吸气后不呼气，不呼不吸，停顿时舌不动，停顿后再把气徐徐呼出，舌落下。如此反复做20分钟左右。默念字句，具有收敛思绪、排除杂念的作用，可与呼吸配合。通过词的暗示、诱导，引发与词相应的生理效应。默念的字句一定要选择静松、美好、健康的，一般先由3个字开始，以后可逐渐增多字数，但最多不宜超过9个字。常用的词句有"自己静""通身松静""自己静坐好""内脏动，大脑静""坚持练功能健康"等。默念要与呼吸、舌动密切结合起来。选用字句要因病而异，精神紧张者，宜选用"我松静"的字句；脾运失健者，宜选"内脏动，大脑静"的字句；气血两亏者，宜选用"恬惔虚无，真气从之"的字句；气滞胸胁者，宜选用"气沉丹田，真气内生"的字句。默念字数开始要少，待呼吸调柔致细后，则可增加字数。

2. 第二种呼吸法 此法的呼吸运动形式是：吸——呼——停，并分别在上述各阶段配合字句的默念。具体做法：以鼻呼吸或口鼻兼用，先吸气少许，即停顿呼吸，随吸气舌抵上腭，同时默念第1个字；停顿呼吸舌仍抵上腭，默念第2个字，再行较多量的吸气，用意念将气引入小腹，同时默念第3个字，吸气毕，不停顿，即徐徐呼出，随之舌落下，如此周而复始，默念词句的内容和第一种呼吸法相同。

3. 第三种呼吸法　较难掌握，一般默念3个字为宜。此法的呼吸运动形式是：吸——停——吸——呼。具体做法：用鼻呼吸，先吸气少许，即停顿呼吸，随吸气舌抵上腭，同时默念第1个字；停顿呼吸舌仍抵上腭，默念第2个字，再行较多量的吸气，用意念将气引入小腹，同时默念第3个字，吸气毕，不停顿，即徐徐呼出，随之舌落下，如此周而复始。

（三）意守法

意守法是指练功者习练时将意念集中于某物或某形象。意守是练习传统功法中的重要手段，具有集中思想、排除杂念的作用。在意守时，应自然做到似守非守，意识不可过于集中，但也不可无意去守。内养功常用的意守方法有3种：

1. 意守丹田法　意守丹田法是练好气功环节之一，目的是为了思想集中，排除杂念，使脑易于入静，达到稳定安静的状态。内养功之丹田规定为脐下一寸五分处，即位于气海穴，用意守之，则元气充足，百病消除。守时不可拘泥。意念活动时可以想象以气海穴为中心的一个圆形面积，或是气海与关元之间，可设想是在小腹表面，也可想象为一球形体积设在小腹之内。

2. 意守膻中法　注视或把意念集中在两乳之间以膻中穴为中心的一个圆形面积，或意守剑突下之心窝区域。

3. 意守足趾法　两眼轻闭，微露一线之光，意识随视线注意足大趾；也可闭目默默回忆足大趾的形象。

意守法的锻炼应配合呼吸的节律性腹壁起伏运动，以达到集中思想、排出杂念的目的。内养功的意守部位一般采用意守丹田，这样不易产生头、胸、腹三部不适症状，较为稳妥。但部分女性练功者，采用意守丹田可能出现经期延长、经量过多的情况，可以改为意守膻中。杂念较多，或不习惯闭目意守丹田者，可采取意守足趾法。一般一次以20～60分钟为宜，每天坚持两三次，以3个月为1疗程。

（四）注意事项

1. 注意选择空气清新的练功环境，室外练功不宜太早，以免感受风寒之邪，练功前先排空大小便，练功时要排除杂念。

2. 练功时舌抵上腭，以连接任督二脉。力求呼吸轻、细、匀、长。动作宜缓慢，配合呼吸、意念，使之协调一致。

3. 练功一般选择早晚为宜，每天2～3次，每次约30分钟。

（五）禁忌证

肺结核（空洞型）、支气管扩张、肺气肿（误用停闭呼吸法，有发生大咯血的危险，因为停闭式呼吸法可使肺空洞和扩张的支气管发生血管破裂，引起大咯血）、溃疡病有大便潜血强阳性者和溃疡病大出血后，都在禁用之列。高血压、高血压性心脏病、肺心病、冠状动脉硬化性心脏病、风湿性心脏病、心律不齐、心房纤颤、期前收缩、传导阻滞等也都禁用内养功，否则易加重病情，发生不良后果，非但无益，反而有害。

强壮功

强壮功是由北戴河著名的气功师刘贵珍先生取民间功法之长，集儒、道、释各家功法的精华综合整理而成。其特点基本上与内养功相同，属于静功，在呼吸和姿势方面有其特色。练功姿势有自然盘膝坐、单盘坐、双盘坐、站式等。呼吸方法有静呼吸法（自然呼吸法）、深呼吸法、逆呼吸法（即吸气时腹壁收缩，呼气时腹壁扩张）等。同时意守下腹部，借以集中精神、排除杂念，达到入静目的。也可意守外景，如美丽的风景，以良性意念代替恶念，以便排除杂念。强壮功具有养气壮力、培肾固本、健身防病、延年益寿的作用。临床对于体质虚弱、神经衰弱、关节炎等病有较好疗效，对心血管系统及呼吸系统等疾病也有不同程度的治疗效果。

（一）练习方法

练习强壮功，首先要了解练功要领：一是姿势正确，二是调节呼吸，三是意守入静。

1. 练功前准备 练功是通过调心养气的方法，来达到使大脑皮质高度入静的目的，因此如果在练功前杂念很多，易导致思想不集中，很难入静。所以在练功前我们需要做好准备，尽可能设法排除干扰因素，以保证练功过程的顺利。

（1）环境整洁，安静舒适 不论在室内还是在室外练功，练功者都必须选择相对比较安静，空气新鲜的场所，室内要注意保持通风，但不要迎风，以防外感。

（2）宽衣松带，解除束缚 无论是在练卧势功、站势功、坐势功还是走势功时，都必须预先将纽扣、衣带、鞋带或紧身的衣物等解开，使身体保持舒适，周身的血液循环不受障碍。

（3）安定情绪，精神愉快 练功前20分钟左右，注意休息一下，安定心神，这样有助于练功时的思想集中，同时注意保持心情舒畅，精神愉快。如果情绪不稳，心情急躁，则易致杂念纷纭，不易入静，如果精神状态不佳，练功时容易昏沉入睡，最终影响疗效。

2. 姿势

（1）姿势分类 强壮功的姿势分单盘坐、双盘坐、自然盘坐、站式及自由式。姿势正确，易于入静，不论采用哪种姿势，一定要遵循正规、合乎自然舒适的原则。

①单盘膝法：双腿盘坐，左小腿置于右小腿上，左足背贴在右大腿上，足心朝上；或右小腿置于左小腿上，右足背贴于左大腿上，足心朝上。见图6-9。

②双盘膝法：两腿盘坐，两小腿交叉，右足置于左大腿上，左足置于右大腿上，两足心朝上。见图6-10。

③自然盘膝坐：臀部着垫，两腿自然盘坐，两小腿交叉压在大腿之下，足掌向后、外。头颈躯干端正，臀部稍向后，轻微含胸，颈部肌肉放松，头微前倾，两眼轻闭，两上肢自然下垂，两手四指上下互握，也可将一手置于另一只手的手心上，放在小腹前的大腿上。见图6-11。

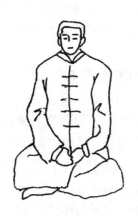
图6-9 单盘膝坐

图6-10 双盘膝坐

图6-11 自然盘膝坐

④站式：自然站立，两足平行分开与肩同宽，足尖向前，膝关节微屈曲，脊柱正直，头微前

倾，两眼轻闭，松肩垂肘，小臂微曲，两手拇指与四指自然分开如捏物状，放于小腹前，也可将前臂稍抬起，两手置于胸前如抱球状，两手距离1寸远。见图6-12。

图6-12 站式

⑤自由式：即为不要求采取某种固定姿势，完全根据自己所处境地进行练功。人们在工作疲劳或精神高度集中之后，都可就地不拘任何形式，进行调整呼吸和意守丹田，以达全身放松、解除疲劳、提高工作效率的目的，对身体健康也有裨益。

（2）姿势要求

①对头部、颜面、目、口的要求：头部要正直，下颌回收，不撅下巴，目合口微闭，舌抵上腭，面带微笑。

②对肩部、胸部、腹部、臀部的要求：脊柱要直立，腰椎微向前方，臀部坐实着床，下放一垫，胸部内含，切忌挺胸，垂肩坠肘，腹部平直，不鼓肚子，全身轻松，毫无束缚之感。

③对双手放置的要求：两手轻握，放在小腹前方。握法是一只手的四指，握另一只手的四指，拇指和拇指交叉，或两只手分放在两侧膝盖上。

3. 呼吸

（1）静呼吸法（自然呼吸法） 不要求练功者改变原来的呼吸形式，即不用意识注意呼吸，任其自然。这种呼吸法对初学气功和年老体弱者，以及肺结核患者等较为适宜。该呼吸法在饭前、饭后均可练习。

（2）深呼吸法（深长的混合呼吸法） 吸气时胸腹均隆起，呼气时腹部凹陷。练习呼吸时，使之逐渐达到深长、静细、均匀的程度。这种呼吸法对神经衰弱、便秘、精神不易集中的人较合适。此法不宜在饭后进行。

（3）逆呼吸法 吸气时胸部扩张，同时腹部往里回缩，呼气时胸部回缩，腹部往外凸。逆呼吸的形式要由浅入深，逐步锻炼，不能勉强和急于求成。此法不宜在饭后进行。

以上三种呼吸法均要求用鼻呼吸，舌尖轻轻抵住上腭，鼻子通气不良者也可稍微张开一点口辅助呼吸。练完呼吸法之后，可接着练静坐法。当练呼吸时意守呼吸，形成"意气合一"，易于入静。不练呼吸、单独练静坐时，可以采取下列方法诱导入静，以一念代万念逐渐入静、用意守丹田法、听息法、数息法和默念法，进入似睡非睡、似醒非醒、忘我的状态，静坐30～40分钟。

4. 意守 强壮功意守部位有三：下丹田气海，中丹田膻中，上丹田印堂，但以意守气海为多。练完静坐法之后，以意领气从肚脐开始画圈，自左往右画24圈，然后再以同样方法，从右往左画36圈，而后离座。练静功静多动少，静功的动主要是练腹式深呼吸，膈肌和腹肌的运动按摩内脏发生的运动，这是内功。练完静功后再练太极拳、广播操、八段锦、慢跑步等动功，练功者可选一二项适合自己体力和爱好的运动配合练习，长期坚持，日久生效。

（二）注意事项

1. 强壮功的姿势以自然盘膝、单盘膝和双盘膝为主。古人多习惯此式，今人因生活习俗的改变，已不习惯盘坐，如勉强坚持，易致双腿麻木甚至酸痛难忍。故开始练功时间不宜过长，练习时可依据个人情况更换两腿的上下位置。如不能坚持盘坐时，也不要勉强，可采用坐式，身体虚弱者可采用仰卧式。

2. 初期练功时应根据个人的呼吸习惯，男子多是顺呼吸，女子多是逆呼吸。强壮功的特点是，平时是正呼吸的人要练腹式逆呼吸法，平时是逆呼吸的人要练腹式顺呼吸法。当每练呼吸10～20分钟后，改为自然呼吸，以免呼吸肌疲劳发生副作用。应注意的是练呼吸时，要柔和自然，不要过于注意吸气，这样呼吸才顺畅而不致出偏差。年老体弱及有心肺疾患者采用自然呼吸法，并可在此基础上逐渐加深呼吸，不要刚开始就练深呼吸或逆呼吸法。

3. 强壮功的丹田位置在脐内下一寸三分处，意守时一定要做到精神放松，似守非守。

（三）禁忌证

禁忌证同内养功法。

三、动功养生方法技术

动功源于静功。身、心两静，静极生动，或为内气之动，或为肢体之动，或为精神之动。所谓动功，主要指形体之动，是指将意念活动、各种调整呼吸的方法与肢体运动（包括自我按摩、拍击）结合起来的一类功夫。特点是外动内静，动中求静，以调身导引为主。传统动功养生方法技术主要包括八段锦、易筋经、五禽戏、六字诀、太极拳等。

八段锦

八段锦是我国民间广泛流传的一种健身术，属于古代导引法的一种，是将形体活动与呼吸运动互相结合的一种方法。八段锦融合了中医的阴阳五行及经络学说，强调动作缓慢柔和，可导引行气、调畅气血，具有锻炼平衡能力、防病治病等作用。八段锦分为坐势和站势两类，其中坐势八段锦运动量较小，适于起床前、睡觉前锻炼；站势八段锦运动量稍大，适于户外和集体锻炼。

最早关于八段锦的记载见于西汉马王堆墓中出土的《导引图》，其中绘有4幅与八段锦相似的动作。八段锦于宋朝基本成形，其名最早见于宋朝洪迈的《夷坚志》，至南宋八段锦功法主要动作已经逐渐固定，并形成了朗朗上口的歌诀。八段锦在明清时期有了很大的发展，形成了很多流派，并广泛传播。中华人民共和国成立后，国家对传统功法非常重视，对传统八段锦进行了挖掘整理，习练八段锦功法的群众逐年增多。2003年国家体育总局健身气功管理中心规范了健身气功八段锦的功法及歌诀，对八段锦的传播推广起到了重要作用。

（一）操作方法

八段锦由八个动作编成，各势与内脏相关联，能起到调脾胃、理三焦、祛心火、固腰肾的作用。下面介绍站势八段锦的操作方法。

第一势：双手托天理三焦

自然站立，双腿分开与肩同宽，含胸收腹，腰脊放松。双手自身体两侧缓缓上举至头顶上方，双手翻掌，掌心向上，状似托物。同时缓缓抬头上观，要有擎天柱地的神态，此时缓缓吸气。后脚跟随着双手向上托举而起落，托举数次后，双手翻掌，改手心向下，沿身体前缓缓按至小腹，恢复自然站姿。同进配以缓缓呼气。见图 6-13。

第二势：左右开弓似射雕

左脚外跨一步，右腿屈膝，身体下跨成马步状，双手握成空拳至两髋外侧，随后，自腹前向上画弧提至胸前，右臂向后拉使右手和右乳间距两个拳头大小，右手高度与右乳平齐，感觉如拉开弓弦；左手由空拳变成掌用力向左侧推出，头向左转，目视左手方向，该动作保持一段时间，随即将身体上起，顺势将两手向下画弧收回于胸前并同时收回左腿，还原成自然站立姿势。见图 6-14。

图 6-13 双手托天理三焦

图 6-14 左右开弓似射雕

第三势：调理脾胃臂单举

左手缓缓自身体前抬起，高举过头，翻掌使掌心向上，用力托出，同时，右手掌心向下，用力向下按。该动作反复多次后，还原至自然站立姿势。见图 6-15。

第四势：五劳七伤往后瞧

自然站立，双脚分开与肩同宽，双手在身体两侧自然下垂，以腰腹部为轴上半身向左转动，目视左后方，该动作保持一段时间，上身缓缓转正，再向右方转动，如此反复多次。见图 6-16。

图 6-15 调理脾胃臂单举

图 6-16 五劳七伤往后瞧

第五势：摇头摆尾去心火

自然站立双手分开略大于肩宽，屈膝，上身下沉，成骑马步状。目视前方，双手自然置于双膝上，双肘部指向外侧。以腰部为轴，将躯干画弧摇至左前方，稍停顿片刻，再向相反方向转，画弧摇至右前方，反复十数次。见图6-17。

第六势：两手攀足固肾腰

自然站立，双腿并拢，膝盖绷直，以腰部为轴，身体前倾，双手顺势攀住脚部，该动作保持一段时间后，缓慢放松恢复至自然站立姿势。见图6-18。

图6-17 摇头摆尾去心火

图6-18 两手攀足固肾腰

第七势：攒拳怒目增力气

自然站立双手分开略大于肩宽，屈膝，上身下沉，成骑马步状。双肘弯曲，握拳，双拳至于腹部。左拳向前方出击，目视左拳，右臂水平后拉；收回左拳，击出右拳，左臂水平后拉，如此反复此动作。见图6-19。

第八势：背后七颠把病消

自然站立，手并拢，腰背挺直，顺势将两脚跟抬起，稍作停顿，脚跟落地，如此反复动作。见图6-20。

图6-19 攒拳怒目增气力

图6-20 背后七颠把病消

(二)功效机制

1. 导气引体,调畅气血 八段锦动作柔和缓慢。柔和缓慢的运动能让身体充分自然放松,更好地发挥人体自身的调节功能,因而有利于机体的全面康复。八段锦通过对外在肢体躯干的屈伸俯仰和内部气机的升降开合,使全身经脉得以牵拉舒展,经络得以畅通,从而实现"骨正筋柔,气血以流"。

2. 松紧结合,增进协调 松紧结合,动静相兼是八段锦功法的一个显著特点。"紧"只是动作的一瞬间,"松"是贯穿动作过程始终的。松紧的这种密切配合与频繁转换,有助于刺激机体的阴阳协调能力,促使经气流通,滑利关节,活血化瘀,强筋壮骨。

3. 脊柱为轴,整体调节 八段锦锻炼的中心部位在于脊柱。整套功法练习,要求重心上下左右不断变换,并力求身体平衡,动作连贯相随。同时要求所有动作通过一个中心来指挥,即脊柱。脊柱是人体运动的枢纽,具有支撑身体,保护内脏的功能;同时由于脊柱两侧分布着支配肢体脏腑的全部神经根,因此又被称之为人体的"第二条生命线"。八段锦通过对脊柱的拉伸旋转,刺激疏通任督二脉,从而起到整体调节,牵一处而动全身的效果。

4. 强化脏腑,疏通经络 八段锦同传统中医学脏腑经络理论密切相关。比如第一势中的"三焦"是人体元气与水液输布的通道,覆盖五脏六腑,这一式通过上托下落、对拉拔伸,有利于元气水液上下布散,发挥滋养濡润作用。第二势左右开弓,有利于抒发胸气,消除胸闷,并能疏肝理气,治疗胁痛。

5. 松静自然,调摄精神 八段锦在练习过程中,要求神与形合,气寓其中,动作柔和,刚柔相济,强调呼吸与动作的协调配合,意念集中在动作部位,排除杂念。因此,八段锦的锻炼方式是身心一体的,并且突出了对情志的调摄。

(三)使用禁忌

1. 不明病因的急性脊柱损伤者不宜练功,以免因练功加重脊柱损伤。
2. 脊髓症状患者也不要随意练习,要谨听医嘱,由医生来决定锻炼的时间和方法。
3. 患各种骨骼病者以及骨质疏松者不宜练功。
4. 严重的心、脑、肺疾病患者和体质过于虚弱者不宜练功。

(四)注意事项

1. 本功每天早晚各练一次,每式动作的重复次数,应按体质情况灵活掌握。在初学阶段,主要是按照练功要领和注意事项,循序渐进地锻炼,把基本功练好,不可骤然做超负荷锻炼,以练至出汗为度。对于高血压、心脏病、肝硬化等病及重病恢复期患者,尤应注意。
2. 练功者在练功期间要心情舒畅,轻松乐观,在练功前10～15分钟,应停止剧烈的活动,诱导思想放松入静。
3. 练功地点须安静,空气须新鲜,练功中和练功后避免吹风,避免炎日照晒,出汗后要避免着凉,练功后不要立即沐冷水。
4. 练功衣着应适宜,练功者不能紧腰、束胸、穿高跟鞋,练功期间,须适当增加营养。
5. 过饱、过饥时均不可练功,练功前须排除大小便,以免练功时影响入静。
6. 练功期间如罹患急性病、发热或发生出血、外伤情况时,应暂停练功,待恢复健康后再练。妇女在月经期间可以练功,但练功时间不宜过长,经量过多时应暂停练功。

易筋经

易筋经是我国古代民间流传的一套健身锻炼方法。从"易筋经"三个字来理解,"易"是变通、改换、脱换之意,"筋"指筋骨、筋膜,"经"则带有指南、法典之意。易筋经就是改变筋骨,通过修炼丹田真气,打通全身经络的内功方法。

易筋经在我国的发展可追溯至后魏时期,相传于太和年间印度达摩祖师到我国传教,并在少林寺(河南嵩山)面壁苦修九年,后来少林寺在修缮达摩祖师居所时发现《易筋》《洗髓》两本经帖,后经我国学者研究考证,认为《易筋经》于明朝天启四年由天台紫凝道人所创,是记录其练气求长生的著作,其中囊括大量修炼等道家词汇。

(一)操作方法

易筋经的锻炼较艰苦,动作也单调,因此需要有坚强的毅力才能练成。每当做到一个动作时,要使肢体置于那个姿势不动,并发力使肌肉紧张,而外观姿势不变,直至肌肉酸胀难忍时才算这一动作结束。练功时呼吸要自然流畅,不能憋气,待练到一定的熟练程度后,就可以配合有节律地呼吸,以腹式呼吸为佳,要求呼吸缓慢,气沉丹田。易筋经共12式,练功者可根据自己的身体情况选练几式,也可将12式连续做完。

第一势:韦驮献杵

口诀:立身期正直,环拱手当胸,气定神皆敛,心澄貌亦恭。

两臂曲肘,徐徐平举至胸前成抱球势,屈腕立掌,指头向上,掌心相对(10cm左右距离)。此动作要求肩、肘、腕在同一平面上,合呼吸酌情做8~20次。见图6-21。

第二势:横担降魔杵

口诀:足指挂地,两手平开,心平气静,目瞪口呆。

两足分开,与肩同宽,足掌踏实,两膝微松;两手自胸前徐徐外展,至两侧平举;立掌,掌心向外;吸气时,胸部扩张,臂向后挺;呼气时,指尖内翘,掌向外撑。反复进行8~20次。见图6-22。

图6-21 韦驮献杵

图6-22 横担降魔杵

第三势:掌托天门

口诀:掌托天门目上观,足尖着地立身端。力周腿胁浑如植,咬紧牙关不放宽。

舌可生津将腭舐,鼻能调息觉心安。两拳缓缓收回处,用力还将挟重看。

两脚开立，足尖着地，足跟提起；双手上举高过头顶，掌心向上，两中指相距3cm；沉肩曲肘，仰头，目观掌背。舌舐上腭，鼻息调匀。吸气时，两手用暗劲尽力上托，两腿同时用力下蹬；呼气时，全身放松，两掌向前下翻。收势时，两掌变拳，拳背向前，上肢用力将两拳缓缓收至腰部，拳心向上，脚跟着地。反复8～20次。见图6-23。

第四势：摘星换斗

口诀：只手擎天掌覆头，更从掌内注双眸。鼻端吸气频调息，用力回收左右侔。

右脚稍向右前方移步，与左脚形成斜八字，随势向左微侧；屈膝，提右脚跟，身向下沉，右虚步。右手高举伸直，掌心向下，头微右斜，双目仰视右手心；左臂曲肘，自然置于背后。吸气时，头往上顶，双肩后挺；呼气时，全身放松，再左右两侧交换姿势锻炼。连续5～10次。见图6-24。

图6-23 掌托天门

图6-24 摘星换斗

第五势：倒拽九牛尾势

口诀：两腿后伸前屈，小腹运气空松；用力在于两膀，观拳须注双瞳。

右脚前跨一步，屈膝成右弓步。右手握拳，举至前上方，双目观拳；左手握拳；左臂屈肘，斜垂于背后。吸气时，两拳紧握内收，右上肢外旋屈肘约成半圆状于胸前，拳心对面，双目观拳，拳高与肩平，肘不过膝，膝不过足尖。左拳垂至背后；呼气时，两拳两臂放松还原为本势预备动作。再身体后转，成左弓步，左右手交替进行。随呼吸反复5～10次。见图6-25。

第六势：出爪亮翅势

口诀：挺身兼怒目，推手向当前；用力收回处，功须七次全。

两脚开立，两臂前平举，立掌，掌心向前，十指用力分开，虎口相对，两眼怒目平视前方，随势脚跟提起，以两脚尖支持体重。再两掌缓缓分开，上肢成一字样平举，立掌，掌心向外，随势脚跟着地。吸气时，两掌用暗劲伸探，手指向后翘；呼气时，臂掌放松。连续8～12次。见图6-26。

第七势：九鬼拔马刀势

口诀：侧首弯肱，抱顶及颈；自头收回，弗嫌力猛；左右相轮，身直气静。

脚尖相衔，足跟分离成八字形；两臂向前成叉掌立于胸前。左手屈肘经下往后，成勾手置于身后，指尖向上；右手由肩上屈肘后伸，拉住左手指，使右手成抱颈状。足趾抓地，身体前倾，如拔刀一样。吸气时，双手用力拉紧，呼气时放松。左右交换。反复5～10次。见图6-27。

第八势：三盘落地势

口诀：上腭坚撑舌，张眸意注牙；足开蹲似踞，手按猛如拿；两掌翻齐起，千斤重有加；瞪目兼闭口，起立足无斜。

左脚向左横跨一步，屈膝下蹲成马步。上体挺直，两手叉腰，再屈肘翻掌向上，小臂平举如托重物状；稍停片刻，两手翻掌向下，小臂伸直放松，如放下重物状。动作随呼吸进行，吸气时，如托物状；呼气时，如放物状，反复5～10次。收功时，两脚徐徐伸直，左脚收回，两足并拢，成直立状。见图6-28。

图6-25 倒拽九牛尾势

图6-26 出爪亮翅势

图6-27 九鬼拔马刀势

图6-28 三盘落地势

第九势：青龙探爪势

口诀：青龙探爪，左从右出；修士效之，掌气平实；力周肩背，围收过膝；两目平注，息调心谧。

两脚开立，两手成仰拳护腰。右手向左前方伸探，五指捏成勾手，上体左转。腰部自左至右转动，右手亦随之自左至右水平划圈，手划至前上方时，上体前倾，同时呼气；划至身体左侧时，上体伸直，同时吸气。左右交换，动作相反。连续5～10次。见图6-29。

第十势：卧虎扑食势

口诀：两足分蹲身似倾，屈伸左右腿相更；昂头胸作探前势，偃背腰还似砥平；鼻息调元均出入,指尖著地赖支撑;降龙伏虎神仙事,学得真形也卫生。

右脚向右跨一大步,屈右膝下蹲,成右弓左仆腿势;上体前倾,双手撑地,头微抬起,目注前下方。吸气时,同时两臂伸直,上体抬高并尽量前探,重心前移;呼气时,同时屈肘,胸部下落,上体后收,重心后移,蓄势待发。如此反复,随呼吸而两臂屈伸,上体起伏,前探后收,如猛虎扑食。动作连续5～10次后,换左弓右仆脚势进行,动作如前。见图6-30。

图6-29 青龙探爪势

图6-30 卧虎扑食势

第十一势:打躬势

口诀:两手齐持脑,垂腰至膝间;头惟探胯下,口更齿牙关;掩耳聪教塞,调元气自闲;舌尖还抵腭,力在肘双弯。

两脚开立,脚尖内扣。双手仰掌缓缓向左右而上,用力合抱头后部,手指弹敲小脑后片刻。配合呼吸做屈体动作;吸气时,身体挺直,目向前视,头如顶物;呼气时,直膝俯身弯腰,两手用力使头探于膝间作打躬状,勿使脚跟离地。根据体力反复8～20次。见图6-31。

第十二势:掉尾势

口诀:膝直膀伸,推手至地;瞪目昂头,凝神一志;起而顿足,二十一次;左右伸肱,以七为志;更作坐功,盘膝垂眦;口注于心,息调于鼻;定静乃起,厥功维备。

两腿开立,双手仰掌由胸前徐徐上举至头顶,目视掌而移,身立正直,勿挺胸凸腹;十指交叉,旋腕反掌上托,掌以向上,仰身,腰向后弯,目上视;然后上体前屈,双臂下垂,推掌至地,昂首瞪目。呼气时,屈体下弯,脚跟稍微离地;吸气时,上身立起,脚跟着地;如此反复21次。收功:直立,两臂左右侧举,屈伸7次。见图6-32。

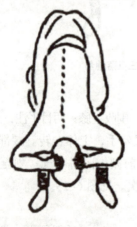
图6-31 打躬势

图6-32 掉尾势

（二）功效机制

1. 动作舒展、伸筋拔骨 易筋经的每一势动作，不论是上肢、下肢还是躯干，都要求有较充分的屈伸、外展内收、扭转身体等动作。其目的就是要通过"拔骨"的运动达到"伸筋"，牵拉人体各部位的大小肌群和筋膜，以及大小关节处的肌腱、韧带、关节囊等结缔组织，促进活动部位软组织的血液循环，改善软组织的营养代谢过程，提高肌肉、肌腱、韧带等软组织的柔韧性、灵活性以及骨骼、肌肉、关节等组织的活动功能，达到强身健体的目的。

2. 柔和匀称、协调美观 易筋经每势动作之间变化过程清晰、柔和，整套功法的运动方向，为前后、左右、上下；肢体运动的路线为简单的直线和弧线；肢体运动的幅度，是以关节为轴的自然活动角度所呈现的身体活动范围；整套功法的运动速度，是以匀速缓慢的移动身体或身体局部。因此，易筋经呈现出动作舒展、连贯、流畅、协调、动静相兼的状态。同时，在内涵精神的神韵下，给人以美的感受。

3. 注意脊柱的旋转屈伸 脊柱的旋转屈伸运动有利于刺激脊髓和神经根，以增强其控制和调节功能。所以，易筋经可以通过脊柱的旋转屈伸运动以带动四肢、内脏的运动，在松静自然的、形神合一中完成动作，达到健身、防病、延年、益智的效果。

（三）使用禁忌

体质虚弱者慎用内功练法，特别是其中的"卧虎扑食势"，运动量及难度都较大，心脏病及哮喘发作期忌练。

（四）注意事项

1. 练功前应先做15分钟以上的暖身运动以松动筋骨。
2. 练功时需在室内进行，门窗可以打开，保持空气流通。应避免冷气或凉风直接吹在身上。尽量减少在户外练功。
3. 练功时最好是赤脚，站在地毯或是榻榻米的地面上。练功当中尽量避免讲话、嬉笑。
4. 若有学习其他气功者，必须先暂停练习其他气功，再开始练习本功法。
5. 饭后至少要间隔45分钟以上才能练功。练完功后至少要间隔15分钟之后才能饮水、进食。隔一个小时以上才能沐浴。
6. 练功期间需饮用温热的水，忌用冰冷食物。

五禽戏

五禽戏是东汉名医华佗在前人导引术的基础上，模仿虎、鹿、熊、猿、鸟5种动物的代表性动作及其神态，并结合人体脏腑、经络和气血等中医经典理论，总结和整理而成的一种健身疗法，故又称为"华佗五禽戏"。

五禽戏的起源可以追溯到我国远古时代。动物的奔跑和飞翔能力，古代人很羡慕，因为人做不到，于是就模仿动物的动作。据史料记载，在远古时期，中原大地江河泛滥，湿气弥漫，不少人患了对关节不利的"重腿"之症，为此，"乃制为舞""以利导之"，具有"利导"作用的"舞"，正是远古时期中华气功导引术的萌芽，《吕氏春秋·古乐篇》也有类似记载。这种"舞"的动作形态与模仿飞禽走兽动作、神态有关。华佗五禽戏的起源可上溯至先秦《庄子》有"吹呴呼吸，吐故纳新，熊经鸟伸，为寿而已矣"的记载，其中"熊经鸟伸"，就是对古代养生之士模仿动物姿势习练气功的生动而形象的描绘。长沙马王堆三号汉墓出土的44幅帛书《导引图》中也有不少模仿各种动物神态的导引动作,如"龙登""鹯背""熊经",有的图虽然注文残缺,但仍然可以看出模仿猴、猫、犬、鹤、燕以及虎豹扑食等形态。国家体育总局在2004年把其列为四种健身气功之一在全国推广。

(一)操作方法

练虎戏时,要表现出威猛的神态,目光炯炯,摇头摆尾,扑按搏斗等,有助于强壮体力;练鹿戏时,要仿效鹿的那种心静体松,姿势舒展,要把鹿的探身、仰脖、缩颈、奔跑、回首等姿态表现出来,有助于舒展筋骨;练熊戏时,要像熊那样浑厚沉稳,表现出撼运、抗靠、步行时的形态,熊外形笨重,走路软塌塌,实际上在沉稳之中又富有轻灵;练猿戏时,要仿效猿猴那样敏捷好动,表现出纵山跳涧、攀树登枝、摘桃献果的神态,猿戏有助于锻炼灵活性;练鸟戏,要表现出亮翅、轻翔、落雁、独立等动作神态。

第一式 虎举

动作一:两手掌心向下,十指撑开,再弯曲成虎爪状,目视两掌。

动作二:随后,两手外旋,由小指先弯曲,其余四指依次弯曲握拳,两拳沿体前缓慢上提。至肩前时,十指撑开,举至头上方再弯曲成虎爪状;目视两掌。

动作三:两掌外旋握拳,拳心相对;目视两拳。

动作四:两拳下拉至肩前时,变掌下按。沿体前下落至腹前,十指撑开,掌心向下;目视两掌。

重复一至四动作三遍后,两手自然垂于体侧;目视前方。

第二式 虎扑

动作一:接上式。两手握空拳,沿身体两侧上提至肩前上方。

动作二:两手向上、向前划弧,十指弯曲成"虎爪",掌心向下;同时上体前俯,挺胸塌腰;目视前方。见图6-33。

动作三:两腿屈膝下蹲,收腹含胸;同时,两手向下划弧至两膝侧,掌心向下;目视前下方。随后,两腿伸膝,送髋,挺腹,后仰;同时,两掌握空拳,沿体侧向上提至胸侧;目视前上方。

动作四:左腿屈膝提起,两手上举。左脚向前迈出一步,脚跟着地,右腿屈膝下蹲,成左虚步;同时上体前倾,两拳变"虎爪"向前、向下扑至膝前两侧,掌心向下;目视前下方。随后上体抬起,左脚收回,开步站立;两手自然下落于体侧;目视前方。

动作五至动作八:同动作一至动作四,唯左右相反。

第三式 鹿抵

动作一:两腿微屈,身体重心移至右腿,左脚经右脚内侧向左前方迈步,脚跟着地;同时,身体稍右转;两掌握空拳,向右侧摆起,拳心向下,高与肩平;目随手动,视右拳。

动作二:身体重心前移;左腿屈膝,脚尖外展踏实;右腿伸直蹬实;同时,身体左转,两掌成"鹿角",向上、向左、向后画弧,掌心向外,指尖朝后,左臂

图6-33 虎戏

弯曲外展平伸，肘抵靠左腰侧；右臂举至头前，向左后方伸抵，掌心向外，指尖朝后；目视右脚跟。随后，身体右转，左脚收回，开步站立；同时两手向上、向右、向下画弧，两掌握空拳下落于体前；目视前下方。见图6-34。

动作三、四：同动作一、二，唯左右相反。

第四式　鹿奔

动作一：接上式。左脚向前跨一步，屈膝，右腿伸直成左弓步；同时，两手握空拳，向上、向前划弧至体前，屈腕，高与肩平，与肩同宽，拳心向下；目视前方。

动作二：身体重心后移；左膝伸直，全脚掌着地；右腿屈膝；低头，弓背，收腹；同时，两臂内旋，两掌前伸，掌背相对，拳变"鹿角"。

动作三：身体重心前移，上体抬起；右腿伸直，左腿屈膝，成左弓步；松肩沉肘，两臂外旋，"鹿角"变空拳，高与肩平，拳心向下；目视前方。

动作四：左脚收回，开步直立；两拳变掌，回落于体侧；目视前方。

动作五至动作八：同动作一至动作四，唯左右相反。

第五式　熊运

动作一：两掌握空拳成"熊掌"，拳眼相对，垂手下腹部；目视两拳。见图6-35。

图6-34　鹿戏

图6-35　熊戏

动作二：以腰、腹为轴，上体做顺时针摇晃；同时，两拳随之沿右肋部、上腹部、左肋部、下腹部画圆；目随上体摇晃环视。

动作三、四：同动作一、二。

动作五至动作八：同动作一至动作四，唯左右相反，上体做逆时针摇晃，两拳随之画圆。

做完最后一动，两拳变掌下落，自然垂于体侧；目视前方。

第六式　熊晃

动作一：接上式。身体重心右移；左髋上提，牵动左脚离地，再微屈左膝；两掌握空拳成"熊掌"；目视左前方。

动作二：身体重心前移；左脚向左前方落地，全脚掌踏实，脚尖朝前，右腿伸直；身体右转，左臂内旋前靠，左拳摆至左膝前上方，拳心朝左；右掌摆至体后，拳心朝后；目视左前方。

动作三：身体左转，重心后坐；右腿屈膝，左腿伸直；拧腰晃肩，带动两臂前后弧形摆动；右拳摆至左膝前上方，拳心朝右；左拳摆至体后，拳心朝后；目视左前方。

动作四：身体右转，重心前移；左腿屈膝，右腿伸直；同时，左臂内旋前靠，左拳摆至左膝前上方，拳心朝左；右掌摆至体后，拳心朝后；目视左前方。

动作五至动作八：同动作一至动作四，唯左右相反。

重复一至八动作一遍后，左脚上步，开步站立；同时，两手自然垂于体侧。

第七式　猿提

动作一：接上式。两掌在体前，手指伸直分开，再屈腕撮拢捏紧成"猿钩"。

动作二：两掌上提至胸，两肩上耸，收腹提肛；同时，脚跟提起，头向左转；目随头动，视身体左侧。见图6-36。

图6-36　猿戏

动作三：头转正，两肩下沉，松腹落肛，脚跟着地；"猿钩"变掌，掌心向下；目视前方。

动作四：两掌沿体前下按落于体侧；目视前方。

动作五至动作八：同动作一至动作四，唯左右相反。

第八式　猿摘

动作一：接上式。左脚向左后方退步，脚尖点地，右腿屈膝，重心落于右腿；同时，左臂屈肘，左掌成"猿钩"收至左腰侧；右掌向右前方自然摆起，掌心向下。

动作二：身体重心后移；左脚踏实，屈膝下蹲，右脚收至左脚内侧，脚尖点地，成右丁步；同时，右掌向下经腹前向左上方画弧至头左侧，掌心对太阳穴；目先随右掌动，再转头注视右前上方。

动作三：右掌内旋，掌心向下，沿体侧下按至左髋侧；目视右掌。右脚向右前方迈出一大步，左腿蹬伸，身体重心前移；右腿伸直，左脚脚尖点地；同时，右掌经体前向右上方画弧，举至右上侧变"猿钩"，稍高于肩；左掌向前、向上伸举，屈腕撮钩，成采摘势；目视左掌。

动作四：身体重心后移；左掌由"猿钩"变为"握固"；右手变掌，自然回落于体前，虎口朝前。随后，左腿屈膝下蹲，右脚收至左脚内侧，脚尖点地，成右丁步；同时，左臂屈肘收至左耳旁，掌指分开，掌心向上，成托桃状；右掌经体前向左画弧至左肘下捧托；目视左掌。

动作五至动作八：同动作一至动作四，唯左右相反。

重复一至八动作一遍后，左脚向左横开一步，两腿直立；同时，两手自然垂于体侧。

第九式　鸟伸

动作一：接上式。两腿微屈下蹲，两掌在腹前相叠。

动作二：两掌向上举至头前上方，掌心向下，指尖向前；身体微前倾，提肩，缩项，挺胸，塌腰；目视前下方。

动作三：两腿微屈下蹲；同时，两掌相叠下按至腹前；目视两掌。

动作四：身体重心右移；右腿蹬直，左腿伸直向后抬起；同时，两掌左右分开，掌成"鸟翅"，向体侧后方摆起，掌心向上；抬头，伸颈，挺胸，塌腰；目视前方。见图6-37。

动作五至动作八：同动作一至动作四，唯左右相反。

重复一至八动作一遍后，左脚下落，两脚开步站立，两手自然垂于体侧；目视前方。

第十式　鸟飞

接上式。两腿微屈；两掌成"鸟翅"合于腹前，掌心相对；目视前下方。

动作一：右腿伸直独立，左腿屈膝提起，小腿自然下垂，脚尖朝下；同时，两掌成展翅状，在体侧平举向上，稍高于肩，掌心向下；目视前方。

动作二：左脚下落在右脚旁，脚尖着地，两腿微屈；同时，两掌合于腹前，掌心相对；目视前下方。

动作三：右腿伸直独立，左腿屈膝提起，小腿自然下垂，脚尖朝下；同时，两掌经体侧，向上举至头顶上方，掌背相对，指尖向上；目视前方。

动作四：左脚下落在右脚旁，全脚掌着地，两腿微屈；同时，两掌合于腹前，掌心相对；目视前下方。

图 6-37　鸟戏

动作五至动作八：同动作一至动作四，唯左右相反。

重复一至八动作一遍后，两掌向身体侧前方举起，与胸同高，掌心向上；目视前方。屈肘，两掌内合下按，自然垂于体侧；目视前方。

（二）功效机制

1. 虎戏的疏肝理气功能　虎爪是练习虎戏的基础动作，中医学认为虎爪与目都属肝，常做虎爪这个手型，可促使人体手指末端供血充足，有利于提高手指的灵活度，增强握力对于中老年的手指关节具有非常好的锻炼作用。虎扑中两手经身体两侧上提前伸，上体前俯变虎爪，再下按至膝部两侧，最后经体侧上提下扑。身体两侧正是肝经循环所运行的路线，反复做这个动作，可以疏通肝经，增强身体的气血运行，充分体现出了肝的疏通，藏血的生理功能。肝关系到人体气机的畅通，具有疏散宣泄的功能，虎扑运动可以提高肝的功能作用。练习虎扑时使脊柱形成了伸展折叠，锻炼了脊柱各关节的柔韧性和伸展度，可使脊柱保持正常的生理弧度，起到疏通经络、活跃气血的作用。

2. 鹿戏的益气补肾功能　模仿鹿的动作姿势时要舒展轻捷，呼吸流畅自然，身体形态要奔放激扬，精神要达到气定神闲的状态。中医学认为"腰为肾之府"，鹿戏主要运动腰部，经常练习能够提高腰部肌肉力量和运动幅度，具有强腰固肾的作用，这样有助于防止腰椎小关节紊乱等病的发生。鹿奔时，对脊柱的后纵韧带进行拉伸，躯干的弓背收复，能矫正脊柱的畸形，增强腰腹背部的肌肉力量。向前落步时，气充丹田，身体重心后坐时，气运命门，加强了人的先天与后天之气的交流，并且整条脊柱后弯，内夹尾闾，后凸命门，打开大椎，意在疏通任督脉之经气，具有振奋全身阳气的作用。通过不断练习鹿戏，能够达到强腰健脾，益气补肾的功效。

3. 熊戏的调理脾胃功能　熊戏主要是对应人体中焦部位腹部的运动，通过手型动作导引身体内部的气血运行，从而达到自我按摩内脏功效。它能够调整内脏功能的状态，尤其是提高机体的消化功能。在做熊运这个动作时，手在上提时配合呼吸动作吸气，向下时呼气，可以调理脾胃、促进消化功能。熊晃主要起到锻炼身体的中焦内脏和坚固肩胯关节的作用。练习熊晃时提髋、落步、后座、前靠，上下肢动作配合协调连续运动致使身体左右摆动，具有疏肝理气、健脾、和胃之功效。

4. 猿戏的养心安神功效 猿戏主要是眼神和指尖的运动，锻炼这些部位可提高末梢神经的反应功能，防止神经系统和四肢的运动功能过早地衰老。做猿提动作时，以膻中穴为中心，袒胸收腹、缩脖、提肛、两臂内加，形成上下左右的向内合力能够实现对全身的开合和收缩，使颈椎、胸椎、腰椎部位得到充分的活动，增强腿部的肌肉力量，提高身体的平衡能力，从里到外全身各部都能得到有效的锻炼。猿摘可以改善神经系统功能，提高机体反应的敏捷性。在做猿摘时眼神的动作是十分重要的，通过眼神的左顾右盼，不仅有利于颈部的活动，而且能够促进脑部的血液循环，使大脑得到充足的锻炼预防老年痴呆的发生。此外，常练猿戏，还可以改善失眠多梦、盗汗、肢冷、心悸、心慌等症状。

5. 鸟戏的补肺宽胸功效 根据中医脏腑学说，鸟戏主肺，能调畅气机，补肺宽胸，增强呼吸的功能，提高人体的平衡能力。在练习鸟戏时能够宽胸补肺，四肢充分的伸展运动可以加强呼吸的深度，能让肺的功能充分地发挥出来。鸟伸动作借助手臂的上举下按，使身体松紧交替起到吐故纳新、疏通任督二脉经气的作用。常练鸟飞可增强心肺功能、灵活四肢关节，提高人体平衡能力。通过提膝独立和两臂上下运动的配合可以锻炼身体的协调平衡能力，若配合上呼吸运动还可以按摩心肺，增强血氧交换的能力。通过拇指、食指的上翘紧绷的动作，主要在于刺激手太阴肺经，增强肺经经气的流通循环能力，借此提高机体的心肺功能。练习鸟戏，不仅能够宽胸补肺，还可以加强胃肠、心脏等内脏器官的功能，从而全面地改善提高人体的生理功能。

（三）使用禁忌

由于五禽戏有较多前俯、后仰的动作等，可按摩人体内脏。因此，除了筋骨受伤者、孕妇、饭后1小时内等不宜练习。此外，未成年的青春期少男、少女因为筋骨尚未成长完全，也不建议练习。

（四）注意事项

1. 全身放松 练功时，首先要全身放松，情绪要轻松乐观。乐观轻松的情绪可使气血通畅，精神振奋；全身放松则可使动作不致过分僵硬、紧张。

2. 呼吸均匀 呼吸要平静自然，用腹式呼吸，均匀和缓。吸气时，口要合闭，舌尖轻抵上腭。吸气用鼻，呼气用嘴。

3. 专注意守 要排除杂念，精神专注，根据各戏意守要求，将意志集中于意守部位，以保证意、气相随。

4. 动作自然 五禽戏动作各有不同，如熊之沉缓、猿之轻灵、虎之刚健、鹿之温驯、鸟之活泼等等。练功时，应据其动作特点而进行，动作宜自然舒展，不要拘谨。

六字诀

六字诀，即六字诀养生法，即"呵、呬、嘘、呼、吹、嘻"，是我国古代流传下来的一种养生方法，为吐纳法。它的最大特点是：强化人体内部的组织功能，通过呼吸导引，充分诱发和调动脏腑的潜在能力来抵抗疾病的侵袭，减缓随着人的年龄的增长而出现的早衰。

六字诀最早出现于梁代陶弘景所著的《养性延命录》中，记载有"吹、呼、嘻、呵、嘘、呬"六字养生要诀，后来历代医家、养生家都有对其不断地发展和完善。唐代医家孙思邈在《备急千金要方》中对陶弘景的吐纳法进行改进，结合四季，提出了"大呼结合细呼"，道教学者胡愔在其《黄庭内景五脏六腑补泻图》中对六字诀进行了变化,改变了六字与五脏的配合方式。明代高濂所著《遵生八笺》中记载:"春嘘明目木扶肝,夏至呵心火自闲,秋呬定知金肺润,肾吹唯要坎中安,三焦嘻却除烦热,四季长呼脾化餐,切忌出声闻口耳,其功尤胜保神丹。"将六字诀与四季脏腑养生结合起来。到明代及以后,六字诀与导引动作相结合,如《类修要诀》《遵生八笺》中都有记载。及至现代,六字诀功法的发展已经较为成熟。

（一）操作要点

1. 嘘字诀 呼气念嘘字,足大趾轻轻点地,两手自小腹前缓缓抬起,手背相对,经胁肋至与肩平,两臂如鸟张翼向上、向左右分开,手心斜向上。两眼反观内照,随呼气之势尽力瞪圆。屈臂两手经面前、胸腹前缓缓下落,垂于体侧。再做第二次吐字。如此动作六次为一遍,做一次调息。见图6-38。

2. 呵字诀 呼气念呵字,足大趾轻轻点地,两手掌心向里由小腹前抬起,经体前运动至胸部两乳中间位置向外翻掌,上托至眼部,呼气尽。吸气时,翻转手心向面,经面前、胸腹缓缓下落,垂于体侧,再行第二次吐字。如此动作六次为一遍,做一次调息。见图6-39。

图6-38 嘘字诀　　　　　　　图6-39 呵字诀

3. 呼字诀 呼气念呼字,足大趾轻轻点地,两手自小腹前抬起,手心朝上,至脐部,左手外旋上托至头顶,同时右手内旋下按至小腹前,呼气尽吸气时,左臂内旋变为掌心向里,从面前下落,同时右臂回旋掌心向里上穿,两手在胸前交叉,左手在外,右手在里,两手内旋下按至腹前,自然垂于体侧。再以同样要领,右手上托,左手下按,做第二次吐字。如此交替共做六次为一遍,做一次调息。见图6-40。

4. 呬字诀 呼气念呬字,两手从小腹前抬起,逐渐转掌心向上,至两乳平,两臂外旋,翻转手心向外成立掌,指尖对喉,然后左右展臂宽胸推掌如鸟张翼,呼气尽,随吸气之势两臂自然下落垂于体侧,重复六次,调息。见图6-41。

5. 吹字诀 呼气念吹字,足五趾抓地,足心空起,两臂自体侧提起,绕长强、肾俞向前划弧并经体前抬至锁骨平,两臂撑圆如抱球,两手指尖相对。身体下蹲,两臂随之下落,呼气尽时两手落于膝盖上部。随吸气之势慢慢站起,两臂自然下落垂于身体两侧。共做六次,调息。见图6-42。

图 6-40　呼字诀

图 6-41　呬字诀

6. 嘻字诀　呼气念嘻字，足四、五趾点地。两手自体侧抬起如捧物状，过腹至两乳平，两臂外旋翻转手心向外，并向头部托举，两手心转向上，指尖相对。吸气时五指分开，由头部循身体两侧缓缓落下并以意引气至足四趾端。重复六次，调息。见图 6-43。

图 6-42　吹字诀

图 6-43　嘻字诀

（二）功效机制

1. 嘘字诀与肝相应　嘘字诀主要对人体肝脏有调节作用。中医学认为，嘘字诀与肝相应。口吐嘘字，具有疏通肝经、泄出肝脏浊气、调理肝脏功能的作用。配合睁圆双目，起到疏肝明目的作用。身体左右旋转，可使腰部组织器官得以锻炼，能提高腰、膝的功能。

2. 呵字诀与心相应　呵字诀主要对人体心脏有调节作用。中医学认为，呵字诀与心相应。口吐呵字具有疏通心经、泄出心之浊气、调理心脏的功能。捧掌上升，能使肾水上升，以制心火；翻掌下降，能使心火下降，以温肾水，达到水火既济、心肾相交的目的。

3. 呼字诀与脾相应　呼字诀主要对人体脾脏有调节作用。中医学认为，呼字诀与脾相应。脾是人体"后天之本""气血生化之源"，口吐呼字具有出脾之浊气、调理脾胃的功能。通过两掌与肚脐之间的开合，使腹腔有较大幅度的运动，具有促进肠胃蠕动，健脾和胃的功能。

4. 呬字诀与肺相应　呬字诀主要对人体肺脏有调节作用。中医学认为，呬字诀与肺相应。口吐呬字具有泄出肺之浊气、调理肺脏的功能。通过展肩扩胸、伸缩颈项，具有锻炼肺的呼吸功能，促进气体在肺内的交换。通过展肩、松肩动作，能缓解颈肩部肌肉和关节的疲劳，对防治颈椎病、肩周炎有一定的效果。

5. 吹字诀与肾相应　吹字诀主要对人体肾脏有调节作用。中医学认为，吹字诀与肾相应。口吐吹字具有泄出肾之浊气、调理肾脏的功能。"腰为肾之府"，腰部功能的强弱与肾气的盛衰息息相关。通过对腰部的摩运，能起到益肾壮腰，增强腰部功能的作用。

6. 嘻字诀与三焦相应　嘻字诀主要对人体三焦有调节作用。中医学认为，三焦从功能上概括了人体的脏腑功能，嘻字诀与三焦相应。通过提手、分掌、上举、下按、内合、分开等动作，可起到升清和肃降全身气机的功能，口吐嘻字具有疏通少阳经脉、调理全身气机的功能。

（三）使用禁忌

六字诀多用于脏腑实证，虚证一般忌用，体弱者如练本功，应注意呼吸的长短相等，不可过于延长呼气。在操练时，如出现心悸、头晕、自汗等症状，应立即停止。

（四）注意事项

1. 全套功法可以整体练习，也可以根据自己的具体情况单练某节或几节。如稍有空闲或不便，可根据需要，只练一二个字，也可只呼气发声或默念，姿势不限。

2. 动作要始终保持缓慢、舒展圆滑，呼吸均匀细长而不憋气。练六字诀意念不要太强，稍加用意即可。

3. 练习六字诀时，可以坐练或者卧练，因此，不必过度追求动作规范，但要做到发音及口型正确。

4. 健身练功重复次数六次左右即可，不必刻意正好六次，以免过于注重次数而影响练功效果。春、夏、长夏、秋、冬宜分别加练嘘、呵、呼、呬、吹字功十八次，也可不同季节单练相应功法。脏器有病或有相对症状，应加练或单练相应功法，此为练功一遍，保健练功或有较轻的病证一天练一遍即可；较重病证每天可练两遍，最好早晚各一遍；严重病患可中间再加一遍，以使疾病得到较快恢复。

5. 功法熟练后，不必太着意于动作及呼吸，顺其自然，动作与呼吸浑然一体，气随意行，人在气中，病气自排，元气自盈，妙在其中。

太极拳

太极拳是运用我国传统道家哲理、阴阳学说及五行八卦演变之法，结合人体内外运行规律，形成的一种刚柔并济、动静相间、健身防卫的优秀拳种。太极拳集中国传统哲学、养生学以及中医学理论为一身。传统太极拳分陈式、杨式、吴式、武式、孙式等不同流派，此外还有一些地方流行的太极拳流派以及简化太极拳二十四式、四十八式、四十二式和三十二式太极剑等。

明万历年间（具体年月不详），山西武术家王宗岳著《王宗岳太极拳论》，才确定了太极拳的名称。杨露禅（1800—1873）推动了太极拳在全国的快速普及和传播，使得太极拳广为人知。1949年后，太极拳被中央人民政府体育运动委员会统一改编，用于强身健体、体操运动、表演、体育比赛等。中国改革开放后，部分还原本来面貌，从而再分为比武用的太极拳、体操运动用的太极操和太极推手。传统太极拳门派众多，常见的太极拳流派有陈、杨、吴、武、孙、赵堡、武当等派别，各派既有传承关系，相互借鉴，也各有自己的特点，呈百花齐放之态。

（一）操作要点

24式太极拳也叫简化太极拳，是中华人民共和国体育运动委员会（现为国家体育总局）于1956年组织太极拳专家汲取杨氏太极拳之精华编串而成的。尽管它只有24个动作，但相比传统的太极拳套路来讲，其内容更显精练，动作更规范。

1. 起势 左脚分开半步，两手慢慢向前平举与肩同高，屈腿下蹲两手下落按到腹前。见图6-44。

图6-44 起势

2. 左右野马分鬃 ①转腰抱手收脚，两手上下合抱，转身上步，弓步分手，指尖与眼同高。②转腰撇脚，抱手收脚，上手高与肩平，下手与腹平，转腰上步向前迈出一步。③弓步分手，前手心斜向上与肩平，后手按在胯侧手心向下。④转腰撇脚，抱手收脚，转腰上步脚跟轻轻落地，弓步分手，眼睛注视前手的指尖。见图6-45。

图6-45 左右野马分鬃

3. 白鹤亮翅 向前抱手后脚跟半步，脚掌落地。重心后移坐腿转腰分手。转向前方虚步亮掌，前脚脚掌虚点地面。见图6-46。

图6-46 白鹤亮翅

4. 左右搂膝拗步 ①右手前摆，两手交叉抡摆，腰向右转前脚收回，手摆向侧后方，上步屈臂收手到肩上，弓步搂手推掌。②轻轻地转腰撇脚，摆手收脚，眼看后手与头同高，上步曲臂收手到肩上耳旁，弓步搂推，指尖与眼同高，推到中间轴线上。③转腰撇脚，摆手收脚，上步屈臂，弓步搂推。见图6-47。

5. 手挥琵琶 后脚跟近半步，重心后移两手交错交换，虚步合手，两手成侧立掌。见图6-48。

图6-47 左右搂膝拗步

图 6-48 手挥琵琶

6. 左右倒卷肱 ①撒手转腰翻掌，提脚退步屈臂收手，坐腿虚步推掌。②撒手转腰翻掌，屈臂转腰提脚退步，坐腿虚步推掌。将①②重复一遍。见图 6-49。

图 6-49 左右倒卷肱

7. 左揽雀尾 转腰分手，抱手收脚，支撑困难时可脚尖点地。转腰向前上步，脚跟先落地，弓步掤手。转腰摆臂两手送到前边去翻转，手心相对。坐腿转腰后捋，两手摆到身体侧后方。转身搭手仍转向正前方，右手心贴在腕关节内侧。弓步前挤，两手两臂撑圆。坐腿引手，弓步前按，腕与肩高。见图 6-50。

8. 右揽雀尾 转身扣脚分手，坐腿抱球收脚，转身上步，弓步掤手。转腰摆臂两手送到前方，翻转相对。坐腿转腰向下向后捋。转腰两手合在胸前正向前方，弓步前挤。分手坐腿后引手，也叫后掤，弓步向前推按。见图 6-51。

9. 单鞭 坐腿转身扣脚左云，坐腿转腰向右云。翻掌勾手收脚，勾尖向下。左手掌心向内，转身上步，弓腿翻掌推掌。见图 6-52。

图 6-50 左揽雀尾

图 6-51 右揽雀尾

图 6-52 单鞭

10. 云手 坐腿转腰，左手下落向右云摆画弧，勾手分开。转腰向左移动重心，两手交叉向左画弧摆动到左侧后翻掌收脚并步。向右转两手交叉向右摆动到右侧翻掌出脚开步。转腰向左云到左侧后翻掌收脚并步，转腰右云翻掌出脚开步，转腰左云翻掌收脚并步，并步相距20cm。见图6-53。

图6-53 云手

11. 再单鞭 转腰右云，翻掌勾手提起左脚跟，转身出脚上步，弓步翻掌前推。见图6-52。

12. 高探马 跟步翻掌，两手心向上，坐腿屈臂收手，虚步推掌，左手收到腹前。见图6-54。

图6-54 高探马

13. 右蹬脚 穿掌活步，脚尖脚跟向左侧移动，落脚弓腿分手，抱手收脚，蹬脚分手，方向右前方30°。见图6-55。

图6-55 右蹬脚

14. 双风贯耳 收脚并手两手翻转向上，落脚收手，握拳，弓步贯拳，弓腿和贯拳的方向右前方 30°。见图 6-56。

图 6-56 双风贯耳

15. 转身左蹬脚 坐腿转身分手扣脚眼看左手，抱手，收脚重心后坐，分手蹬脚，方向左前方 30°。见图 6-57。

图 6-57 转身左蹬脚

16. 左下势独立 收脚摆手提勾，出脚落手，仆步穿掌，弓腿挑手，独立挑掌，膝关节和肘关节上下相对，小腿自然下垂，脚尖脚面展平。见图 6-58。

图 6-58 左下势独立

17. 右下势独立 落脚转身，摆手提勾。右腿向右侧伸出，右手微下沉。仆步右穿掌，掌指向右侧，虎口向上，掌心向前。弓腿挑掌起身，前脚尖外撇后脚尖内扣，重心前移，后手勾尖转向上。独立挑掌，左手左腿一起向前上方提起，手是侧立掌，脚尖斜向下，右手按在体侧。见图 6-59。

图 6-59　右下势独立

18. 左右穿梭　①向前落脚，脚跟着地脚尖外撇。抱手收脚，向右前方上步脚跟落地两手分开。弓步架推掌，方向右前方30°，右手举架在头的前上方。②撇脚落手转腰，抱手收脚，上步挫手，弓步架推掌，方向左前方30°。见图6-60。

图 6-60　左右穿梭

19. 海底针　跟半步落在中线上，坐腿转腰提掌成侧掌提到肩上耳旁，左手落到腹前。左脚前移半步成虚步，右掌向前下插掌，上体略向前倾。见图6-61。

图 6-61　海底针

20. 闪通臂　上体立直提手收脚，上步翻掌，弓步推掌。见图6-62。

21. 转身搬拦捶　转身扣脚摆手，坐腿握拳，右拳停在腹前，拳心向下。摆脚搬拳，搬到身前拳心向上，左掌按在体侧。转身收脚摆手收拳，上步拦掌拳收到腰间。弓步打拳，拳心向左，拳眼向上。见图6-63。

图6-62　闪通臂

图6-63　转身搬拦捶

22. 如封似闭　穿手翻掌，翻转向上，坐腿收引，弓步前按。见图6-64。

图6-64　如封似闭

23. 十字手　转身扣脚，弓步分手，交叉搭手，收脚合抱。见图6-65。

24. 收势　翻掌分手，垂臂落手，并步还原。见图6-66。

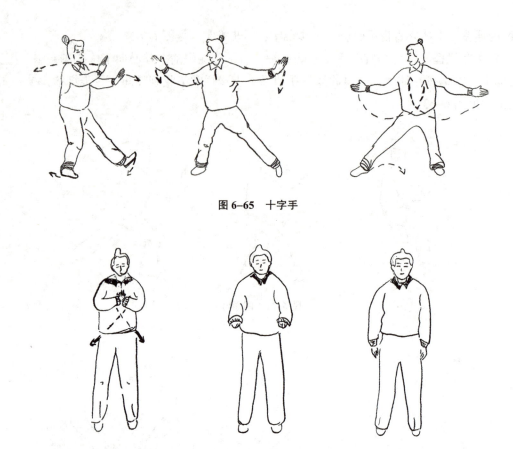

图 6-65 十字手

图 6-66 收势

（二）功效机制

1. 太极拳是非常讲究天人合一、形神合一的养生术。太极拳的动静结合、动中求静、以静御动和虽动犹静，使太极拳更符合运动适度的健身原则。同时太极拳独特的心静用意，使心更易入静，可有效阻断过分亢进和炽烈的七情对气血的干扰和逆乱影响，护卫"元神"，正常发挥其调控人体身心健康的功能。

2. 太极拳是主张"以意导气、以气运身"，强调全身心的放松。"练意、练气、练身"、内外统一的内功拳运动，形成刚柔相济、快慢有节、蓄发互变、以内劲为统驭的独特拳法，从而有利于经络的疏通。经络不通，就有不健康的地方，行动不利索、血液不畅通，有可能引发心脑血管疾病。

3. 太极拳运动中，腰部的旋转、四肢的屈伸所构成的缠绕运动和虚实转换会对全身 300 多个穴位产生不同的牵拉、拧挤和压摩作用，实际上就是对自己身体做按摩，能起到类似针刺的作用，疏通经络，疏散内气，加强并维持各经络组织之间的生理功能，使全身处于平衡状态。

（三）使用禁忌

一般而言，心血管系统疾病患者在太极拳运动时要特别注意控制运动量。骨骼关节不好的人，要注意形体姿势的正确性，特别是注意膝部在受力情况下的正确性。

（四）注意事项

1. 心静体松 所谓"心静"，就是在练习太极拳时，思想上应排除一切杂念，不受外界干扰；

所谓"体松",不是全身松懈疲沓,而是指在练拳时保持身体姿势正确的基础上,有意识地让全身关节、肌肉以及内脏等达到最大限度的放松状态。

2. 圆活连贯　"心静体松"是对太极拳练习的基本要求。而是否做到"圆活连贯"才是衡量一个人功夫深浅的主要依据。太极拳练习所要求的"连贯"是指多方面的,其一是指肢体的连贯,即所谓的"节节贯穿";其二是动作与动作之间的衔接,即"势势相连"。而"圆活"是在连贯基础上的进一步要求,意指活顺、自然。

3. 虚实分明　要做到"运动如抽丝,迈步似猫行",首先要注意虚实变换要适当,是肢体各部在运动中没有丝毫不稳定的现象。若不能维持平衡稳定,就根本谈不上什么"迈步如猫行"了。一般来说,下肢以主要支撑体重的腿为实,辅助支撑或移动换步的腿为虚;上肢以体现动作主要内容的手臂为实,辅助配合的手臂为虚。总之虚实不但要互相渗透,还需在意识指导下变化灵活。

4. 呼吸自然　太极拳相关的呼吸方法有自然呼吸、腹式顺呼吸、腹式逆呼吸和拳势呼吸。以上几种呼吸方法,不论采用哪一种,都应自然、匀细、徐徐吞吐,要与动作自然配合。初学者宜采用自然呼吸。

第二节　现代运动养生方法技术

现代运动养生方法技术是相对于传统运动养生方法技术而言,是指运用现代运动的方法和技术手段,以强身健体、促进健康、养护生命、培育生命力、提高生命质量、益寿延年为目的的疏通经络、舒畅筋骨、调理气血的活动。

现代运动养生是具有高度自主选择和强大内在动机的文明活动,是肌肉活动与心灵感受的美妙结合。适宜的现代运动可使人们心情愉悦、身心和谐、消愁解郁,达到身心兼养的目的。

一、现代运动的分类

现代运动的方式有很多,比如散步、跑步、游泳、登山、健身舞、放风筝等。常见的现代运动分类方法:

(一)依据场地分类

依据场地分为室内运动、室外运动。

(二)依据人体的生理代谢分类

1. 有氧运动　有氧运动是指人体在氧气充分供应的情况下进行的运动,通常情况下具有运动强度低、且时间较长的特点。

2. 无氧运动　无氧运动是指身体在无氧供给下进行的运动,通常情况下具有运动负荷大、强度大、爆发性强的特点。

(三)依据不同项目内容分类

1. 陆地运动项目,如散步、跑步等。
2. 山地运动项目,如登山、滑雪、攀爬等。
3. 水面运动项目,如潜水、游泳、冲浪、跳水、漂流等。
4. 野营活动项目,如野营露宿、采集花草、钓鱼、烧烤烹调、摄影写生、地质考察等。

5. 机动车船及航空运动项目，如摩托、汽车、跳伞等。

6. 娱乐休闲及军体运动项目，如跳舞、跳皮筋等各种游戏及球类、骑行、射击等。

此外，还有依据有无器械辅助的分类，有无被列为竞技赛事的分类，以及依据春、夏、秋、冬不同季节的分类运动。

二、常用现代运动养生方法

尽管现代运动的分类方法多种多样，但较为常用且简便易行的以养生为目的的现代运动有以下几种：

1. 散步运动 散步可使全身筋骨关节得到适度的运动，使情绪得以放松，并能间接起到"按摩"五脏六腑的作用，达到疏通气机、调节人体代谢、缓解血管痉挛、调养情志、补益五脏的功效。"饭后百步走，活到九十九""每天起个早，保健又防老"就是民间对散步养生的赞扬。散步的速度依据自身体能情况而定的称为普通散步法，以每分钟100步以上频率的称为快速散步法，这两种散步运动方式较为常用。除此之外，散步运动的方法还有以下几种：

（1）踏步散步法 是指在原地走或稍有向前移动的一种特殊走步方法，适用场地较小的运动。

（2）摆臂散步法 散步时双臂用力摆动，增强上肢和胸部肌肉的活动。

（3）摩腹散步法 散步时用手顺时针，以中上腹部为中心按摩，每3～4次再逆时针1次。能有效促进胃肠的蠕动，起到健脾和胃的作用。

（4）休闲散步法 是指以慢步为主，以赏景、散心、悠闲为目的，可起到健身与健心的双重作用。

（5）定量散步法 按照特定的路线，适宜的速度和时间完成散步。

（6）倒走散步法 散步时双手叉腰，两膝挺直，向前向后往返散步，速度因人而异，有强健腰背肌肉、腰椎关节、韧带的作用，并调节胃肠功能状态。

（7）背手散步法 双手背后，尽可能往上抬背，提胸，对强健腰部肌肉有良好作用。

（8）提肛散步法 散步时全身放松，步伐缓慢，吸气时用力提收肛门，呼气时慢慢复原。提肛散步法有利于生殖器、前列腺、膀胱、肛门括约肌运动功能的保持。

2. 跑步运动 与散步功效相同，跑步对人体多个系统功能均有良好的促进作用。长期坚持跑步运动，可达到疏通气机、调节人体代谢、缓解血管痉挛、调养情志、补益五胜的功效。跑步运动的方式有以下9种：

（1）原地跑步法 原地跑步常适用于不便于室外跑步时的室内运动，锻炼时间可根据需要而定，速度可逐渐加快，动作也可逐渐加大，可根据跑步的速度挑选合拍的音乐，增强运动兴趣。

（2）慢速跑步法 慢速跑以90～100步/分的速度为宜，可逐渐将速度提高到110～130步/分，呼吸以不喘粗气为宜，每天的健身锻炼时间以30分钟，距离2.5～3km为宜。老年人和体质较弱者可以比走步稍快一些，体质较好者可加快跑速。

（3）滑步跑步法 即向左或向右侧身跑，向左跑时，右脚先从左脚之前向左侧移动一步，左侧则从右脚之后向左移动一步，如此反复侧向前进，而向右跑时，正好相反。滑步跑可有效提高机体的灵活性、协调性、敏捷性以及平衡性。

（4）变速跑步法 是快慢跑交替进行的方法。在进行变速跑时，可根据自身的情况随时改变速度，逐渐提高跑步的速度，不断增加运动量。此方法适合体质较好的锻炼者，有助于提高锻炼者的一般耐力和速度耐力，有效提高人体的运动功能。

（5）楼梯跑步法　是在上下楼梯之间跑步的运动方法，该方法是锻炼者进行腰、背、颈等部位不间歇的活动，肌肉有节奏地收缩和放松，可促进肺活量，加速血流，改善新陈代谢和增强心肺功能。对于关节不好的人群不宜选择此跑步法。

（6）跑跳交替法　即跑一段距离之后跳跃几下，跑跳交替进行。跑速因人而异，可采用慢跑或中跑速度。跑跳交替可使身体肌肉在长时间的连续活动中获得对称性的休息，起到缓解疲势的作用。

（7）倒跑法　是两脚不停向后移动的跑步方式。锻炼时，应保持抬头挺胸，两眼平视，上体正直稍向后，双手半握拳置于腰间，一条腿抬起向后迈出，脚尖着地，身体重心随之后移，再以同样的方式换另一条腿，两臂自然前后摆动，身体不要左右摇摆。

（8）迂回跑步法　选择在跑步地点设置一些障碍物（或选择有障碍物的地点），障碍物与障碍物之间有一定距离，跑步时交替性从障碍物的左右侧跑，此方法属于游戏式跑步，增加了跑步的趣味性，多适用于青少年，可有效提高身体的灵活性。

（9）旋转跑步法　跑步前先在原地顺时针和逆时针匀速旋转，在开跑时，速度逐渐由慢到快，圈子由大到小，向左向右转两个方向都要进行练习。熟练掌握旋转跑之后可在跑步过程中不时旋转，并逐步增加旋转的频率、速度和圈数。该方法有助于全身血液循环和脑部的供氧功能，锻炼全身各器官，并能提高人体平衡力。

3. 爬山运动　爬山是一项老少皆宜的现代运动，既可提高心肺功能，又可锻炼人的意志，还能在山中呼吸新鲜空气，对调畅人们的情志也有益处，需要注意的是对于高血压、心脏病患者，应谨慎选择爬山运动，且不宜强度太大，并随身携带相关药物，对于关节功能不好的患者，不适宜进行爬山运动。

4. 游泳运动　游泳是锻炼全身肌肉的一种运动养生项目。水的压力迫使呼吸肌更加有力；水的浮力能加大骨关节和肌肉韧带的伸展度；水的热传导性利于减肥，其低温性、流动性和波浪能起到健美肌肤和体形的作用。

5. 放风筝运动　放风筝也是老少皆宜的一项现代运动。运动中通过手、脑、眼的协调配合，跑跑停停，专注眺望，能使人心情愉悦，大脑集中，几乎可使全身各部位的关节、肌肉得到锻炼，是身心皆养的一项运动。需要注意的是放风筝应注意场地开阔、平坦，远离有电缆的地方。

6. 跳舞、健美操运动　这也是老少皆宜的有氧健身运动，可每周3次，依据自身体质状态采取适宜的锻炼及持续时间。经常跳舞可起到健身美体、愉悦心情、锻炼关节、改善胃肠功能状态的作用。需要注意的是，选择伴舞的音乐声音不宜过大，避免噪音对听力、脑神经的不良影响。

三、现代运动养生的原则

1. 因时原则　运动养生应依据不同的情况，因时而动，如调养呼吸功能和运动的关系，选择在晨起空气新鲜、氧负离子浓度较高的时间。夏季运动，多选择在日照不太强烈的早晚。

2. 因地原则　除依据不同运动项目的场地要求外，对于情志不调者，其运动场所应选择自然环境优美的户外，如山林、花园、海边等。对于阳气不足、体内湿气较重、活力欠缺的人群，应选择日光充足、气候稍干燥的户外场所运动。

3. 因人原则　运动项目的选择应本着因人而异、强身健体的原则。如睡眠质量差的人，应多选择在自然环境较好、氧饱和度较高且安静的地方运动；视力差的人，应多选择户外绿色植被较好的场地运动；情绪急躁的人，应多做些放松舒缓类的运动。

4. 多样化原则　任何运动对健康的影响都有一定的局限性和单一性，一个有经验的运动爱好者，很少单一进行一种运动，往往喜欢并进行多种运动项目。所以，运动养生应多样化。

5. 循序渐进原则 运动的目的是强身健体，因此开始任何一项运动，特别是较剧烈的运动，都要循序渐进，使身体各部的肌肉、关节、骨骼有个逐渐适应的过程，避免突然大强度造成疼痛，甚至损伤。一般时间可以从10分钟开始，渐渐增加到15分钟、20分钟、30分钟乃至1小时。尤其对不常运动的人，更应慢慢开始，不可操之过急。以养生为主的现代运动多选用有氧运动，运动量达到最适合时，保持15分钟以上。

6. 持续性原则 任何现代运动都应坚持持之以恒的原则。"三天打鱼两天晒网"式的运动起不到应有的理想的养生作用，唯有持之以恒，才是从运动中获益健康的前提。最好每日1次，至少也要做到每周4次以上，否则达不到养生效果。

四、现代运动的养生功效机制

1. 对情绪的调节作用 适宜的运动能对人体的情绪起到很好的调节作用。运动可促进多种激素的分泌，如内啡肽、多巴胺、茶乙胺、多巴宁、黄体酮、安多芬、5-羟色胺等，缓解紧张情绪，释放压力，通过运动使自我意识不断发展并趋于稳定，从而实现自我完善。在运动中通过人际的交往，运动中的磨炼，可增长才智，利于树立正确的价值观、人生观，并达到消除忧愁，愉悦心身的目的。

对于情绪低落、性格内向、平素情绪较为压抑的人群，选择环境良好的地方运动，可调畅人体气机、舒缓紧张情绪、愉悦精神，起到身心兼养的作用。

2. 对呼吸功能的调节作用 适宜的运动能对人体的呼吸功能起到很好的调节作用。这种作用可锻炼人体呼吸肌的收缩功能，进而提高呼吸的通气容量，改善肺功能。像游泳、划船、篮球、跑步等运动，最有利于促进肺的呼吸功能。对于呼吸功能不佳的人，结合日光浴，选择氧负离子高的环境运动更有利于呼吸功能的改善和提升。有研究证实，健身跑步可使吸入肺的氧气量比人安静时增加10倍。长期运动的人可使呼吸肌发达，呼吸差加大，肺组织弹性增强，肺活量增加，呼吸功能增强，气体交换充分，新陈代谢旺盛，对周围环境变化的适应性和抵抗疾病的能力增强，进而益于延缓机体的衰老退化过程。但是，须注意的是运动环境要空气新鲜，氧负离子高，在运动时有意多做深呼吸，通过运动锻炼自身的呼吸功能，使肺的宣发肃降和谐有序。

3. 对运动功能的调节作用 适宜的运动能对人体运动功能起到很好的调节作用。这种作用可使血液循环加快，体内新陈代谢加强，运动器官就可以获得充足的营养物质。据测量1mm^{2}横断面的肌肉就有4000根毛细血管，安静时仅开放30～200根，而运动时开放的数目可增加20～50倍。可见运动可有力地增加肌肉和其他器官的新陈代谢。经常运动可使肌糖元和肌蛋白的贮备量增加，肌纤维增粗，使肌肉变得粗壮、结实，收缩力增强。在神经系统的调节下，肌肉的运动更加准确和协调有力，而且灵活、迅速、耐久，工作效率提高。运动使骨的血液循环改善，骨膜密度增厚，可延缓骨质疏松等老化过程，提高骨骼的抗衰、压、扭、拉的能力。运动使关节囊、韧带和肌腱增厚，伸展度增加，关节的活动幅度增大，灵活性、稳定性提高，对预防关节疾病、减缓关节功能退化有显著作用。老年人经常适度的活动，可减缓骨质疏松的发生。在中医看来，运动本身可强身健体，又可通过调和脾胃，使胃和脾健，气血充沛，四肢肌肉强健，即所谓"脾主四肢肌肉"。

运动可强健骨骼肌肉，通过科学合理的运动能使发育欠佳的肌肉得以充实，健美身体，对塑造良好的体型也非常有益。在人体生长的时期，运动对体格、特别是身高增长有益。经常运动，除强肉健骨外，还可增强人体各运动器官的协调功能，使人的姿态美，站有站相，坐有坐姿，行有行态，步伐矫健，端坐大方，所以，常运动可使人体形健美。运动也是减肥的重要方法之一，健康体重的保持，运动才是关键，最为推荐的运动是登山、慢跑、游泳。

4. 对神经功能的调节作用 适宜的运动能对人体神经功能起到很好的调节作用。这种作用可使大脑供血量增加，减缓脑功能衰退；保持脑细胞活力，提高脑神经活动的强度、灵敏性和平衡性，从而能改变脑力过度造成的兴奋和抑制不协调现象，使人感到轻松，精神振作，起到预防神经衰弱的作用。对于从事脑力劳动较多的人，运动更能起到消除脑疲劳，提升脑神经功能的作用。推荐的运动以跑步、骑行、打球、拓展、舞蹈等。对于体力劳动者为主，尤其是室内工作为多者，多做户外的运动，如漫步、户外游戏、放风筝等，能很好地提升神经协调功能，有利于消除肌肉疲劳、提升体力工作时的协调和精准度、提高工作效能。

5. 对免疫功能的调节作用 适宜的运动能对人体的免疫功能起到很好的调节作用。这种作用可以影响人体的神经系统支配能力，进而促进免疫细胞、免疫器官的神经递质和激素的分泌能力，使机体保持免疫功能的平衡。在中医看来，运动可起到疏通经络，调畅气血，保持阴阳平衡的作用，使人体"正气存内，邪不可干"。运动也可增加血液中的白细胞数量，从而提高人体抗感染的能力。选择调节人体免疫功能的运动应以户外项目为主，可选择那些自然环境优美的场地，如踏青、登山、野营、放风筝、自驾游等。

6. 对循环功能的调节作用 适宜的运动能对人体的循环功能起到很好的调节作用。这种作用可以增加心率，提高心脏的输出血量。坚持长期运动不仅可以显著提高人体的心脏重量，扩大心脏的泵血容量，增强心肌纤维的收缩力；也有利于疏通血脉，使"心主血脉"的功能保持旺盛。运动加速血液循环，可增强血管的坚韧度，有助于调节血压。运动能消耗体内大量的脂肪，使血中胆固醇含量下降，同时产生较多的能抵抗动脉硬化的高密度脂蛋白，防止动脉硬化，降低心脑血管疾病的发病率。

7. 对消化功能的调节作用 适宜的运动能对人体消化功能起到很好的调节作用。这种作用使膈肌升降的幅度加大并带动腹肌活动。这对胃肠道可以起到"按摩"的作用，有利于促进胃肠道的蠕动，提高消化系统功能，增加食欲，促进食物的消化吸收。运动也能改善神经系统对消化系统的调节功能，对胃肠神经官能症、消化道溃疡、胃下垂、便秘等疾病都有一定的预防作用。在中医看来，劳逸结合，尤其是经常饭后散步可促进中焦脾胃的运化功能，协调胃主纳，脾主化和肠主传化的功能，使水谷之精微物质得以化生，并营养全身，后天之本得以强健，故而人们才能体强延年。

8. 对生殖功能的调节作用 适宜的运动能对人体的生殖功能起到很好的调节作用。人体性激素含量是衡量衰老的重要指标，随着年龄的增长，男性体内的雌二醇等雌激素含量会逐渐上升，睾酮等雄激素含量则呈下降趋势，雌二醇与睾酮的比值也随之升高，女性相反。坚持运动，可使这种性激素含量比值得到调整。因此，运动对男女，特别是对中老年的性功能衰退过程有一定的减缓作用。另外，坚持运动也使人体的肌肉、骨骼、关节、韧带得到加强，体质增强从而也间接提升了性生活的质量。同时，运动对减缓女性生殖器官的退化、异常增生均是有益的。

五、现代运动养生的注意事项

1. 运动开始前先做些热身活动，特别是对于技巧性较强的运动，应在指导老师指导下先做些基础训练，避免不良动作习惯对身体的损伤。

2. 运动初期，要坚持循序渐进的原则，若运动过程中出现明显的头昏、眼花、胸闷、胸痛、恶心等不适症状，应暂停，必要时到医院进行检查。

3. 任何运动，在不同季节有不同的注意事项。比如：春季运动时不宜过早的减少衣服，待运动达到身体发热，微微汗出时，再适当减少衣服；夏季，应选择在较为阴凉的树荫下或晨起、傍晚太阳不太强烈时运动，运动后要及时补充水分，在运动停止或中间不宜过度贪凉，避免腹泻；秋季，天气多干燥，运动前后及时补充水分，且减少在大风天气户外运动；冬季，应随着体感热度的增加，逐步减少衣服，雾霾天气时应减少户外运动。

4. 运动应选择远离噪音的场地进行，如中老年喜欢健身舞，往往音响大，长时间会对听力、脑神经产生损害，反而影响健康。

5. 室内运动应选择在室内通风良好、噪音少、光线充足的地方进行。

6. 在运动时，除一些对着装有要求的运动项目外，衣服要舒适得体，透气性强，柔软舒适，以不影响身体舒展为宜。运动的鞋袜，一定遵守柔软、有弹性、贴脚、防滑、大小合适，且透气吸汗性良好的原则。

7. 室内运动的场地应符合有关室内场馆的安全标准的要求。应避免临时建筑、消防安全隐患多的运动场所。室外应注意道路周边的意外伤害风险。野外的山林运动，应注意野生动物、有毒蚊虫的伤害。水中的运动，特别是野外水中的运动，如游泳、潜水均应注意水下的危险因素。晚上的户外运动，应选择安静、路面平坦、远离机动车的地方。特别是散步、跑步，最好选择体育场或者专门的步道。骑行运动不适宜晚上进行。冬季的滑雪运动则应选择天然的专门滑雪场地，登山运动也应选择熟悉和开发较为成熟的场所。

六、现代运动养生的禁忌

1. 处于疾病急性期的患者，除医嘱有特别要求外，均应暂停运动。如肝硬化、肺结核的活动期、未经控制的代谢性疾病、严重贫血、慢性心功能衰竭、心梗等。

2. 患有传染病者，特别是呼吸道传染病者，忌到公共运动场所，尤其是室内场所进行运动。

3. 有严重皮肤疾病者、近期有手术史，刀口未愈合者，或皮肤有外伤史未痊愈者，忌参与水中运动项目。

4. 饥饿时、饱餐后及过度劳累时忌进行运动项目。

5. 情志过激时忌进行运动、情绪低落时忌进行对抗性较强的运动项目。

6. 关节功能障碍或过度肥胖者，忌进行负重类运动项目。

7. 运动后忌大量冷饮或饱餐。

8. 运动后忌冲凉水澡。

9. 运动后忌马上入睡。

第七章 食药类养生方法技术

扫一扫，查阅本章数字资源，含PPT、音视频、图片等

食药类养生方法技术是指运用食物或中药等制成一定的产品进行应用，从而达到养生目的的一种方法技术。主要有食饮养生方法技术、药膳养生方法技术、方药养生方法技术、膏滋养生方法技术等。

第一节 食饮养生方法技术

食饮养生方法技术是在中医理论指导下，通过饮食、饮品等延缓衰老的中医养生方法技术。

食饮养生萌发较早，文献记载，在商周时已设"食医"专司此事。随着生产力的发展，食饮养生形成了较为系统的学说，大多记载于医书和本草著作中。早在《黄帝内经》中即提出了全面膳食观点。《神农本草经》作为药物学专著，它所确立的四气、五味、七情等中药药理学思想，对中医饮食营养学理论的确定影响颇大。唐代孟诜撰写了第一部食物本草专著《食疗本草》，共分三卷，收载食用本草241种，每味食物名下均载有数个处方，其配制合理，使用方便。《饮膳正要》是元代饮膳太医忽思慧所著，内容丰富全面。全书共三卷，卷一概述各种情况避忌，以及聚珍异馔。卷二介绍"诸般汤煎"和"食疗诸病"。卷三是食物本草，并附有图谱。《本草纲目》不仅是明代以前本草的集大成者，也是食物本草的总结，其中食物约占全书本草总数的三分之一以上，均作了全面评述，还增补了不少以前未记载或述之不详的食物，此外还载有大量食疗方。

由此可见，食饮养生与传统医药学同时萌发并发展，经历代医药学家的临床经验积淀，形成了较为系统的知识体系和方法技术。

一、食饮养生的特点

和药物的性能一样，食物也有性能。食物性能包括了食物的性、味、归经、升降浮沉和补泻等几方面内容。

1. 食物的性、味

（1）四性　"性"是指食物具有寒、热、温、凉四种性质，也称为四性，此外还有介乎寒和热、温和凉之间，即不寒也不热、不温也不凉的平性食物。中医学一般将食物分为三类，即寒凉类，平性类，温热类。

寒凉性食物常有滋阴、凉血、清热、泻火、解毒等作用，如茭白、苦瓜、丝瓜、萝卜、梨子、豆腐、白菜、荞麦等。

温热性食物常具有温经、助阳、救逆、散寒等作用，如生姜、胡桃肉、韭菜、辣椒、胡椒、羊肉、狗肉、牛肉、雀肉等。

平性食物则不偏不倚，介乎两者之间，常具有健脾、开胃、补肾、补益身体等作用，如粳米、黄豆、白扁豆、山药、莲子、牛乳、猪肉等。

（2）五味　食物的五味是从药物的五味转化借用的，也包括酸（涩）、苦、甘、辛、咸五种不同的味道。此外，还有淡味和芳香等。它不仅代表食物的真实味道，也是食物疗效的归纳和概括。

酸味具有收敛、固涩的作用，如乌梅、山楂、木瓜、酸杨桃、五味子等。

苦味具有泄和燥的作用，如苦瓜、香椿、枸杞苗、蒲公英、芥菜、槐花、杏仁等。

甘味具有补虚、和中、缓急止痛等作用，如玉米、栗子、苦杏仁、南瓜、葡萄、大枣、饴糖、蜜糖、桂圆等。

辛味具有发汗、行气、活血、化湿、开胃等作用，如葱、姜、辣椒、香菜、玫瑰花、陈皮、薤白、萝卜等。

咸味具有软坚散结、泻下等作用，如海带、海藻、紫菜、海虾、海参、苋菜等。

淡味具有渗湿、利尿作用，如冬瓜、薏苡仁、荠菜、白茅根等。

芳香性食物以水果、蔬菜居多，可以醒脾、开胃、行气、化湿、化浊、辟秽、爽神、开窍等作用，如橘、柑、佛手、香菜、香椿等。

2. 食物的归经　食物的归经是指食物主要对人体某经或某几经发挥明显的作用，而对其他经作用较小或没有作用。一般是根据食物被食用后的效果，并结合人体脏腑经络的生理病理特点概括得来的，应用较多的是同食物的"味"结合。

3. 食物的升降浮沉　食物的升降浮沉性能与食物的气与味有密切联系，食物的气味性质与其阴阳属性决定食物作用的趋向。

凡食性温热，食味辛甘淡的食物，其属性为阳，作用趋向多为升浮，如姜、葱、花椒等；凡食性寒凉，食味酸苦咸的食物，其属性为阴，其作用趋向多为沉降，如杏仁、梅子、莲子、冬瓜等。

4. 食物的补泻　食物性能的补与泻，一般泛指食物的补虚和泻实两方面的作用，这也是食物的两大特性。

补虚的食物一般具有补气、助阳、滋阴、养血、生津、填精等功效；泻实的食物一般具有解表、开窍、辟秽、清热、泻火、燥湿、利尿、祛痰、祛风湿、泻下、解毒、行气、散风、活血化瘀、凉血等功效。

二、操作方法

（一）制作方法

用于食饮养生的药食一般有植物类、动物类和较少的矿物类，大部分药食原料难以被人直接摄入，而且为了达到理想的药食营养和治疗作用，有必要对所选的药食进行加工和制作。以下介绍常用的几种药食制作方法。

1. 炒　将食物和药物备好，锅烧热后，下食用油，武火滑锅，然后依次下药物和食物，用锅勺翻拌，断生即成。

2. 炖　将药物和食物同时下锅，加水适量，武火烧沸，去沫，改文火，炖至酥烂。

3. 焖　将适量的食用油放入锅内烧热，然后将药物和食物放入锅内，炒为半成品，加入姜、葱、盐、佐料和少量汤汁，盖锅，用文火焖熟。

4. 煨 将药物和食物用文火加热或置于热的柴草灰内,至熟透。

5. 蒸 将药物和食物、调料拌好,装入碗中,放蒸笼内,用蒸汽蒸熟。

6. 煮 将药物和食物放入锅内,加汤汁和清水适量,用武火煮沸,再改文火烧熟。

7. 熬 将药物和食物初步加工后,放入锅内,加入水和调料,置武火上烧沸,再用文火烧至汁稠味浓。

8. 炸 将药物和食物备好,先在锅内放入比原料多几倍的食用油,待食用油热后,将原料倒入锅内,熟后即起锅。

9. 浸泡 将药物和食物备好,加白酒适量,浸泡一定时间即成。

10. 卤 将药物和食物初步加工,并以适当比例配合后,放入卤汁中,用中火逐步加热烹制,使卤汁渗透进去,直至成熟。

(二)食饮剂型

食物除可直接食用外,还可根据养生的需要,以及个体的饮食习惯和嗜好,将几种食物和药物配在一起,制成不同的剂型以供食用。

食饮剂型较多,主要有固态类、液态类、半流质类。固态类有米饭、饼、糕、馒头、包子、蜜膏、蜜饯、糖果、菜肴等;液态类有汤剂、饮料、酒剂等;半流质类有粥、羹等。

现将各种剂型的制作方法及养生作用介绍如下。

1. 粥 粥是用米谷类食物加入较多量的水,煮至汤汁稠浓的半流质食品。粥有制作简单、食用方便、易于消化等特点,具有健脾养胃作用,尤其对于疾病初愈、身体虚弱者尤为适宜。粥类的品种丰富多彩,如根据煮粥所用的原料可分为米粥、豆粥、蔬菜粥、肉类粥、药粥等;根据口味分有原味粥、甜粥、咸粥等;根据功能分有补肾益脑的胡桃粥、化痰消食的萝卜粥、健脾利水的赤小豆粥、清热明目的菊花粥等等。

2. 米饭 米饭的制作方法一般有蒸食、煮食、炒食等。米饭性味平和,容易消化,具有补精益气,提供能量的作用。需要注意的是,应该适当增加原料的种类,如豆类,以及一些坚果等,如八宝饭、苡仁饭、参枣米饭等。以使人体所获得的营养素更加全面,从而保证身体的健康。

3. 面点 面点主要以小麦为原料制成,也可用荞麦、大麦为原料制成,种类繁多。如馒头、包子、饺子、面条、烙饼、煎饼、烧麦、春卷等。

一般而言,发酵的、蒸煮的食物比较容易被消化吸收,而未经发酵的、黏腻的、油炸的食物,则不易被消化,老年人、小儿及脾胃虚弱者应少食或忌食。

4. 羹 羹是指用蒸、煮等方法做成的糊状食品。原料常以肉、蛋、奶、鱼、银耳等食物为主,也可根据食物的滋味、性能加入适量的糖、盐、酱油、姜、椒等佐料,主要起补益作用,如银耳羹可养阴润肺,归参鳝鱼羹益气养血。

5. 菜肴 菜肴的品种极为丰富,有荤素之分,也有冷热之分。素菜的主要原料有菌类、蔬菜、果品等,荤菜的主要原料是各种肉类。凉菜主要用拌、炝、腌、卤、蒸、冻等方法加工而成。热菜是采用溜、焖、烧、氽、蒸、炸、酥、烩、扒、炖、爆、炒、拔丝、砂锅等方法加工。一般肉类、鱼类、禽蛋类菜肴偏于补益,蔬菜类菜肴则具有多种功效。

6. 汤 汤是指加水煎煮制作成的多液体食品。汤是传统剂型之一,像传统中医学里最著名的汤方如当归生姜羊肉汤、百合鸡子黄汤、人参胡桃汤等。"煲汤"目前也是最大众化的食养方法。

在使用过程中,可根据体质、季节、地域、习俗、病况等不同灵活运用。如猪胰汤,以水煎煮作汤饮之,可益气健脾、润燥止咳,治疗气津两伤的消渴病。山药羊肉汤能补益脾肾。在夏季需清热祛暑可用绿豆汤，风寒感冒或脾胃有寒者可用生姜汤等。

7. 酒 酒的种类十分繁多，根据酿酒的原材料不同，可分为三类：一是以粮食为主要原料生产的粮食酒，如高粱酒、糯米酒等；二是用果类为原料生产的果酒，如葡萄酒、香槟酒等；三是用粮食和果类以外的原料生产的代粮酒，如用薯干、木薯等生产的酒都属代粮酒。

酒剂一般是澄明的液体，将食物或药物用白酒或黄酒冷浸或加热浸泡，然后去渣制成。也有用粳米等与其他食物或药物同煮，加酒经发酵制成米酒。

酒本身是药食两用之品，有通血脉、行药力、温肠胃、御风寒之作用。保健酒及药酒则因选用的原料不同而作用有别，一般具有益气、温阳、补血、生津、健胃、行气、息风、止痛、明目等作用。如枸杞酒补肝肾；虎骨木瓜酒强筋壮骨、追风除湿；猪肾酒治肾虚腰痛。

8. 乳品 乳品系指以人乳、牛、羊、马乳以及酥、酪、醍、醐等乳类制品。酥：牛羊乳制成的食品，即酥油；酪亦为用牛、羊、马等乳炼制成的食品。醍醐是酥酪上凝聚的油。现代乳制品中还有酸奶类也是日常饮食中常用佳品。

9. 茶 茶饮是指将茶叶或其他食物用沸水冲泡、温浸而成的一种专供饮用的液体。茶类用作食疗多为单独的茶叶或与某些药物混合而制成，可用于某些食养之目的。如"减肥茶""降压茶""凉茶"等。

10. 露与汁 以新鲜的谷、菜、瓜、果、草、木、花、叶上锅蒸馏得水曰露，一般都有生津止渴的功效。如金银花露、茉莉花露等；汁是新鲜水果、蔬菜或甘蔗、芦根等所榨的汁，如五汁饮。鲜汁需趁新鲜饮用，可加适量的蜜、糖或酒，冷饮或温服。

11. 蜜膏 蜜膏是将食物和药物加水煎煮，去渣取汁液，浓缩至一定的稠度，然后加入炼制过的蜂蜜或白糖，再浓缩成半固体状制成的稠膏，临食用时用沸水化服。

蜜膏主要具有滋养润燥的作用，如桑葚蜜膏可滋补肝肾；秋梨蜜膏可润肺清肺，生津止咳等。

12. 蜜饯 一般选用水果或瓜菜等，加适量水或药液煎煮，待水或药液将干时，加入多量的蜂蜜或砂糖，以小火煮透，收汁即成。蜜饯味道甜美，可直接食用，也可切片作浸泡剂饮用。因配伍的不同，作用各异，但一般具有滋养、和胃、润燥生津的功效。

13. 糕类 多用米粉制成，如"八仙糕"即由人参、茯苓等药物加白糖、糯米粉等蒸煮而成。

三、食饮禁忌

食物禁忌，习称食忌，又称忌口。元代《饮食须知》更强调："饮食藉以养生，而不知物性有相宜相忌，丛然杂进，轻则五内不和，重则立兴祸患。"

祖国医学很重视饮食宜忌，在食饮养生的实际操作中，要根据具体的情况灵活掌握，一方面以食物的四气五味来调整人体的阴阳偏胜，以达到养生的目的，另一方面，也不能过分强调忌口，避免引起营养不良。

1. 患病食忌 患病期间饮食宜忌是根据病证的寒热虚实、阴阳盛衰，结合"食物"的五味、四气、升降浮沉、归经等特性来加以确定的。细而言之，如虚证患者忌用耗气伤津、腻滞难化的食物，其中阳虚患者不宜过食生冷、瓜果及寒凉的食物。阴虚患者则不宜用辛辣刺激性食物。古代医家积累了很多关于饮食禁忌的经验，将患病的忌口概括为以下六类：生冷、黏滑、油腻、腥膻、辛辣、发物。

古代医家把患病期间的饮食禁忌大体分为以下几大类：脾胃虚寒者忌大量生冷之物，如生蔬菜、水果及冷饮、冷食等；脾虚、外感初起者忌糯米、大麦等制成的黏滑之品；脾湿或痰湿者应忌荤油、肥肉、油煎炸食品、乳制品（奶、酥、酪）等油腻之物；风热、痰热、斑疹、疮疡者应忌海鱼、无鳞鱼（平鱼、巴鱼、带鱼、比目鱼等）、虾、蟹、海味（干贝、淡菜、鱼干等）、羊肉、狗肉、鹿肉等腥膻之物；内热者应忌葱、姜、蒜、辣椒、花椒、韭菜、酒、烟等辛辣之品；哮喘及皮肤病患者应忌发物及腥、膻、辛辣之品，如水肿忌盐、消渴忌糖等，此外还应忌如荞麦、豆芽、苜蓿、鸡头、鸭头、猪头、驴头肉等一些特殊的食物。

此外，还要注意个体差异，如有些皮肤病患者，因某种饮食而发作或加重，应禁食此物。

2. 妊娠产后食忌　妇女特殊时期也应注意饮食禁忌，月经期，应摄取清淡而富有营养的食物，忌食生冷、辛辣、燥热之品。因过食生冷，易使血行不畅，导致痛经或闭经；过食辛辣、燥热之品，易使血分蕴热，导致月经过多。妊娠期，母体脏腑经络之血注于冲任二脉，以养胎元。此时母体多表现阴虚阳亢状态，因此应避免食用辛辣、腥膻之品，以免耗伤阴血而影响胎元，可进食甘平、甘凉补益之品。对妊娠恶阻者应避免进食油腻之品，可食用健脾、和胃、理气之物。产后，气血受到损伤，又需乳汁喂养婴儿。饮食当以补益为主。但不可过于辛热、油腻，更应禁食生冷。因油腻、生冷易伤脾胃，影响饮食物的消化吸收；辛热之品易伤津液，加重产后便秘现象。

3. 服药食忌　古人关于服药期间的饮食禁忌也多有论述，如张仲景在《伤寒论》及《金匮要略》中指出服药时忌生冷、黏腻、肉、面、五辛、酒、酪、臭物等。清代章杏云在《调疾饮食辨》"发凡"中说："患者饮食，藉以滋养胃气，宣行药力，故饮食得宜足为药饵之助，失宜则反与药饵为仇。"说明患者在服药时，有些食物可以增进药物的作用，有些食物则对所服之药有不良影响，应忌服。

古代文献中对药食相反的记载很多，如甘草、黄连、桔梗、乌梅反猪肉，薄荷忌鳖肉，茯苓忌醋，天门冬忌鲤鱼，白术忌大蒜，鳖鱼忌苋菜，鸡肉忌黄鳝，人参恶黑豆、忌山楂、萝卜、茶叶，土茯苓忌茶等，但有些内容尚缺乏进一步研究，临床应灵活掌握，不能绝对化。

四、注意事项

食饮养生，并非一味进补，而是在中医药理论指导下，遵循一定的原则和法度而进行的。

（一）平衡饮食

饮食物的种类繁多，所含营养成分各不相同，只有做到合理搭配，全面饮食，才能使人体得到各种不同的营养，以满足生命活动的需要。《素问·脏气法时论》指出："五谷为养，五果为助，五畜为益，五菜为充，气味合而服之，以补精益气。"《素问·五常政大论》也说："谷、肉、果、菜，食养尽之。"其中，谷类为主食，肉类为副食，蔬菜用来充实，水果作为辅助。这是中国人传统的膳食结构，与现代营养学的平衡膳食基本相同。

（二）谨和气味

食物有五味，五味不同，对人体的作用也各不相同。《素问·至真要大论》中说："五味入胃，各归所喜，故酸先入肝，苦先入心，甘先入脾，辛先入肺，咸先入肾，久而增气，物化之常也。"五味选择性的入五脏，来调补五脏，五味调和，则有利于健康。五味偏嗜，既可引起本脏功能失调，也可因脏气偏盛，以致脏腑之间平衡关系失调而出现他脏的病理改变。因此应尽可能全面而均衡地摄取食物，以保证人体正常生理功能的需要。

食物还有四气之性，四气不同对人体的作用也不同。因此饮食也要注意食物寒热温凉的调配。

(三) 辨体施膳

辨证论治是中医学的基本原则，在食饮养生体现为辨体施膳。

食性有寒、凉、温、热之分，要根据不同人的体质或病情来科学选用。一般来讲，温性、热性的食疗中药，如生姜、大葱、红枣、核桃、羊肉、小茴香等，具有温里、散寒、助阳的作用，适合于偏阴质的人或寒证、阴证患者。临床主要表现为畏寒、乏力、易出汗、记忆力差、腰酸膝软、胃寒、便溏、性功能较差等。凉性、寒性的食疗中药，如绿豆、藕、西瓜、梨、荸荠、马齿苋、菊花等，具有清热、泻火、凉血、解毒的作用，适用于偏阳质的人或热证、阳证的患者，临床表现为怕热、易兴奋、多汗易口渴、咽干舌燥、便秘、尿赤等。食疗与药疗不同，如果脱离了日常膳食，一味追求辩证施膳，日久就会造成营养失衡，导致营养不良。因此，在实际应用时，一定要注意辨证施膳与全面膳食相结合。

(四) 三因施膳

1. 因人施膳　根据年龄、性别和不同生理情况来选择膳食。如孕初期强调应食"酸美"之物，以清淡为主；妊娠中后期，给予滋味美食，强调补肾填精养血的原则。我国南北朝时期医家徐之才曾著有《逐月养胎法》，即按孕妇的不同阶段调剂孕妇的饮食。青少年青春发育期食养以调养肾气为要，强调补肾填精，充养天癸。可适当食用鱼虾、瘦肉、禽肉、禽蛋、牛奶等。中年人的饮食原则主张合理少食，人至中年，往往容易发胖，应适当减少碳水化合物和脂肪的摄入量；限制高能量、低营养的食物。老年人应多样饮食、营养丰富、偏于清补，以蛋白质多、维生素多、纤维素多，脂肪少、糖类少、盐少为原则。

2. 因时施膳　自然界四季变化的特点是春生、夏长、秋收、冬藏。根据中医的理论，四时养生的基本法则是"春夏养阳，秋冬养阴"。因此，四时饮食调养也应遵循这一原则。

春天饮食原则是减酸宜甘、选用辛温之品。饮食宜清淡可口，忌酸涩和油腻生冷之物，适当多摄入黄、绿色菜蔬。中医学认为，辛有发散的作用。食辛甘温升散之品，以助阳气升发。如：韭菜、大蒜、葱、茼蒿、香菜等。孙思邈："春日宜省酸，增甘，以养脾气。"春（肝）旺，减酸；木克土（脾），增甘，顾护脾胃。

夏天饮食原则是减苦增辛。夏季阳气旺而阴气弱，食暖物，是为了助阳气，符合"春夏养阳"的原则。《备急千金要方》："夏七十二日，省苦增辛，以养肺气。"可选具有酸味的、辛香之品，少寒凉、节冷饮。选用清淡爽口，少油腻易消化的食物。"夏令进补"要温阳调阴。

秋天的饮食原则是少辛增酸、防燥护阴。少食辛燥食物和果蔬（少辛）：秋天少食葱、姜、蒜、韭、薤、椒等辛味之品。多食多汁的水果和蔬菜（增酸）：多食梨、番茄、马齿苋、柿子、李子、杨梅、山楂、橘子、橙子、桃、柠檬、橄榄、葡萄、枇杷、石榴、猕猴桃等酸味食品。

冬天的饮食原则是减咸增苦、保阴潜阳。饮食应当遵循"秋冬养阴""无扰乎阳"的理论，选用滋阴潜阳、热量较高的膳食为宜。少食咸，多食苦：冬季为肾经旺盛之时，而肾主咸，心主苦，咸胜苦，肾水克心火。适当摄入龟、鳖、藕、胡麻、木耳等。冬令进补要以养阴护阳为主。

3. 因地施膳　同一种食物，在不同的地区对人体会产生不同的食用价值。例如，湖南、四川食用一定量的辣椒对身体有一定的养生作用。因为这些地区潮湿多阴雨，当地人多吃一些辛辣食物，使腠理开泄以排除汗液、驱除湿气，这样，机体就可适应气压低、湿度大的自然环境。

（五）配伍应用

在一般情况下，为了增强食物的食疗效果，改善食物的色、香、味、形，增强其可食性，提高人们的食欲，以及增强其养生作用，常常把不同的食物搭配起来应用。食物的这种搭配关系，称食物的配伍。即配伍时要注意食物的相须、相使、相畏、相杀、相恶、相反配伍关系。

1. 相须相使 即性能基本相同或某一方面性能相似的食物互相配合使用，能够增强原有食物的功效和可食性。例如当归生姜羊肉汤中，温补气血的羊肉与补血止痛的当归配伍，可增强补虚散寒止痛之功；菠菜与猪肝均能养肝明目，相互配伍可增强补肝明目之功效。

2. 相畏相杀 当两种食物同用时，一种食物的毒性或副作用能被另一种食物降低或消除，相畏和相杀只是同一种配伍关系的不同表述。如紫苏可以解鱼蟹之毒；蜂蜜、绿豆解乌头、附子毒等均属于这种配伍关系。

3. 相恶 即一种食物能减轻另一种食物的功效。如传统中医学认为，萝卜能减弱补气类食物（如鹌鹑、山药、人参等）的功效。

4. 相反 即两种食物同用时，能产生毒性反应或明显的副作用，形成配伍禁忌。例如柿子忌茶、蟹。

（六）饮食有节

饮食有节主要是指饮食要有规律、有节制，即定量、定时。《吕氏春秋·季春纪》说："食能以时，身必无灾，凡食之道，无饥无饱，是之谓五脏之葆。"

1. 定量 定量是指饮食宜饥饱适中。胃主受纳腐熟，脾主运化。饮食的消化、吸收、输布，主要靠脾胃来完成。饮食饥饱适中，则脾胃得以正常工作，饮食能够转化为人体所需要的营养物质，从而保证人体的各种生理活动。反之，过饥，则化源不足，营养缺乏，气血不足，脏腑组织器官失养，不能正常运转，机体逐渐衰弱，百病丛生。若过饱，饮食超过了脾胃的运化能力，不仅食滞不化，同时还会损伤脾胃，正如《素问·痹论》所说："饮食自倍，肠胃乃伤。"

人在大饥大渴时，最易暴饮暴食，饮食过量。在饥渴难耐之时，应缓缓饮食，不可过量，以免身体受到损伤。此外，在没有食欲时，也不应勉强进食。过分强食，也会损伤脾胃。大病初愈，胃阳来复，患者食欲大增时，切不可多食或进食不易消化的食物，以免出现食复。

2. 定时 定时是指进食宜有较为固定的时间，早在《尚书》中就有"食哉惟时"之论。定时进食，可以使脾胃的功能活动有张有弛，从而保证饮食更好的消化、吸收。定时饮食，还需做到"早饭宜好，午饭宜饱，晚饭宜少"。

第二节 药膳养生方法技术

药膳养生方法技术是在中医理论指导下，运用中药学、营养学和烹调学等有关知识，通过中药和膳食相结合，用于保健强身的中医养生方法技术。

食医同宗，食药同源、同理、同用是中医药膳养生学的一大特点。在中医学起源时，就已伴随着药膳的萌芽。传统中国文化认为，食物和药物同属于天然产品，性能相通，具有同一形、色、味、质等特性。中国历史上，单独使用食物或药物以及食物和药物相结合以养生延年的情况非常普遍。

药膳之名则最早见于《后汉书·烈女传》。其中有"汉中程文矩妻者……字穆姜。有二男，而前妻四子……及前妻长子兴遇疾困笃，母恻隐自然，亲调药膳，恩情笃密。兴疾久乃瘳"字句。

药膳养生方法技术是在中华民族数千年文明史的文化背景下不断发展，渐进而成。

一、药膳养生的特点

药膳具备食疗功效，但食疗中"食"的概念远比药膳广泛，它包含了药膳在内的所有饮食。

（一）科学配伍

1. 配伍原则 不同的药膳原料有其不同的性味功能，在辨证的前提下，各种药膳原料经恰当配伍组合，起到相互协同、增强疗效、限制偏性等作用，使药膳发挥更好的功效。因此，这种配伍必须遵循一定的原则。

（1）主要原料 即方中必须有为主的原料，针对用膳者体质而设。如气虚体弱者，宜以黄芪等补气药物为主料。

（2）辅助原料 辅助主料发挥作用的原料，针对主要状态相关的表现而设。如津亏肠燥体质者用能生津润肠、降气通腑等功效的原料，如苏子麻仁汤就使用苏子，以降气通腑，助麻仁发挥的通便作用。

（3）佐使原料 用于针对次要状态或引经的食物。

2. 配伍特点 必须注意到的是药膳作为特殊的膳食，它与平常膳食相似处较多，而与专用于治疗疾病的中药方剂相比有很多不同点。一般情况下，食疗药膳方都必须与传统食物相配，以成为"膳食"；同时，除酒剂和少数膳方配伍药物量多以外，大部分药膳方的药物为一到几种之间，配伍的君、臣、佐、使原则相对而言，不如方剂的药物配伍那样繁杂。

（二）常用中药

药膳的主要原料之一是中药，常常是在400余种常用中药里，选择按照传统既是食品又是中药材的原料。原卫生部颁布的食药同源的物品共计87种，之后于2014年和2023年分别新增中药材15种和9种，按其功能可分为以下类别：

1. 健脾益气类 枣、山药、白扁豆、扁豆花、薏苡仁、甘草、茯苓、鸡内金、党参、黄芪、西洋参、人参。

2. 滋阴补血类 龙眼肉（桂圆）、百合、桑葚、黑芝麻、枸杞子、玉竹、阿胶、黄精、蜂蜜、铁皮石斛、山茱萸、当归。

3. 活血化瘀类 山楂、桃仁、红花、西红花、姜黄。

4. 益肾温阳类 八角、茴香、刀豆、花椒、黑胡椒、肉桂、肉豆蔻、高良姜、干姜、益智仁、小茴香、肉苁蓉、杜仲叶。

5. 止咳平喘类 杏仁（甜、苦）、白果、昆布、罗汉果、桔梗。

6. 固涩安神类 芡实、莲子、酸枣仁、牡蛎、乌梅、覆盆子。

7. 解表类 生姜、白芷、菊花、香薷、淡豆豉、薄荷、藿香、桑叶、葛根、芫荽、粉葛。

8. 理气类 佛手、莱菔子、橘皮、砂仁、薤白、丁香、香橼、桔红、紫苏、麦芽、玫瑰花、山柰。

9. 清热类 青果、菊苣、栀子、代代花、决明子、沙棘、鲜白茅根；马齿苋、芦根、荷叶、蒲公英、淡竹叶、胖大海、金银花、余甘子、鱼腥草、布渣叶、夏枯草、山银花。

10. 祛风湿类 　木瓜、乌梢蛇、蝮蛇、草果。

11. 利水渗湿类 　赤小豆。

12. 润下类 　郁李仁、火麻仁。

13. 驱虫类 　榧子。

14. 其他 　小蓟、枳椇子、槐花、槐米、天麻、松花粉、荜茇、灵芝。

二、操作方法

炮制，是指对药膳原料采用一些较为特殊的制备工艺。具体地说，药膳原料的炮制是结合了中药炮制工艺和食物制备过程，但与中药加工亦有不同。

炮制的目的是使药膳原料除符合养生的目的外，更符合食用及烹调、制作的需要。

（一）炮制方法

常用的炮制方法有净选、水制、切制、炮制四种。

1. 净选 　净选是指选取原料的应用部分，将其杂质和非药用部位除去，达到洁净的系列操作，以适应药膳要求，常根据不同原料选用下述方法：

（1）筛选 　挑拣或筛除泥沙杂质，除去虫蛀、霉变部分。

（2）刮 　刮去原料表面的附生物与粗皮。如杜仲、肉桂去粗皮，鱼去鳞。

（3）火燎 　在急火上快速烧燎，除去原料表面绒毛或须根，但不能使原料内质受损。如狗脊、鹿茸燎后刮去茸毛，禽肉燎去细毛。

（4）去壳 　硬壳果类原料须除去硬壳，便于准确投料与食用，如白果、核桃、板栗等。动物类原料去蹄爪或去皮。

（5）碾碎 　除去原料表面非食用部分，如刺蒺藜、苍耳碾去刺，或将原料碾细备用。

2. 水制 　用液体对原料进行加工处理。有些原料的有效成分溶于水，处理不当则容易丢失，故应根据原料的不同特性选用相应的处理方法。

（1）洗 　用清水浇淋原料或将原料投入水中快速洗涤，以除去表面附着的灰土泥沙等杂质，绝大多数原料都必须清洗。如薄荷、豆芽、豆腐等可采用浇淋处理，陈皮、五加皮、芹菜等多用快速洗涤处理。

（2）泡 　质地坚硬的原料经浸泡后能软化，便于进一步加工。

（3）润 　不宜水泡的原料需用液体浸润，使其软化而又不致丢失有效成分。浸润常用下列各种方法：

水润：如清水润燕窝、贝母、冬虫夏草等。

奶汁润：多用牛、羊乳，如茯苓、人参等。

米泔水润：常用于消除原料的燥性，如苍术、天麻等。

药汁润：常用于使原料具有某些药性，如山楂汁浸牛肉干、吴萸汁浸黄连等。

碱水润：常使5%碳酸钠溶液或石灰水，海参、鹿筋、鹿鞭等。

（4）漂 　为减低某些原料的毒性和异味，常采用在水中较长时间和多次换水的漂洗法，如漂半夏。漂洗时间长短和换水次数需根据原料性质、季节气候的不同来决定。冬季日换一次水，夏季则宜换2～3次，一般3～10天。

（5）焯 　用沸水对原料进行处理。除去种皮，将原料微煮，易搓去皮，去杏仁、扁豆等的皮时常用；余去血水，使食品味鲜汤清，去鸡、鸭等肉类血水常用；除腥膻味，熊掌、牛鞭等多加葱叶、生姜、料酒同煮等。

3. 切制 切制是指对干品原料经净选、软化后，或新鲜原料经洗净后，根据性质的不同、膳肴的差异，切制成一定规格的片、块、丁、节、丝等不同形状，以备制膳需要。切制要注意刀工技巧，其厚薄、大小、长短、粗细等均尽量均匀，方能保证良好美观的膳形。

药膳原料经过上述准备过程后，尚须按要求进行炮制，以获药膳良好的味与效。

4. 炮制 炮制是指用火加工处理药膳原料的方法。经过修制、水制、切制后的药膳原料，由于制备药膳的需要不同，则须依法进行炮制，常根据加热的方式、制作时辅料的不同选用下述方法：

（1）炒制 炒制指将原料在热锅内翻动加热，炒至所需要的程度。一般有下述方法：

清炒法：不加任何辅料，将原料炒至黄、香、焦的方法。

炒黄：将原料在锅内文火加热，不断翻动，炒至表面呈淡黄色，使原料松脆，便于粉碎或出有效成分，并可矫正异味。如鸡内金炒至酥泡卷曲，使腥气溢出。

炒焦：将原料在锅内翻动，炒至外黑存性为度，如焦山楂。

炒香：将原料在锅内文火炒出爆裂声或香气，如炒芝麻、花生、黄豆等。

麸炒法：先将麦麸在锅内翻炒至微微冒烟，再加入药物或食物，炒至表面微黄或较原色深为度，筛去麸后冷却保存。此法可健脾益胃，去掉原料中的油脂，如炒川芎、白术等。

米炒法：将大米或糯米与原料在锅内同炒，使均匀受热，以米炒至黄色为度。主要为增强健脾和胃功效，如米炒党参。

盐炒或砂炒法：先将油制过的盐或砂在锅内炒热，加入原料，炒至表面酥脆为度。本法能使骨质、甲壳、蹄筋、干肉或质地坚硬的原料去腥、松酥，易于烹调，如盐酥蹄筋、砂酥鱼皮。

（2）煮制 煮制可以清除原料的毒性，刺激性或涩味，减少其副作用，是指根据不同性质，将原料与辅料置锅内加水，没过药共煮。煮制时限应据原料情况定，一般煮至无白色或刚透心为度。如加工鱼翅、鱼皮。

（3）蒸制 蒸制指将原料置适当容器内蒸至透心或特殊程度。如熊掌经漂刮后加酒、葱、姜，蒸2小时后进一步加工。

（4）炙制 炙制指将原料与液体辅料如蜂蜜或酒，或盐水、药汁、醋等共同加热翻炒，使辅料渗进原料内部。用蜜炒为蜜炙，可增加润肺作用，如蜜炙黄芪。酒与原料同炒为酒炙，如酒炒白芍。原料与盐水拌过，微晾干后炒为盐炙，如盐炒杜仲。原料与植物油同炒为油炙。加醋炒为醋炙，如醋炒元胡。

（二）药液制备法

药液指烹制药膳所用的特殊液体类原料。通过一定的提取方法，把原料中的有效成分析出备用。原则是使用不同溶剂将所需成分尽可能提出，不提或少提其他成分。要求溶剂有良好的稳定性，不与原料起化学反应，对人体无毒无害。

常用溶剂有水、乙醇、苯、氯仿、乙醚等。水最常用，提取率高，但选择性不强。乙醇是常用有机溶剂，选择性好，易回收，防腐作用强，但成本较高，易燃。苯、氯仿、乙醚等选择性强，不易提出亲水性杂质，但挥发性大，一般有毒，价格高，提取时间较长。

1. 提取

（1）煎煮法 将原料加水煎煮取汁的方法。该法是最早使用的一种简易浸出方法，至今仍是制备浸出制剂最常用的方法。由于浸出溶媒常用水，故有时也称为"水煮法"或"水提法"。

（2）渗漉法　将适度粉碎的原料置渗漉筒中，由上部不断添加溶剂，溶剂渗过药材层向下流动过程中浸出药材成分的方法。此方法对新鲜的、易膨胀的原料不宜选用。

（3）蒸馏法　利用水蒸气加热原料，使所含有效成分随水蒸气蒸馏出来。常用于挥发油的提取和芳香水的制备。酒的制作常用蒸馏法。

（4）回流法　采用有机溶剂进行加热，提取原料中的有效成分，防止溶剂挥发。如提取川贝母、冬虫夏草的有效成分。

2. 过滤　过滤是滤除沉淀，获取澄明药液的方法，主要有以下几种：

（1）常压过滤法　多用于原料提取液首次过滤，滤过层多用纱布，滤器常用漏斗。

（2）减压过滤法　减小滤液下面的压力，以增加滤液上下之间的压力差，使过滤速度加快。可用抽气机或其他抽气装置。

（3）瓷质漏斗抽滤法　将瓷质漏斗与抽滤瓶连接，塞紧橡皮塞；以2～3层滤纸平铺于漏斗内，加入少量去离子水，抽紧滤纸，加入适量药液，即可开始抽滤。

（4）自然减压法　增加漏斗体长度，加长漏斗出口管，并于漏斗下盘绕一圈，使液体在整个过滤过程中充满出口管，以增加滤器上下压力差，提高滤速。

（5）助滤法　药液不易过滤澄清，或滤速过慢时，加助滤剂助滤的过滤方法，常用助滤剂有清石粉、纸浆。用去离子水将助滤剂调成糊状，安装好抽滤装置，助滤剂加入瓷质漏斗内，加去离子水抽滤，至洗出液澄明，不含助滤剂后，再正式过滤药液。

3. 浓缩　从原料中提取的溶液，一般单位容积内有效成分含量低，需提高浓度，以便精制。常用浓缩方法有蒸发浓缩和蒸馏浓缩。

（1）蒸发浓缩法　通过加热使溶液中水分挥发的方法，适用于有效成分不挥发，加热不被破坏的提取液，可分为直火蒸发与水浴蒸发，直火蒸发是将提取液先用武火煮沸，后改文火保持沸腾，不断搅拌，浓缩到一定量和稠度。此法温度高、蒸发快，但锅底易发生焦糊与炭化。故可先用直火蒸发，后改水浴蒸发，但速度慢。

（2）蒸馏浓缩法　将原料液在蒸馏器内加热到汽化，通过冷凝回收剂回收溶剂，同时浓缩原料液。常用于有效成分受热不易被破坏的提取液。减压蒸馏在降低蒸馏器内液面压力下浓缩。压力降低，沸点也降低，蒸发速度加快，故溶液受热温度低，受热时间短，效率高。适用于沸点较高，有效成分遇高温易破坏的提取液。

三、药膳禁忌

由于食疗药膳中含有中药，因此一种药膳多半只能适应相应的机体状态，虽然称为"膳食"，但它仍有其适应证，应正确辨体施膳。如附片炖狗肉为补阳膳，适应于肾阳不足、四肢欠温的体质等，具有阴虚特点的人不宜使用。

食物之间或食物与药物之间通过配伍，相互影响，会使原有性能发生变化，因而可产生不同的效果。药膳配伍还需考虑中药学中的"七情"理论，即相须、相使、相畏、相杀、相恶、相反配伍关系。

四、注意事项

中国传统的药膳绝不是食物与中药的简单相加，而是在中医理论指导下，由药物、食物和调料三者精制而成的一种既有药物功效，又有食物美味，用以养生的特殊食品。

中医对药膳应用有着严格要求，不仅包括谨和气味、辨体施膳、三因施膳的使用原则，还包括药物之间、食物之间或食物与药物之间如何进行科学配伍以及配伍宜忌、选料与加工等使用注意。

中药是很讲究用量的，量大量小直接关系着药效。不分剂量，盲目使用，会引起不良后果。

第三节 方药养生方法技术

在中医理论指导下，选用相关药物组方，或与食物结合配膳，以达到健身防病、延缓衰老、延年益寿目的的养生方法，称为方药养生方法技术。

自古以来，方药养生在我国的历史源远流长。我国第一部诗歌总集《诗经》中记载了100余种有益于健康的药物。《山海经》收载药物达124种之多，其中不少药物具有补益抗老的作用。成书于东汉年间的《神农本草经》是我国现存最早的本草专著，共载药物365种，分上中下三品。上品120种为补养药，如人参、黄芪、茯苓、地黄等。从魏晋南北朝到隋唐时期，延寿药物研究出现了一种新趋势，即不少方士、医家烧炼金丹，研究和推行秦汉方式的炼丹服石法。宋、金、元至明、清，有关药物及成方养生又有了重要的补充、丰富和发展。

一、方药养生的特点

合理应用药物调摄，在一定程度上可起到养生的作用。但在具体运用时当因人而异。在选择方药养生时多注重养护脾肾，通过固护先天和后天，补虚泻实，调理气血阴阳，维持阴阳的动态平衡，同时兼顾他脏。所以，与治疗用药相比，作为养生之药则药性趋于平和，药量不可过重。另外在选用方药时，多根据个人体质因人用药，充分体现了中医辨体施方的思想。

二、操作方法

（一）审因施补

运用补养药可分为无病强身和有病养生两类，无论哪一种情况均不可盲目进补，一定要根据自身情况审因施补，合理选择药物。

1. 对证施补 不同的人呈现各自的体质特征，有偏气血阴阳不足和痰湿重、肝火旺、气郁、血瘀之分，用药物养生调补，应在辨识体质的前提下才能进行。否则，不识体质、滥施药物，不仅于身体无益，反而会妨害健康。

虚证种类很多，归纳起来可有气虚、血虚、阴虚、阳虚四类，因此应选择相应补气、补血、补阴、补阳的药物。

常用补气药：人参、太子参、白术等。

常用补血药：熟地、何首乌、紫河车等。

常用补阴药：沙参、麦冬、黄精、女贞子、龟板等。

常用补阳药：鹿茸、冬虫夏草、淫羊藿、巴戟天、菟丝子等。

2. 审证施法 根据脏腑功能虚损的性质和体质特点，选用不同的进补方法。

（1）平补法 是针对一些慢性虚弱体质，选用平和温良之品，用药图缓，以求长效。如山药、百合等。

（2）清补法 是补而兼清的药物，多用于阴虚内热体质。常用的药物如麦冬、花粉等。

（3）温补法　适用于虚寒体质，多用性味温和，不燥不烈之品。例如里虚寒证可选用白术、甘草等。

（4）峻补法　适用于虚极证，用速效药物补救危重症之法。如大出血后，或大汗、大吐后的极虚证者，可选用独参汤或参附汤等。

3. 三因制宜

（1）因时制宜　春季养生用药应顺应阳气生发之特点，如选用白术、黄芪等；夏季昼长夜短，酷暑外蒸，宜用清补之品，如麦冬、佩兰等；秋季燥气易伤津液，宜选用滋阴润燥生津的药物，如麦冬、石斛等；冬季阳消阴长，宜温补元阳且兼养阴，可选用何首乌、菟丝子等。

（2）因地制宜　根据不同地区的地理、气候特点和生活习惯，选用适宜的中药。

（3）因人制宜　小儿时期，生长发育迅速、脏腑娇嫩、形气未充。应适当选用助消化、补益肾气之品，如山楂、黑芝麻等。

青少年时期，是生长发育的高峰期，当选用调养心肾和心脾的中药，如菟丝子、柏子仁等。

中年时期，生理上开始由盛转弱，宜选用补气健脾、宁心安神、补肾益脑的中药，如菖蒲、柏子仁等。

老年期，生理上呈退行性改变，宜选用药性平和、补而不滞、滋而不腻的药物，如太子参、女贞子等。

三、方药禁忌

1. 补勿过偏　"补"的主要作用是"扶正"，虚者补之；"泻"的主要作用是"祛邪"，盛者泻之。进补目的在于协调阴阳，宜恰到好处，不可过偏。过偏则反而成害，导致阴阳失衡。例如，虽属气虚，但一味大剂补气而不顾及其他，补之太过，反而导致气机壅滞，出现胸、腹胀满，升降失调；又如虽为阴虚，但一味大剂养阴而不注意适度，补阴太过，反而遏伤阳气，致使人体阴寒凝重，出现阴盛阳衰之候。所以，补宜适度，适可而止。

2. 补勿滥用　补针对虚而设，因此要有针对性，缺什么补什么，缺多少补多少；防止盲目进补、"无虚滥补"和"虚不受补"几种情况。否则，将适得其反，甚至导致疾病或诱发痼疾。

四、注意事项

1. 照顾脾胃　脾胃为后天之本，是气血化生的源泉，唯有脾胃转输敷布能力正常，才能将药物送达脏腑经络以发挥其效力。因此，药物调摄时还应顾护脾胃的功能。特别是用滋补类药物进行调摄时，因恐滋腻碍胃，常在滋补药中配合调气理脾类药物。

2. 食药并举　中医养生学中早就有药食同源、同理、同用的传统。历代医家和养生家在养生保健食疗和药疗相结合方面积累了丰富经验。中医药膳已成为中医组成部分，以药效食品制成饮料、菜肴、汤类、粥食等，有良好养生价值。

3. 缓图功效　人体的衰老是个复杂而缓慢的过程，任何延年益寿的方法都不可能见效于朝夕之间，药物调摄也不例外，很难在短时间内有非常显著的养生效果。因此，用药宜缓图功效，要有一个渐进的过程，切忌急于求成。

第四节　膏滋养生方法技术

一、膏滋养生的特点

膏滋是医生在中医理论指导下根据患者体征、病证等按照君、臣、佐、使原则，选择单味药或多味药配合组方，并将方中的中药饮片经2～3次煎煮，将滤汁混合，加热浓缩成清膏。再加入辅料，如阿胶、鹿角胶等胶质药材，或白糖、冰糖、蜂蜜等，而后收膏制成的一种较稠厚、半流质或半固体的制剂。

1. 分类　内服膏滋可分为清膏、荤膏和素膏。

（1）清膏　是将中药材经过2～3次浓缩后得到的较黏稠液体状的膏剂，一般不加其他辅料，相当于中药的浓煎剂。适用于糖尿病患者、消化不良者和儿童等。

（2）荤膏　是指膏滋方除中药饮片外，添加了阿胶、龟甲胶、鳖甲胶、鹿角胶等动物类胶质辅料而熬制的膏滋。

（3）素膏　是指膏滋方加工时用糖类和蜂蜜等辅料收制的膏滋方，所以又有"糖膏""蜜膏"之称。

2. 组方原则

（1）辨体调治，实证忌补　膏滋的开方原则和中药汤剂一样，都要遵循整体观念、辨体调治的原则。依据个体化原则，一人一方。一般情况下，膏滋方以扶正为主，兼以祛邪，但大都是针对正虚邪恋而言。邪实的患者忌补，一般不用膏滋，而是先用汤剂等祛邪。

（2）重视脾胃，补而勿过　膏滋方中的药物以补益药物居多，但在应用的过程中要注意补而勿过。"滋腻碍胃"，大量补益药物易阻碍脾胃运化功能，特别是对于脾胃虚弱的人来说，补益太过反而造成脾胃运化功能失常。因此，膏滋方中需注意配伍砂仁、陈皮、山楂等和胃导滞助运化的药物。

（3）开路优先，定方在后　由于膏滋方一般用药量较大，服用时间较长，一旦用药不当，患者服用起来难以产生应有的效果，且浪费了药物。所以，服用膏滋一定要慎重。一般来讲，服用正式的膏滋前，往往需服用开路方。所谓开路方又称探路方，是指医生开具膏方前，让患者先服用一段时间的汤剂，通过开路方祛除病邪，使病情趋于和缓，同时调理脾胃功能，并借此了解患者对于辨证用药是否适应。经过服用开路方，能够让膏滋方辨体更准确，取得更好的治疗效果。

3. 应用　膏滋适用范围广泛，主要可用于正气不足、正虚邪恋、老年体弱者调养以及健康人群的日常养生。具有增强人体免疫力、抗衰老、扶正祛邪、美容养颜等多种作用。

二、操作方法

1. 准备　熬制膏滋需提前准备好热源、相关器具和膏滋备料。

热源可为燃气或可调温电磁炉，器具包括锅、铲、勺、筛勺、搅拌棒或筷子、装盛的容器等，材质忌用铁制品。装盛的容器、勺子等要提前清洁干净，不能残留有水分。

按照膏滋方的要求备料，荤膏中还需酌情准备胶类烊化的黄酒；素膏准备蜂蜜、糖类（饴糖、白糖、冰糖、红糖等）或其他甜味剂，如木糖醇。注意将先煎、后下、包煎和另煎的药物按要求另行处理。

2. 熬制 清膏熬制过程一般包括洗药、泡药、煮药、浓缩、收膏、装盛 6 步，而荤膏或素膏均多增加了一步，荤膏在浓缩后需要烊化，素膏在浓缩后需要炼糖或炼蜜。

（1）洗药　将药物放入容器内清洗 2～3 次。

（2）泡药　将清洗后的药物放入锅内，加入超过药物表面大约 10cm 的冷水浸泡药物。膏滋中多含有补益类药物，药物最好能够浸泡 24 小时，使药物的有效成分更多地析出。需要先煎、另煎的药物单独浸泡。

荤膏中常配伍阿胶、龟甲胶、鳖甲胶、鹿角胶等胶类药物。将胶类打成小块，或者粉碎成末，加入黄酒浸泡。一般胶类与黄酒的比例为 1:1。胶类可浸泡 2～3 天，至少浸泡 1 天。浸泡时间长，有助于胶体的溶解，便于烊化。制作膏滋所使用的黄酒应该是质量上乘的黄酒。

（3）煮药　将盛有浸泡药物饮片的不锈钢锅放在电磁炉上，按照熬中药的方法，先大火煮沸，再小火煎煮 45～60 分钟。将连续煎煮 3 次所得的药汁混合，再加入剩余的药物残渣所得绞汁，备用。

细贵药材也叫细料药，是参茸类和其他贵重中药，如冬虫夏草等的统称，是处方中体现膏滋方补益作用的重要组成部分。因此在熬制膏滋的过程中需进行烊化、打粉、单煎等单独处理，在收膏的最后阶段兑入，并与浓缩的药汁混合均匀。

（4）浓缩　浓缩过程掌握"大火急煎煮，小火慢浓缩"的原则。浓缩时需用搅拌棒或平头木铲不断搅拌，避免出现糊锅、焦底现象。

（5）烊化　烊化是荤膏制备中的主要过程，将浸泡好的胶类放在锅中加热蒸化，加热过程中需要不断搅拌，让胶类充分烊化。由于胶类有遇热熔化、遇冷凝结的特性，在加工时要把握好时间，保证在和入药汁之前，所用的胶类药物应处于热熔状态，并且充分烊化。

（6）炼糖（蜜）　素膏制作所用的糖应先进行炼制。炼糖是指按照糖的不同种类，加入适量的水或不加水，加热熬炼，使糖的晶粒熔融、水分蒸发，去除杂质、灭菌消毒的过程。同时，炼糖能够使糖出现部分转化，适宜的糖转化可防止膏滋在长时间贮存过程中糖与药汁分离，糖呈颗粒状析出，即俗称的"返砂"现象。

如果膏滋备料的时候准备的是生蜜，在制膏前也要进行炼制。炼蜜可以除去蜂蜜中的水分和杂质，灭菌杀毒。通常情况下，炼蜜将生蜜 500g 炼成 400g 为宜。如果备料时准备的是超市的成品蜂蜜，一般可直接和入药汁中使用。如果购买的蜂蜜已经出现"返砂"现象，则应在临用前重新加热炼制。

糖尿病患者或其他不宜用蔗糖、蜂蜜者，可改加其他甜味剂如木糖醇。一般来讲，1kg 木糖醇约等于 800g 白糖甜度，熬膏过程中使用木糖醇不得超量，以免产生副作用。

（7）收膏　收膏过程是膏滋熬制过程的关键步骤。继续加热药汁，除去大部分水分。一般在收膏前兑入细贵药材的煎液（细贵药材的煎液应提前浓缩一下）、药粉或烊化的药物、炼好的糖液或蜂蜜等，并继续加热，搅拌均匀。当膏滋出现"挂旗"或"滴水成珠"时，停止加热，完成收膏。

（8）装盛　将膏滋装入已经准备好的洁净容器中，待膏滋充分冷却后，盖上盖子备用。

3. 贮存　存放膏滋的容器一定要保证清洁，不能留有水分，需经过烘干消毒。装盛的容器可以是陶瓷、玻璃材质，忌用铝、铁容器存放。放在阴凉干燥通风处或冰箱冷藏室保存，避免受热、受潮、暴晒等。

三、膏滋禁忌

1. 以食物为主的膏滋可以长期服用。以药物为主的膏滋，在膏滋组成中如含有何首乌、补骨脂、川楝子、黄药子等，这些药物对一些特殊体质的患者容易导致肝功能异常，因此长期服用此类膏滋者应注意定期监测肝功能，一旦发生肝功能异常应立即停药，并进行保肝治疗。另外，关木通、青木香、木防己、马兜铃等药物对肾功能有损害，在开方的时候尽量少用或不用此类药物。

2. 荤膏在熬制过程中常要用到黄酒烊化胶类，对于不宜饮酒的高血压、肝病、中风等患者，应减少黄酒用量，或者减少膏滋每次的服用量，也可在膏滋服用的过程中加水稀释。

3. 儿童不提倡服用膏滋方。即使服用膏滋方，也应准确辨证，尽量采用平补、清补之法，以清膏为主。慎用人参、鹿茸、紫河车、蛤蚧等中药，以免误补促使儿童性早熟等。

4. 痛风患者及血尿酸增高者膏滋当中不应含有鹿角胶、龟甲胶、鳖甲胶等，以免病情加重或痛风复发。

5. 糖尿病、糖耐量异常者膏滋当中忌用蔗糖类、蜂蜜等收膏，如需调味可用其他甜味剂如木糖醇等替代。

四、注意事项

1. 由于膏滋方中常含有大量补益类药物，所以服用膏滋方后，常有患者自觉腹胀、食欲减退等消化系统症状，这种情况常由患者脾胃虚弱或者湿邪中阻等导致。遇到这种情况，需要将服用的膏滋减量，同时配合服用运脾化湿的方剂，增强脾胃功能，以帮助消化。

2. 部分患者服用膏滋后会出现腹泻，应考虑所服膏滋方是否过于滋腻，方中是否含有泻下作用的药物等。此时可暂停或减量服用膏滋，同时配合服用健脾助运止泻的中药进行调理。待患者消化功能恢复正常，不再腹泻后再继续服用。

3. 服用膏滋后如出现牙龈出血、鼻衄、面红目赤等"上火"情况，在排除其他诱因的影响下，应分析膏滋药物是否过于温燥，或者患者是否体质偏热。此时可减量服用膏滋，同时用清热泻火中药煎汤冲服膏滋，即与膏滋方共同组成复方。如有化燥伤阴的现象，应停止服用膏滋，并酌情给予养阴生津的药物进行养生。如属于过食辛辣造成的上火，需要叮嘱患者注意饮食清淡，可以配合服用梨汁、银耳百合羹等以清热养阴。

4. 膏滋中常含有参茸类的药物，患者服用此类药物后可能出现兴奋、多汗、失眠等症状，此时可暂停服用此类膏滋，待上述症状消失后再继续服用。再次服用应先从小剂量开始，如适应，考虑逐渐加量服用。并在未来开膏滋方的时候加以注意，先用开路方调理。

5. 如果服用膏滋方过程中出现过敏情况，例如皮肤瘙痒、荨麻疹等，应立即停止服用膏滋，给予抗过敏治疗。该膏滋不宜继续使用。

6. 服用膏滋方时突发急性疾病，或服用后舌苔厚腻者，应暂停服用膏滋。急性病证者待急性病证好转后再继续服用。舌苔厚腻者往往是由于膏滋过于滋腻造成，应配合服用中药汤剂调理气机，运脾化湿，待症状好转后再继续服用。如果反复出现舌苔厚腻等症，应考虑用理气运脾汤剂调服膏滋。

附 表

附表 1　常用养生食物性味归经功效表——饮水

序号	名称	异名	出处	味	性	归经	功效
1	冰		本草纲目拾遗	甘	寒	脾、胃	去热消暑,解渴除烦
2	雪		嘉祐本草	甘	凉		清热解毒,解酒止渴
3	井水		嘉祐本草	甘	平		清热解毒,利水
4	泉水		本草纲目拾遗	甘	平		和胃止呕

附表 2　常用养生食物性味归经功效表——粮食（谷类）

序号	名称	异名	出处	味	性	归经	功效
1	粳米	大米	名医别录	甘	平	脾、胃	补中益气,健脾和胃,除烦渴
2	糯米	江米	千金食治	甘	温	脾、胃、肺	补中益气,健脾止泻
3	小麦		本草经集注	甘	凉	心、脾、肾	养心益肾,除热止渴,通淋止泻
4	大麦	稞麦	本草经集注	甘、咸	凉	脾、胃	利尿通淋,和脾胃
5	荞麦		千金食治	甘	凉	脾、胃、大肠	下气消积,止带,消瘰疬
6	高粱	木稷,蜀秫	本草纲目	甘、涩	温	脾、胃	健脾益胃
7	玉米	玉蜀黍	本草纲目	甘	平	大肠、胃	调中和胃,利尿排石,降脂,降压,降血糖
8	粟米	小米	名医别录	甘、咸	凉	脾、胃、肾	健脾和胃
9	薏苡仁	薏米	神农本草经	甘、淡	凉	脾、肺、肾	利水渗湿,健脾止泻

附表 3　常用养生食物性味归经功效表——粮食（豆类）

序号	名称	异名	出处	味	性	归经	功效
1	赤豆	红豆	日华子本草	甘、酸	平	心、小肠	利水除湿,消肿解毒
2	绿豆芽	豆芽菜	本草纲目	甘	寒	心、胃	清热解毒
3	绿豆	青小豆	开宝本草	甘	凉	心、胃	清热解毒,清暑利水
4	蚕豆	胡豆	救荒本草	甘	平	脾、胃	健脾利湿
5	刀豆	挟剑豆	救荒本草	甘	温	肺、脾、肾	温中下气,益肾补元
6	豌豆	青豆	绍兴校定证类本草	甘	平	脾、胃	补中益气,利小便
7	豇豆	长豆	救荒本草	甘	平	脾、肾	健脾和胃,补肾止带
8	扁豆	茶豆	名医别录	甘	平	脾、胃	健脾和中,化湿
9	黑大豆	黑豆	本草图经	甘	平	脾、胃	活血利水,解毒
10	黄大豆	黄豆	食鉴本草	甘	平	脾、大肠	健脾宽中,益气
11	黄豆芽		本草纲目	甘	寒	脾、胃、膀胱	清热,利湿祛痰
12	豆腐皮	腐竹	本草纲目	甘、淡	平	肺、胃	清肺养胃,止咳消痰,敛汗
13	豆腐		本草图经	甘	凉	脾、胃、大肠	生津润燥,清热解毒,催乳
14	豆浆	豆奶	本草纲目拾遗	甘	平	肺、胃	补虚,清火,化痰
15	豆腐乳	腐乳	本草纲目拾遗	甘	平	脾、胃	养胃和中

附表4 常用养生食物性味归经功效表——蔬菜（叶茎苔）

序号	名称	异名	出处	味	性	归经	功效
1	水芹	芹菜	千金翼方	甘、辛	凉	肺、胃	清热利水，止血止带
2	苋菜		名医别录	甘	凉	大、小肠	清热利尿，透疹
3	旱芹	药芹，香芹	履巉岩本草	甘、苦	凉	肝	平肝清热，利湿通利
4	白菜	菘菜	饮膳正要	甘	平	胃、肠、肝、肾、膀胱	清热除烦，通利肠胃，利尿
5	包心菜	甘蓝，洋白菜	中国蔬菜栽培学	甘	平	肝、肠、胃	清热散结，健胃通络
6	蕹菜	空心菜	本草拾遗	微甘	寒	肠、胃	清热凉血，解毒
7	菠菜	波斯菜	履巉岩本草	甘	凉	肠、胃	清热除烦，解渴，通便
8	茼蒿	蒿子秆	千金食治	辛、甘	平	肝、肺	消痰饮，降压
9	洋葱	玉葱	药材学	辛	温	肺	清热化痰
10	金针菜	黄花菜，萱草花	滇南本草	甘	凉	肝、肾	养血止血
11	韭菜	壮阳草	滇南本草	辛	温	肝、胃、肾	温阳下气，宣痹止痛，散血降脂
12	椿叶	香椿	本草纲目	苦	平	肝、胃、肾	清热化湿
13	莴苣	莴笋	食疗本草	甘、苦	凉	肠、胃	清热利水，通乳
14	芥菜	雪里蕻	千金食治	辛	温	肺、大肠	宣肺豁痰，温胃散寒
15	大蒜	胡蒜	本草经集注	辛	温	脾、胃、肺	解毒杀虫，止咳化痰，宣窍通闭
16	茭白	菰首	本草图经	甘	寒	肺、脾	清热除烦，催乳
17	茴香	香丝菜	千金食治	甘、辛	温	肾	行气止痛
18	芫荽	胡荽，香菜	食疗本草	辛	温	肺、脾	发汗透疹，消食下气，清热利尿
19	油菜	芸苔	便民图纂	辛、甘	凉	肺、肝、脾	行瘀散血，消肿解毒
20	葱	葱茎白	诗经	辛	温	肺、胃	发表，通阳
21	毛笋	竹笋	本草纲目拾遗	甘	寒	胃、大肠	清热消痰，利尿消肿，止泻痢
22	芦笋	小百部	广西中药志	苦、甘	微温	肺	抗痨，抗癌
23	莼菜	水葵	本经逢原	甘	寒	肝、脾	清热解毒，利水消肿

附表5 常用养生食物性味归经功效表——蔬菜（根茎）

序号	名称	异名	出处	味	性	归经	功效
1	白萝卜	莱菔	唐本草	辛、甘	凉	肺、胃	消食化痰，下气宽中
2	胡萝卜		日用本草	甘	平	肺、脾	健脾化滞，润燥明目
3	芋艿	芋头	本草衍义	甘、辛	平	脾、胃	软坚散结，化痰和胃
4	藕	莲藕	神农本草经	甘	寒	脾、胃	清热润肺，凉血行瘀，健脾开胃，止泻固精
5	慈菇	茨菇	本草纲目	苦、甘	寒	心、肝、肺	润肺止咳，通淋行血
6	百合		神农本草经	甘、微苦	平	心、肺	润肺止咳，清心安神
7	甘薯	红薯，白薯	群芳谱	甘	平	脾、肾	健脾益气
8	生姜		本草经集注	辛	温	脾、胃、肺	发表散寒，健脾止呕，解毒
9	马铃薯	土豆，山药蛋，洋山芋	湖南药物志	甘	平	胃、大肠	益气健脾，调中和胃
10	山药	薯蓣	药谱	甘	平	肺、脾、肾	健脾，补肺，止渴，益精固肾

附表6 常用养生食物性味归经功效表——蔬菜（瓜茄）

序号	名称	异名	出处	味	性	归经	功效
1	冬瓜	白瓜，水芝	本草经集注	甘、淡	凉	肺、大肠、膀胱	清热利水，消肿解毒，生津除烦
2	黄瓜	胡瓜，王瓜	本草拾遗	甘	寒	胃、小肠	清热止渴，利水解毒
3	丝瓜	天罗瓜	滇南本草	甘	凉	肝、胃	清热化痰，止咳平喘，通络
4	苦瓜	菩达，凉瓜	本草纲目	苦	寒	心、脾、胃	清暑涤热，明目，解毒
5	南瓜	倭瓜	本草纲目	甘	温	脾、胃	温中平喘，杀虫解毒
6	番茄	西红柿	陆川本草	甘、酸	微寒	肝、脾、胃	生津止渴
7	茄子	落苏	本草拾遗	甘	凉	脾、胃、大肠	清热，消肿利尿，健脾和胃
8	辣椒	番椒	植物名实图考	辛	热	心、脾	温中散寒，开胃除湿

附表7 常用养生食物性味归经功效表——野菜

序号	名称	异名	出处	味	性	归经	功效
1	马齿苋	瓜子菜	本草经集注	酸	寒	大肠、肝、脾	清热祛湿，散血消肿，利尿通淋
2	马兰头	紫菊	救荒本草	辛	凉	肝、胃、肺	清热凉血，利尿消肿
3	枸杞菜	枸杞叶	江苏植物志	苦、甘	凉	肝、肾	清热补虚，养肝明目，止带
4	苜蓿	木粟	名医别录	甘	凉	胃、小肠	清热利湿，排石
5	荠菜	护生草	千金食治	甘	凉	肝、肾、脾	和脾，利水，止血
6	刺儿菜	小蓟	本草拾遗	甘、苦	凉	肝、脾	凉血止血，清热解毒

附表8 常用养生食物性味归经功效表——食用菌

序号	名称	异名	出处	味	性	归经	功效
1	木耳	黑木耳，树鸡	神农本草经	甘	平	胃、大肠	凉血止血，和血养荣，止泻痢
2	香蕈	香菇	日用本草	甘	平	胃	益胃气，托痘疹，止血
3	白木耳	银耳	本草再新	甘、淡	平	肺、胃、肾	滋阴润肺
4	蘑菇	肉蕈	日用本草	甘	凉	肠、胃、肺	补益肠胃，化痰散寒

附表9 常用养生食物性味归经功效表——果品（鲜果）

序号	名称	异名	出处	味	性	归经	功效
1	荸荠	地栗	日用本草	甘	寒	肺、胃	清热化痰，消积利湿
2	甘蔗	甘柘	名医别录	甘	寒	肺、胃	清热生津，下气润燥，和胃降逆
3	香蕉	蕉果	本草纲目拾遗	甘	寒	脾、胃	清热润肠，解毒止痛
4	李子	嘉庆子	滇南本草	甘、酸	平	肝、肾	清肝涤热，生津利水
5	柿子	猴枣，米果	滇南本草图说	甘、涩	寒	心、肺、大肠	清热润肺，止咳，消瘿
6	梅子	青梅	本草经集注	酸、涩	平	肝、脾、肺、大肠	生津止咳化痰，止泻痢
7	山楂	山里红	本草衍义补遗	酸、甘	微温	脾、胃、肝	消食积，散瘀血，利尿，止泻
8	杨梅	机子	食疗本草	甘、酸	温	肺、胃	生津止渴，和胃消食，止痢
9	杏	杏实	本草图经	酸、甘	温	肝、肾	生津止渴，止泻
10	橘	黄橘	神农本草经	甘、酸	凉	肺、胃	开胃理气，止渴润肺
11	柚	文旦	本草经集注	甘、酸	寒	脾、肝	消食下痰，理气平喘

续表

序号	名称	异名	出处	味	性	归经	功效
12	梨	快果	名医别录	甘、微酸	凉	肺、胃	生津润燥清热化痰
13	橙子	橙	食性本草	酸	凉	肺	肺
14	桃子		日用本草	甘、酸	温	肝、大肠	生津润肠，活血止喘，降压
15	柠檬	宜母子	岭南采药录	酸	平	肺、胃	生津止渴，祛暑安胎，降脂消炎
16	桑葚		唐本草	甘	寒	肝、肾	补肝益肾，息风滋阴，养血
17	橄榄	青果	日华子本草	甘、涩、酸	平	肺、胃	清肺利咽，生津解毒，止咳
18	苹果	超凡子	滇南本草	甘	凉	肺、心、胃	生津润肺，消炎止渴
19	樱桃	荆桃	名医别录	甘	温	心、肺	祛风湿，透疹
20	葡萄	山葫芦	神农本草经	甘、酸	平	肺、脾、肾	补气血，强筋骨，利小便，安胎，除烦止渴
21	枇杷		名医别录	甘、酸	凉	脾、肺、肝	润肺止渴，下气止咳化痰
22	龙眼肉	桂圆肉	开宝本草	甘	温	心、脾	益心脾，补气血，安神，健脾止泻，利尿消肿
23	荔枝	离支	本草拾遗	甘、酸	温	脾、肝	生津益血，健脾止泻，温中理气降逆
24	刺梨	茨梨		甘、酸、涩	凉	胃	健胃消食，抗癌，延缓衰老
25	石榴		本草拾遗	甘、酸	温	大肠、肾	涩肠止血，止咳
26	猕猴桃	金梨	本草纲目	甘、酸	寒	脾、胃	解热止渴，抗癌，和胃降逆
27	罗汉果	拉汉果，假苦瓜		甘	凉	肺、脾	清肺止咳，润肠
28	椰子		海药本草	甘	温	心、脾	清暑解渴，强心利尿，驱虫，止呕，止泻

附表10 常用养生食物性味归经功效表——果品（干果）

序号	名称	异名	出处	味	性	归经	功效
1	白果	银杏	日用本草	甘、涩、苦	平	肺、肾	敛肺定喘，止带缩泉，驱虫
2	榧子	香榧子	唐本草	甘	平	肺、胃、大肠	杀虫消积，润燥止血
3	胡桃仁	核桃仁	本草纲目	甘	温	肾、肺	补肾固精，温肺定喘，润肠
4	大枣	红枣	神农本草经	甘	温	脾、胃	补脾和胃，益气生津，调营卫，降血脂，抗癌
5	菱角	水栗	名医别录	甘	凉	脾	生食清暑，除烦止渴，熟食益气健脾
6	栗子	板栗	千金食治	甘	温	脾、胃、肾	养胃健脾，补肾强筋，活血止血，止咳化痰
7	向日葵子	葵花子	采药书	甘	平		降压，治痢，驱虫
8	莲子		本草经集注	甘、涩	平	心、脾、肾	养心益肾，补脾涩肠，止血
9	芡实	鸡头米	本草纲目	甘、涩	平	脾、肾	固肾涩精，补脾止泻，止带
10	松子	松子仁	海药本草	甘	温	肝、肺、大肠	泣肺，滑肠
11	花生	番果，长生果	滇南本草图说	甘	平	脾、肺	润肺和胃，止咳利尿，下乳
12	南瓜子	白瓜子		甘	平	脾、胃	驱虫，止咳
13	甜杏仁		本草从新	甘	平	肺、大肠	润肺平喘

附表11　常用养生食物性味归经功效表——瓜果

序号	名称	异名	出处	味	性	归经	功效
1	西瓜	寒瓜	本经逢原	甘	寒	心、胃、膀胱	清热解暑，除烦止渴，利小便，降血压
2	甜瓜	香瓜	随息居饮食谱	甘	寒	心胃	清暑热，解烦渴，利小便

附表12　常用养生食物性味归经功效表——畜肉

序号	名称	异名	出处	味	性	归经	功效
1	猪肉		本草经集注	甘、咸	平	脾、胃、肾	滋阴润燥，益气
2	猪蹄	猪手	千金食治	甘、咸	平	胃	补血通乳，托疮
3	猪肾	猪腰子	名医别录	咸	平	肾	补肾壮腰，补虚劳
4	猪肤	猪皮	汤液本草	甘	凉	肾	滋阳清热，利咽除烦
5	猪肚	猪胃	本草经集注	甘	温	脾、胃	补虚损，健脾胃，止渴
6	猪肝		千金食治	甘、苦	温	肝	补肝养血，明目，利尿
7	猪心		名医别录	甘、咸	平	心	补虚养心，安神定惊
8	猪肺		千金食治	甘	平	肺	补肺止咳
9	猪髓		本草纲目	甘	寒	肾	补阴益髓，祛风止渴
10	猪肠	猪脏	食疗本草	甘	微寒	大肠	润肠补虚
11	牛肉		名医别录	甘	平	脾、胃	补脾胃，益气血，强筋骨
12	火腿	南腿	药性考	咸	温	脾、胃、肾	健脾开胃，益气血，止泄泻
13	羊肉		本草经集注	甘	温	脾、肾	益气补虚，温中暖下
14	狗肉		名医别录	咸	温	脾、胃、肾	补中益气，温肾助阳，理气利水
15	兔肉		名医别录	甘	凉	肝、大肠	补中益气，止渴
16	鹿肉		名医别录	甘	温	脾、胃、命门	补五脏，调血脉，壮阳，下乳汁
17	驴肉		饮膳正要	甘、酸			平补血益气

附表13　常用养生食物性味归经功效表——禽肉

序号	名称	异名	出处	味	性	归经	功效
1	鸭肉		名医别录	甘、咸	平	脾、胃、肺、肾	滋阴养胃，利水消肿，健脾补虚
2	鸡肉		神农本草经	甘	温	脾、胃	温中益气，补精添髓
3	鹅肉		名医别录	甘	平	脾、肺	益气补虚，和胃止渴
4	鹌鹑		食经	甘	平	脾、肝、肾	健脾消积，滋补肝肾
5	鸽肉		嘉祐本草	咸	平	肝、肾	滋肾益气，祛风解毒
6	麻雀		名医别录	甘	温	心、小肠、肾、膀胱	壮阳益精，暖腰膝，缩小便，止咳嗽

附表14　常用养生食物性味归经功效表——水产品

序号	名称	异名	出处	味	性	归经	功效
1	海参	海鼠	本草从新	咸	温	心、肾	补肾益精，养血润燥，止血和胃止渴
2	海蜇	水母	咸	咸	平	肝、肾	化痰软坚，平肝解毒，止咳降压，养阴
3	虾	青虾	名医别录	甘	温	肝、肾	补肾壮阳，通乳，托毒，祛风痰
4	蟹	螃蟹	神农本草经	咸	寒	肝、胃	益阴补髓，清热散血，续绝伤，利湿
5	对虾	大虾，海虾	本草纲目	甘、咸	温	肝、肾	补肾壮阳，益气开胃，祛风通络
6	螺蛳	蜗螺	本草纲目	甘	寒	膀胱	清热利水，明目止淋浊
7	鲍鱼	鳆鱼	本草经集注	咸	温	肝	养血柔肝，滋阴清热，益精明目，下乳
8	蛏	蛏肠	食疗本草	甘、咸	寒	心、肾、肝	清热除烦，利湿通乳，清暑止痢
9	蚶	毛蚶	本草拾遗	甘	温	脾、胃	补血温中，壮阳
10	蛤蜊	吹潮，沙蛤	本草经集注	咸	寒	胃	滋阴利水，退黄止淋
11	淡菜	壳菜，红蛤	随息居饮食谱	咸	温	肝、肾	补肝肾益精血，止血壮阳
12	乌贼鱼	墨斗鱼	名医别录	咸	平	肝、肾	养血滋阴，通经，制酸
13	田螺	黄螺	药性论	甘、咸	寒	膀胱、肠、胃	清热利水退黄止血
14	石首鱼	黄鱼	食性本草	甘	平	胃、脾	健脾开胃，填精，壮阳
15	银鱼	面条鱼	本草纲目	甘	平	脾、胃	补虚健胃，益肺，利水，消积
16	带鱼	鞭鱼	本草从新	甘	温	胃	养肝补血，和中开胃，消瘿瘤
17	鲫鱼	鲋	名医别录	甘	平	脾、胃、大肠	健脾胃，止消渴，理疝气
18	鲳鱼	平鱼	本草拾遗	甘、淡	平	胃	补胃益血，充精，壮阳
19	鲤鱼	赤鲤鱼	神农本草经	甘	平	脾、肾	利水消肿，下气通乳，止咳，安胎
20	鲢鱼		本草纲目	甘	温	脾、胃	温中益气，利水，止咳
21	鳙鱼	胖头鱼	本草拾遗	甘	温	胃	暖胃补虚，化痰平喘
22	鲥鱼		食疗本草	甘	平	脾、肺	益气补虚，清热解毒
23	鲩鱼	草鱼	本草拾遗	甘	温	脾、胃	暖胃祛风
24	鳗鲡鱼	白鳝	名医别录	甘	平	肝、肾、脾	补虚羸，祛风湿，杀虫
25	鳖	甲鱼	名医别录	甘	平	肝	滋阴补虚，止泻截疟
26	鳝鱼		雷公炮炙论	甘	温	肝、脾、肾	祛虚损，除风湿，强筋骨，止痔血
27	泥鳅		滇南本草	甘	平	脾、肺	补中气，祛湿邪，清热壮阳
28	龟肉	元绪	名医别录	咸、甘	平	肝、肾	滋阴补血，补肾健骨，降火止泻
29	鳢鱼	黑鱼	神农本草经	甘	寒	肺、脾、大肠、胃	补脾利水，镇惊，止痔血
30	鲚鱼	刀鱼	食疗本草	甘	温	脾、大肠	补气活血，泻火解毒，健脾开胃
31	青鱼	鲭	本草经集注	甘	平	肝、胃	益气化湿，补虚
32	白鱼		食疗本草	甘	平	肝、胃	开胃健脾，消食行水
33	鳜鱼	桂鱼	开宝本草	甘	平	脾、胃	补气血，益脾胃
34	紫菜		本草经集注	甘、咸	寒	肺	化痰软坚，清热利水，止咳
35	海带	昆布	嘉祐本草	咸	寒	肝、脾	清热利水，软坚消瘿，止血
36	干贝		本草从新	甘、咸	平	肾、脾	滋阴补肾，和胃调中
37	牡蛎肉	蛎黄	神农本草经	甘、咸	平	心、脾、肺	滋阴养血

附表 15　常用养生食物性味归经功效表——奶蛋

序号	名称	异名	出处	味	性	归经	功效
1	牛奶		本草经集注	甘	平	心、肺	补虚损，益肺胃，生津润肠
2	羊奶		本草经集注	甘	温	心、肺	润燥补虚
3	鸡蛋		本草经集注	甘	平	心、肾	鸡蛋滋阴润燥，养心安神；蛋清清肺利咽，清热解毒；蛋黄滋阴养血，润燥息风，健脾和胃
4	鸭蛋		本草经集注	甘	凉	心、肺	滋阴清肺，止咳，止痢
5	雀蛋	雀卵	名医别录	甘、咸	温	肾、命门	补肾阳，益精血，调冲任
6	鹌鹑蛋		本草纲目	甘	温	平	补五脏，益中续气，实筋骨
7	鸽蛋		本草纲目	甘	温	平	补肾益气

附表 16　常用养生食物性味归经功效表——蛇蛙

序号	名称	异名	出处	味	性	归经	功效
1	青蛙	田鸡	日华子本草	甘	凉	膀胱、肠、胃	补虚，利水，和胃降逆
2	蛇肉	蚺蛇肉	食疗本草	甘	温		祛风，杀虫
3	蛤蟆油	蛤士蟆	本草纲目	甘、咸	平	肺、肾	补肾益精，润肺养阴，安神，止血

附表 17　常用养生食物性味归经功效表——调味品

序号	名称	异名	出处	味	性	归经	功效
1	白糖	石蜜	子母秘录	甘	平	脾	润肺生津，补益中气
2	冰糖		本草纲目	甘	平	脾、肺	补中益气，和胃润肺，止咳化痰，养阴止汗
3	红糖	紫砂糖，黑砂糖	医林纂要	甘	温	脾、胃、肝	补中缓急，和血化瘀，调经，和胃降逆
4	食盐		名医别录	咸	寒	胃、肾、大小肠	清火凉血，解毒涌吐
5	酱油	豉汁	名医别录	咸	寒	胃、脾、肾	解热除烦，解毒
6	酒		名医别录	甘、苦、辛	温	心、肝、肺、胃	通血脉，御寒气，行药势
7	醋	苦酒	名医别录	酸、苦	温	肝、胃	活血化瘀，消食化积，消肿软坚，解毒疗疮
8	花椒		日用本草	辛	温	脾、肺、肾	温中散寒，除湿止痛，杀虫，解毒
9	八角茴香	大茴香	本草品汇精要	辛、甘	温	脾、肾	温阳散寒，理气止痛
10	茶叶		本草便读	苦、甘	凉	心、肺、胃	生津止渴，清热解毒，利尿，消食止泻，清心提神
11	胡椒	浮椒	唐本草	辛	热	胃、大肠	温中和胃，消痰解毒
12	蜂蜜	石饴，沙蜜	本草纲目	甘	平	肺、脾、大肠	补中润燥，缓急解毒，降压通便
13	黑芝麻	胡麻	神农本草经	甘	平	肝、肾	滋养肝肾，润燥滑肠
14	麻油	香油	本草经集注	甘	凉	大肠	润肠通便，解毒生肌
15	花生油		本草纲目拾遗	甘	平	脾、肺	滑肠下积
16	菜籽油		摄生众妙方	辛	温	肝、肺、脾	通便，解毒
17	玫瑰花		食物本草	甘、微苦	温	肝、脾	理气解郁，和血散瘀
18	桂花	木樨花	本草纲目拾遗	辛	温	胃	化痰散瘀，温中散寒，暖胃止痛
19	茉莉花	奈花，鬘华	本草纲目	辛、甘	温	心、肺、胃	理气开郁，辟秽和中

第八章
情志类养生方法技术

扫一扫，查阅本章数字资源，含PPT、音视频、图片等

情志类养生方法技术是在中医理论指导下，根据个体体质类型和心理状况，综合运用各种调神方法，从自我调摄的角度塑造和维持一个积极向上、健康稳定的心理状态，从而保持良好的心身状态，以达到养生目的的方法技术。情志与现代心理学的情绪情感在内涵上是基本一致的，且涵盖了现代心理学的认知思维过程，体现出中医特有的强调整体的理念。

情志养生理论的起源深受春秋、战国时期学术思想的影响。以老、庄为代表的道家主张"清静无为""返璞归真""顺应自然""贵柔"及动形达郁等，如老子《道德经》提出摄生调情的最高准则"人法地，地法天，天法道，道法自然"；庄子提出了"虚无恬惔，乃合天德"。

以孔孟为代表的儒家讲中庸、倡致和，儒家调摄精神的最高原则为："养心莫善于寡欲"。寡欲即行则从礼、君子三戒等。《论语·颜渊》中所说："非礼勿视，非礼勿听，非礼勿言，非礼勿动。"《论语·季氏》提出"少之时，血气未定，戒之在色；及其壮也，血气方刚，戒之在斗；及其老也，血气既衰，戒之在得。"

荀子强调"气刚强则柔之以调和……勇胆猛戾则辅之以通顺""君子贫穷而志广……怒不过夺，喜不过予"。

宋代陈无择首次明确提出"七情"的概念，并将其纳入致病因素之一。在其著作《三因极一病证方论·五科凡例》中提出将致病因素概括为三类："其因有三，曰内、曰外、曰不内外，内则七情，外则六淫，不内不外，乃背经常。""三因学说"中，明确提出了"七情"的概念，并将其作为一类重要的致病因素。

刘完素创立了"火热论"，提出了五志过极亦能化火的说法。在《素问玄机原病式》："五脏之志者，怒喜悲思恐也（悲亦作忧）。若五志过度作劳，劳则伤本脏，凡五志所伤皆热也。"

李杲的"内伤脾胃，百病由生"，认为情志不和损伤脾胃是导致疾病发生的重要原因。其《脾胃论》曰："内伤病的发生，皆先由喜怒悲忧恐，为五贼所伤，而后胃气不行，劳逸饮食不节继之，则元气乃伤""因喜怒忧恐，损耗元气，资助心火，火与元气不两立，火胜则乘其土位，此所以病也""夫阴火之炽盛，由心生凝滞，七情不安故也"等记载均认为"七情"作为致病因素的重要性。

张从正的《儒门事亲》发挥了《黄帝内经》的情志相胜疗法，提出"悲可以制怒，以怆恻苦楚之言感之；喜可以治悲，以谑浪戏狎之言娱之；恐可以治喜，以恐惧死亡之言怖之；怒可以制思，以污辱欺罔之事触之；思可以治恐，以虑彼志此之言夺之。凡此五者，必诡诈谲怪，无所不至，然后可以动人耳目，易人听视"，丰富了情志养生方法。

第一节 情志养生基础

一、情志与五脏的关系

《素问·宣明五气》曰:"五脏所藏:心藏神,肺藏魄,肝藏魂,脾藏意,肾藏志。"五神即指神、魂、魄、意、志,为心神所主。《类经·藏象类》曰:"意志思虑之类皆神也""是以心正则万神俱正,心邪则万神俱邪"。

《素问·天元纪大论》曰:"人有五脏化五气,以生喜怒思忧恐。"后人据此,将情志变化称为五志。宋代刘完素于《素问玄机原病式》中提出:"五脏之志者,怒、喜、悲、思、恐也。"五志即指喜、怒、忧、思、恐(忧又作悲)。五志与脏腑的对应关系为:肝在志为怒,心在志为喜,脾在志为思,肺在志为忧(悲),肾在志为恐。可见五志的变化即是情志活动的过程,且刘完素认为"若五志过度则劳,劳则伤本脏,凡五志所伤皆热也",五志过极,伤及相应脏腑且化热伤阴。

中医学上的"七情"首见于宋代陈言的《三因极一病证方论·三因论》:"七情者,喜怒忧思悲恐惊是……七情,人之常性,动之则先自脏腑郁发,外形于肢体,为内所因。"

情志活动与人体脏腑气血等功能密切相关。一方面,情志产生离不开脏腑所提供的物质基础,情志不调会影响到脏腑的功能;另一方面,脏腑功能的失调也会对情志造成相应的影响。因此,情志平和对脏腑健康有重要意义,正如《灵枢·本脏》云:"志意和则精神专直,魂魄不散,悔怒不起,五脏不受邪矣。"即适度的情志变化有利于脏腑的功能活动,而异常的情志变化可使人体气机失调,气血紊乱,甚至导致脏腑功能失调而发生疾病。

二、情志与表现

《说文解字》对"情"的释义为"人之阴气有欲者也",意为情的产生与人的欲望相关。《康熙字典》对情的定义为"情,心之动也"。指机体本身的感觉及机体受到外界因素刺激时所产生的内心感受。《说文解字》对志的定义为"志,意也","从心察言而知意也",即志有心意的意思;情志是人在接触和认识客观事物时,人体本能的综合反映,具有两重性,合理的情志反映有益于健康,过度的情志反映则有损健康。

中医最早关于"情志"记载则见于明代医家张景岳的《类经》,首次明确提出"情志病"病名,且病列"情志九气"。七情是指怒、喜、悲、忧、恐、思、惊七种情绪;喜、怒、忧、思、恐简称为五志。情志是在心神的主导作用下,以五脏精气作为物质基础,以相互协调的脏腑功能活动为内在条件,在外界事物的刺激和影响下,对于客观事物能否满足自己欲望而产生的一种内心体验,且具有某种倾向性的态度表现,是一种精神活动。

喜,是个体脏腑气血功能协调,且愿望实现,紧张解除等轻松愉快的情绪体验及相应的表情行为变化。关于喜,最早的解释见于《素问·举痛论》曰:"喜则气和志达,荣卫通利。"喜根据程度的不同,分为舒畅,快乐,喜悦,大喜或狂喜。喜伤心,过喜会使人心神散荡,魂不守舍,如《灵枢·本神》云:"喜乐者,神惮散而不藏。"

怒,怒与喜是相对的两极,是因遇到不符合情理或自己心境的事情,或由于某种目的和愿望不能达到,逐渐加深精神的紧张状态,达到一定的程度而向内、向外发泄产生的一种情绪体验。根据发作的强度不同可有不满、生气、小怒、大怒、愤怒、暴怒等多种,中医传统上将其分为郁怒和暴怒两大类。怒可引起机体气血异常；气血异常亦可产生怒的表现。适度的怒，可使压抑的情绪得到发泄，从而缓解过于紧张的精神状态，有助于人体气机的疏泄、条达，对人体的生理、心理都是有益的。怒伤肝，过度的愤怒可引起肝气上逆，重者气血上冲造成昏厥，如《灵枢·邪气脏腑病形》云："若有所大怒，气上而不下，积于胁下，则伤肝。"《素问·生气通天论》云："大怒则形气绝，而血菀于上，使人薄厥。"

忧，在古代文化中指忧虑。是对面临问题找不到解决办法而担心，以心情低沉为特点的复合情绪状态。多表现兴趣丧失，性欲低下，活动减少等状态。可伴有悲哀。忧是一种否定性、被动性、消极性的情感活动，虽在适度的范围内属正常的情志反应，但毕竟是一种不良的心境，若长时间处于此种状态下，将会有很大的致病性。忧伤肺，肺主皮毛，情绪抑郁、忧思会造成荨麻疹、斑秃等皮肤病。

悲，是指与失去所追求或所重视的事物有关的情绪体验。悲与喜具有对立属性，表现在对社会事件的满足与破灭，脏腑精气的亏虚与充实两个层面。悲哀的强度决定于失去事物的价值大小。多表现为表情淡漠、心灰意冷、精神不振、反应迟缓、唉声叹气、哭哭啼啼、泪流满面等。哭泣是释放悲伤所造成紧张情绪的表现形式，悲哀过甚可通过哭泣予以宣泄，是正常的情志反应。但悲哀是生活中遭遇与意愿相抵触的结果，属否定性、被动性、消极性的情志。悲伤肺，过度悲伤忧愁会耗损肺气，易出现感冒、咳嗽等症状。

恐，《说文解字》解释为："恐，惧也。"是自感面临某种有害的危险情境，企图摆脱、逃避却又无能为力时产生的一种情绪体验，也是一种精神极度紧张所引起的胆怯表现。往往是由于缺乏处理或摆脱恐怖的情境、事物的能力而形成的，奇怪、陌生也可能引起恐惧。恐惧多表现为面白色脱或面如土色、目瞪口呆、张口结舌、心悸脉数、汗出惊叫等，严重时可见不由自主地战栗、四肢瘫软、恐慌失措、奔逃躲避、二便失禁，甚至昏厥僵仆等。有的可能导致风声鹤唳、草木皆兵的错觉。产生恐的内在因素主要为脏腑气虚，如"血不足则恐""肝气虚则恐"等。恐伤肾，恐惧的情绪可造成精气下泄，肾气不固，下肢酸软，甚至大小便失禁、遗精等，即"恐则气下"，如《灵枢·本神》云："恐惧而不解则伤精，精伤则骨酸痿厥，精时自下。"

惊，在古代文献中，指马因受惊吓而行动失常，《说文解字》云："惊，马骇也。"是指突然遭受意料之外的事件，尤其在心神欠稳、脏腑功能失调的情况下，复遇异物异声而产生的伴有紧张惊骇的情绪体验。

惊的外在表现与恐相似，但程度较轻，并且恢复较快。惊与恐常并见，如《灵枢·口问》说："大惊卒恐，则血气分离，阴阳破败，经络厥绝，脉道不通，阴阳相逆，卫气稽留，经脉虚空，血气不次，乃失其常。"惊伤心神，《素问·举痛论》云："惊则心无所依，神无所归，虑无所定，故气乱矣。"

惊与恐的表现难以截然分开，往往相互为因，彼此转化，如《丹溪心法·惊悸怔忡》中说"惊者恐怖之谓"。但惊与恐既相似又有区别，张子和在《儒门事亲·内伤形·惊》中指出："惊者为自不知故也，恐者自知也。"故惊不自知，从外而入，是骤临危险，突遇怪异，不知所措恐为自知，从内而出，可预感到事情将要发生，但却无以应对，因而惧怕、退却。惊急恐缓，惊易复，恐难解。

思，古人有思考、思慕两种含义。如思虑过度，对所思问题有不解，事情未解决及个体肝脾气郁，功能低下时产生的担忧焦虑的心情，是一种思虑不安的复合情绪状态。思伤脾，忧愁过度伤害脾脏，导致脾胃运化不良、四肢沉重、烦闷不思饮食等，如《灵枢·本神》云："脾愁忧而不解则伤意，意伤则悗乱，四肢不举。"

三、情志病的病因病机

（一）病因

西医学理论中，对于精神心理疾病的病因分为生理因素、心理因素、社会因素。这与中医情志学提出的情志疾病的病因有内伤七情、体质因素、人格因素以及社会因素相符。

1. 内伤七情 七情指人体对客观事物和现象所作出的七种不同的情志反应，过于强烈的情志反应会使人体气机紊乱，情志失调，从而产生情志疾病。

2. 体质因素 体质，是由先天遗传和后天获得所形成的，人类个体在形态结构和功能活动方面所固有的、相对稳定的特性，与心理性格具有相关性。个体体质的不同，表现为在生理状态下对外界刺激的反应和适应上的某些差异性，以及发病过程中对某些致病因子的易感性和疾病发展的倾向性。根据脏腑气血阴阳的功能状态以及邪气的有无，可以分为正常体质与异常体质两大类。异常体质又可按邪正盛衰分为虚性体质与实性体质，或复合性体质三类。

3. 人格因素 人格是指个人所具有的比较稳定的心理特征的综合。个体的人格特征与情志疾病的发病相关，如个体有不良人格倾向则有增强心理应激反应的特点，从而促使个体对某些情志疾病具有易感性。

4. 社会、自然因素 社会因素包括社会文化、四时气候等因素，重视自然环境对个体心理产生的影响，体现了中医学天人相应的思想。

（二）病机

情志疾病的发生发展是生理、心理、环境因素综合作用，并且经过逐渐发展而形成的。临床中发现情志病的发生发展通常包含两个阶段。

1. 异常人格倾向的形成 人格的异常发展由先天禀赋、后天形成两大类因素决定，其中后天形成因素起着重要作用。先天禀赋指个体人格异常发展的先天倾向性，包括生理与心理方面的遗传素质。后天形成因素则包括个体的不良生活环境与经历，这些负性经历对个体产生刺激，使个体产生内伤七情，逐渐积累，最终导致异常人格的形成。

2. 情志疾病的发生 当个体具有异常人格这一发病基础，一旦受到负性事件刺激，则可能发生精神心理疾病。在情志疾病发生的过程中，异常人格倾向为素质因素，是内因，生活中的负性经历为诱发因素，是外因。

（三）发病条件

情志病的发病机制复杂，病因繁多，可以围绕着生活经历讨论情志病发病的条件。

1. 时机与时长 个体的人生中会遇到各种生活事件，而不同时机发生的事件对个体的影响不同。个体的生命早期是人格形成的时期，这一时期发生的生活事件对其人格会产生影响，现代心理学和中医心理学都指出，早期经历对人格的影响。

2. 刺激强度和个体素质 生活事件对个体的刺激有不同的强度，通常我们认为，较强的刺激对个体的影响较大，更易于引起异常人格或情志疾病。同时刺激作用于个体所产生的影响与个体素质密切相关。

第二节　以情制情法

一、以情制情法的特点

以情制情法又被称为情志制约法，主要是指利用一种情志制约另一种情志的治疗方法，进而达到消除、淡化不良情绪，益于机体健康目的一种情志调节法。

《素问·五运行大论》指出："怒伤肝，悲胜怒""喜伤心，恐胜喜""思伤脾，怒胜思""忧伤肺，喜胜忧""恐伤肾，思胜恐"。张子和在《儒门事亲·九气感疾更相为治衍二十六》中提到："悲可由喜治，以谑浪亵狎之言娱之；怒可由悲治，以恻怆苦楚之言感之；思可由怒治，以污辱欺罔之言触之；喜可由恐治，以恐惧死亡之言怖之；恐可由思治，以虑彼忘此之言夺之。凡此五者，必诡诈谲怪无所不至，然后可以动人耳目，易人听视。"朱丹溪也指出："因七情而起的病，宜以人事制之，非药所不能疗也。"

二、操作方法

首先要通过认真、细致、全面地和被施术者家属及本人沟通，了解究竟是何种情志引起情志改变其及表现，然后根据藏象理论、五行学说，选择相对应的方法技术。

（一）恐胜喜

恐胜喜法是设法让患者产生恐惧心理，以控制过喜病态情绪，从而达到养生目的的一种方法。因为心在志为喜，喜则气缓，喜一般为良性的情绪反应，《素问·举痛论》说："喜则气和志达，荣卫通利。"但过度的喜乐，则可损伤心神。如大喜、喜乐过度、狂笑可使心气涣散，导致嬉笑不止或疯癫之症。

本方法技术适应长期过喜、情绪较为高昂者。

（二）喜胜忧

喜胜忧法是应用语言、行为、事物使患者心中喜乐、笑逐颜开，达到养生目的的一种疗法。肺在志为悲忧，太过则使人肺气耗散而见咳喘短气、意志消沉等症状，还可由肺累及心脾致神呆痴疯，脘腹痞块疼痛，食少而呕等。心在志为喜，心主神志，各种情志所伤都会通过心神波及脏腑而引起各种病证；心主血脉，心气推动着血液在脉中运行，流注全身。因此喜法有调节心神，改善不良情绪，促进气血活畅、生机活泼的作用。

本方法技术适用于各种过忧伤肺之证，凡心理障碍表现为抑郁、低沉等也可应用此法。但表现为亢奋、狂躁者、心痛、出血证、疝气、脱肛、妊娠者等禁用。

（三）怒胜思

怒胜思法是盛怒以冲破郁思，使被施术者重新改变心理状态，从而达到养生目的的一种方法。正常的思虑为生理心理现象，但"过思则气结"，可使人出现神情怠倦、胸膈满闷、食纳不旺等脾气郁滞，运化失常表现。肝在志为怒，肝主疏泄，肝主升、主动、主散，发怒时肝气升发的作用可以使气散而不郁，气通而不滞，可以解除体内气机的郁滞，使不顺心或压抑的心情畅快起来。

本方法技术适用于长期忧思不解、气结成痰或情绪异常低沉，或用喜法治疗无效的病证。但凡表现为肝阳上亢、肝火易升、心火亢盛以及阴虚阳亢等证禁用。

（四）悲胜怒

怒为肝的情志表达，但过怒因肝阳上亢、肝失疏泄而表现出肢体拘急，握持失常，高声呼叫等症状。施术时诱使患者产生悲伤的情绪，悲则气消，将胸中的郁怒之气排解，有效地抑制过怒的病态心理。

（五）思胜恐

通过引导被施术者对有关事物进行思考，以制约患者过度恐惧，或由恐惧引起的躯体障碍。过度或突然的惊恐会使人出现肾气不固，气陷于下，而表现出心里不安、提心吊胆、神气涣散、二便失禁、意志不定等变化。

三、注意事项

1. 治疗的环境要舒适、恰当，但要在患者不知情的情况下进行，这样可以充分调动患者，而且整个治疗也显得自然真实。
2. 要充分考虑中国人沉静、自律、含蓄的情感方式的基本特点，制造一种适合的氛围，使患者被压抑的情感得到充分的宣泄。
3. 要充分结合中医"三因制宜"的特点，尤其注重个体的差异性，在充分了解患者的社会地位、贵贱贫穷、个性差异等情况下，辨证施治。
4. 情志相胜法的核心在于用一种情绪转移、制约与平衡另一种病理性的情绪。具体应用什么样的操作方法不必拘泥于机械地固守古典的五行模式，可以多样化，甚至可以综合性应用。
5. 注意控制情志刺激强度，不宜采用突然的强大刺激，或采用持续不断的强化刺激，同时，须取得患者家属的配合。

第三节　移情法

一、移情法的特点

移情法是指通过一定的措施和方法来转移注意力，改变人的意志、情感或周围环境以除去不良情绪及不良情绪所造成的痛苦，从而达到养生目的的一种方法，如参加体育活动，听音乐，去大自然中畅游，或者从事一些喜欢的活动，以达到疏通气血、调畅气机，调整脏腑功能的效果。

早在《素问·移精变气论》中就有记载："余闻古之治病，惟其移精变气，可祝由而已。""祝由"即在一定的形式下，针对患者的不良情绪及其心理状态，通过指导、劝说、安慰、保证，以疏泄感情，使其心中感情得以发泄，从而消除焦虑、紧张、恐惧等，纠正不良情绪的一种情志养生方法。清代医学家吴尚先在《理瀹骈文》序中也提出："七情之病，看花解闷，听曲消愁，有胜于服药者也。"根据不同的人，不同心境和环境条件，可以运用不同的移情易性法。

（一）升华超脱法

升华，就是用顽强的意志战胜不良情绪的干扰，用理智的情感，全身心投身到事业中去。超脱，就是放弃生活琐事中的存心得失，将自己置于更开阔的时空中，寻求精神的洗涤。即超自然，思想上把事情看得淡一些，看破，放下，精神上就得到解脱，行动上脱离导致不良情绪的影响。

（二）运动移情法

李东垣《脾胃论》里说："劳则阳气衰，宜乘车马游玩。"运动不仅可以增强生命的活力，而且能改善不良情绪，使人精神愉快。当思虑过度，心情不快时，应到郊外旷野锻炼或消遣，让山清水秀的环境去调节消极情绪，陶醉在蓝天白云、鸟语花香的自然环境中，舒畅情怀，忘却忧愁。在情绪激动易怒时，最为有效的方法是转移注意力，去参加体育锻炼，如打球、散步、打太极拳等，或参加适当的体力劳动，用运动的方式消除精神的紧张。到目前为止，世界上还没有医治"情绪病"的灵丹妙药，但运动能改善不良情绪，使人精神愉快。

（三）琴棋书画移情法

孙思邈在《备急千金要方》中指出："弹琴瑟，调心神，和性情，节嗜欲。"因此在烦闷不安，情绪不时，可以听一听音乐。欣赏一下戏剧，观赏一场幽默的相声，常常被逗得捧腹大笑，精神振奋，紧张和苦闷的情绪也随之而消。另外，根据各自的不同兴趣和爱好，分别从事自己喜欢的活动如抚琴、书法、绘画、观赏等，实践已证明，用这些方法一方面可以排解愁绪寄托怀，舒畅气机，怡养心神，美化心灵，有益于人之身心健康，另一方面可以提高生活质量。

二、操作方法

1. 在适宜、安静的环境下，充分与患者沟通后，了解患者的情志问题以及导致情志问题的原因之所在。
2. 在沟通过程中了解患者的兴趣、爱好等。
3. 在中医理论的指导下，制定并选择最佳的方式，给予患者建议，并引导患者接受，在治疗过程中往往需要多种方法相结合，可灵活进行应用。

三、注意事项

1. 热情诚恳，全面照顾　施术者以诚恳热情的态度去关心被施术者，通过自己的言行，调节好环境和被施术者周围的人和事，才能更有利于沟通和疏导。

2. 因人而异，有的放矢　被施术者来自社会各个阶层，由于每个患者的性格、年龄、爱好、生活习惯、经济情况和病证不同，因而会产生各种不同的情绪。

3. 循序渐进　结合被施术者自身的接受能力、配合程度及对治疗方法的反应，逐步进行，逐步深入来消除不良情绪造成的各种问题。

第四节　暗示法

一、暗示法的特点

暗示法主要是采取含蓄、间接的方法，对异常的心理状态施加影响，诱导其接受医生的治疗意见，树立各种情感，去改变其原有的情绪和行为，使情绪趋于稳定的一种情志养生方法。如有些人，对自身失去信心，形成偏见，说理开导等效果不佳，此时可通过某种场合、情景或施以针灸、药物的方法，暗示其病因已解除，从而达到养生目的。

暗示疗法最早记载于《素问·调经论》："按摩勿释，出针视之，曰我将深之。适人必革，精气自伏，邪气散乱，无所休息，气泄腠理，真气乃相得。"吴师机《理瀹骈文》中说："七情之病也，看花解闷，听曲消愁，有胜于服药者也。人无自不在外治调摄中，持习焉不察耳。"说明了暗示疗法的普遍存在，只是人们习以为常不察觉罢了。

二、操作方法

1. 充分评估患者引起该情志病的病因。
2. 充分了解患者的基本情况。
3. 取得患者的充分信任，对患者表现的症状给予理解。
4. 根据患者的具体情况，选择合适的暗示方法。暗示方法有语言暗示和借物暗示。语言暗示是指巧妙地运用语言，暗示某些有关疾病的情况，使患者"无意中"加以解脱从而消除病因，树立起信心，改善不良的情感状态。借物暗示是指借助于一定药物或物品暗示出某些现象或事物，以接触患者心理症结的方法。

三、注意事项

1. 在应用暗示法时，一定要用意良好，态度真诚。
2. 暗示疗法的效果与患者对疏导者的信任程度成正比，因此，暗示疗法必须建立在患者对医师深信不疑的基础之上。
3. 医师必须有专业的情志学或心理学知识，在认清病情的基础上，做好充分准备的前提下，进行暗示疗法，切不可让患者看出破绽。
4. 周围的环境也十分重要，只有在放松和注意力集中的情况下才能有效地施行。

第五节　开导法

一、开导法的特点

指通过交谈，用浅显易懂的道理，与患者沟通，解释病情，使患者了解自身情况以及其所能做的努力，主动解除消极的心理状态的一种疗法。《灵枢·师传》："人之情，莫不恶死而喜生，告之以其败，语之以其善，导之以其所便，开之以其所苦，虽有无道之人，恶有不听者乎！"

西方心理学认为，人类的词汇和语言，是心理治疗最为有力的工具，因为词汇和语言会通过大脑皮层而作用于机体，从而产生强有力的刺激信息。人的行为受信念、兴趣、态度等认知因素所支配，所以要改变当事人的不良行为，就必须先引导其认知的改变。

二、操作方法

1. 告之以其败　是指告知患者疾病的性质、原因、危害，病情的轻重深浅，引起患者对疾病的关注，使患者对疾病具有认真正确的态度。

2. 语之以其善　是指告知患者只要与医务人员配合，治疗及时，措施得当，是可以恢复健康的，由此增强患者战胜疾病的信心。

3. 导之以其所便　是指告诉患者养生和治疗的具体措施及饮食宜忌等，以便让患者配合治疗。

4. 开之以其所苦　是指要帮助患者解除紧张、恐惧、消极的心理状态。

以上的四个步骤相互依赖，逐层递进，构成一个全面完整的认知过程，与西方行为主义心理学的认知疗法相合。

三、注意事项

1. 首先要注意语言环境，语言要通俗易懂，并告知患者将会为患者保守秘密。
2. 要因人而异，做到有的放矢，晓之以理，动之以情，喻之以例，明之以法。
3. 要生动活泼，耐心细致，实事求是。

第六节　节制法

一、节制法的特点

节制法是指主动调节、节制情感，防止七情太过，达到心理平衡的一种情志调节法。《素问·阴阳应象大论》指出："喜怒不节，寒暑过度，生乃不固。"《吕氏春秋》也说："欲有情，情有节，圣人修节以止欲，故不过行其情也。"

怒为诸情之首，对人体健康危害极大。《素问·举痛论》说："怒则气逆，甚则呕血及飧泄。"孙思邈《备急千金要方》中也指出："卫生切要知三戒，大怒、大欲，并大醉，三者若还有一焉，须防损失真元气。"《老老恒言·燕居》说："虽事值可怒，当思事与身孰重，一转念间可以涣然冰释。"故制怒宜理性克服情感上的冲动，以免怒伤身。

二、操作方法

1. 选择让患者舒适、愉快的环境进行沟通，对患者进行心理评估。
2. 运用中医理论对患者的情况进行分析，进行情志治疗，以让患者能更好地调节过激的情志及适应环境。
3. 在疏导过程中要引导患者慢慢适应外环境以利于患者情绪平和，思想安定。

三、注意事项

1. 节制法的适应证是情绪过激之人，故要首先让患者认识到当下的情志状态。
2. 告知患者通过修身养性以节制情志。

第七节　疏泄法

一、疏泄法的特点

疏泄法就是把积聚抑郁在心中的不良情绪通过适当的方式宣达、发泄出去，以恢复心理平衡的一种情志养生方法。

《素问·六元正纪大论》曰："木郁达之，火郁发之，土郁夺之，金郁泄之，水郁折之。"周学海《读医随笔》:"凡肝热郁勃之人,于欲事每迫不可遏,必待一泄,始得舒快。"提出了以疏泄之法调养有"郁"者。《中国养生说辑览》:"凡遇不如意事,试取其更甚者譬之,心地自然清凉,此降火最速之剂。"指出合适的发泄情绪方式是恢复心理平衡的重要方法。疏泄法包括了发泄法、宣泄法等。

二、操作方法

1. 发泄法 发泄法是指通过一种比较恰当的方式,对不当的情感进行发泄,从而达到养生目的。

当人遭遇不幸,悲痛万分时,痛哭一场,就会觉得好受些。哭是痛苦的外在表现,也是一种心理保护措施。有学者研究认为,眼泪中含有神经传导物质,这种物质随着泪排出体外后,可缓和悲伤情绪、减轻痛苦和消除忧虑,所以痛哭一场比泪水往肚子里咽要好得多。喊叫也是发泄内心郁积的有效方式,强烈、粗犷、无拘无束的喊叫,可发泄不良情绪,恢复心理平衡。

要注意的是,通过摔打家具、打人、骂人等进行发泄,这种攻击性发泄方法是不理智、冲动性的行为,是不可取的。

2. 宣泄法 宣泄法是指对于压抑的情绪,不通过哭喊等形式发泄出来,而是采取疏导宣散,逐渐发泄的方式进行调节。在学习和工作中遇到不顺心的事,或受到挫折,甚至遭到不幸,怒从心头起,首先要冷静下来,控制一下自己的情绪,而后找知心朋友或亲人倾诉苦衷,或向亲人、朋友写书信诉说苦闷。可从亲朋好友的开导、劝告、同情和安慰中得到力量和支持,以消极苦闷心情。所以,广交朋友,互相尊重,互相帮助,是解忧消愁,克服不良情绪的有效方法。研究证明,建立良好的人际关系,是医治心理不健康的良药。

三、注意事项

1. 此法有较普遍的适用性,对于那些因外界条件所限,或个人过分压抑、胆怯、内向而致愿望难遂,积日成疾的心身病证患者来说,尤为适宜。

2. 疏泄要合情、合理、合规,现实可行,适度适量。

第九章 志趣类养生方法技术

扫一扫，查阅本章数字资源，含PPT、音视频、图片等

所谓志趣，《说文解字》曰："志，意也，从心。""趣，疾也，大雅。""志，本义为志向，心之所向""趣，本义为趋向、兴味，使人感到愉悦"。故志趣即为能够让人感到愉悦的志向和趣味。志趣类养生方法技术是指在中医理论指导下，通过琴、棋、书、画等各类让人愉悦的志趣来养心调神，舒缓压力，从而达到养生目标的方法技术。

第一节 音乐养生方法

音乐养生方法在中医基础理论的指导下，通过不同的音乐来舒缓压力、宁心安神、调养脏腑、顺畅气血而达到养生目的的一种方法。

中医通过五音调治身心，自古以来就是养生的重要方法之一。五音，是指中国古代五声音阶中的宫、商、角、徵、羽五个音级。若以某音为主音，其余各音围绕主音进行有序的组合与排列，便构成了特定调式的音乐。

《黄帝内经》中记载，肝属木，在音为角，在志为怒；心属火，在音为徵，在志为喜；脾属土，在音为宫，在志为思；肺属金，在音为商，在志为悲；肾属水，在音为羽，在志为恐。这是古人根据阴阳五行理论，把五音（角、徵、宫、商、羽）与人的五脏（肝、心、脾、肺、肾）和五志（怒、喜、思、悲、恐）有机地联系在一起，即五音配五脏，五脏配五志。元代名医朱震亨明确指出："乐者，亦为药也。"主张用音乐作为一种精神疗法。清代名医吴尚先认为："看花解闷，听曲消愁，有胜于药者。"可见，古代医家早已深刻认识到了音乐的养生作用。

一、操作方法

音乐养生的方式主要有聆听音乐，或者是参与音乐的演奏、歌唱等活动。音乐养生常常根据人体节奏和生物钟、五脏、性格、体质等选择音乐。

1. 根据人体节奏和生物钟选择音乐　人和自然是一个整体，人体的节奏与自然相顺应，机体则健康。人体节律与自然界变化的节奏不同步、振幅不一致，就可能导致疾病的产生。《类经附翼》曰："十二律为神物，可以通天地而合神明。"音乐的节奏，是自然和生活中与人类活动密切相关的节奏，这种和谐的音波符合人体组织细胞和器官的生理需要，在适当的频率及强度下，可激发人体的抗病潜能。

每个人从出生以后，就有了固定的生物钟。人体的抗病能力、体力等也随着这种生物钟而变化，选择适当的音乐，可以对生物钟起到调节作用。

例如晨起时，可以选择具有朝气、旋律明快的曲目，如丝竹乐《蝴蝶双飞》《满庭芳》等。

睡眠前，可以选择节奏比较缓慢的乐曲，如慢悠悠的晃动摇篮、民族管弦乐《春江花月夜》、二胡曲《二泉映月》等。

2. 根据五脏选择音乐 人体的各个脏器有不同生命节律，因此可以根据五脏来选择相应的音乐，如心系，可听徵调和羽调为主的《紫竹调》，以补益心气；肝系，听商音较重的《胡笳十八拍》，可克制体内过亢的肝气，曲中并配有羽音来滋养木气，使肝气条达、舒畅；脾系，可听徵音和宫音重的《十面埋伏》，增加脾胃运化功能；肺系，可听具有宫音、徵音及商音的《阳春白雪》，通调肺气；肾系，可听五音调和适中的《梅花三弄》，补益肾气。

3. 根据性格选择音乐 传统音乐有文曲、武曲之分，文曲柔和，武曲刚劲，文曲属阴，武曲属阳。文曲一般写景应情，如沉寂的山林，静默的原野，耸立的高山等，音乐表现出静态，静的意境使人的联想得到充分发挥，浩瀚的宇宙、闪亮的星空、奔流不息的江海，可以任其想象，无限追求。性格偏静之人，可以选择文曲养生。

武曲大多具有激越、雄浑、奔放的风格，可以与奋斗中的人们的心灵产生共鸣，使人热血沸腾，乐观向上，尤其激励人们将饱满的激情倾注于开拓性的事业中。性格偏动之人，可以选择武曲养生。当然，文曲、舞曲的选择也不是一成不变的。

4. 根据体质选择音乐 不同的人体有不同的体质，相同的人体在不同的时期体质也会发生一定的变化。如肝阳上亢者急躁易怒，给予商调式或悲伤色彩较浓的音乐聆听，如《小胡笳》《江河水》《汉宫秋月》等，这些乐曲以悲情见长，有良好的制约肝气上逆而缓解易怒情绪的作用；若为阴虚阳亢者，则选择《二泉映月》《寒江残雪》等柔和、清润的羽调式音乐，可滋阴潜阳等。

二、功效机制

《金峨山房医话》说："商音铿锵肃劲，善制躁怒，使人安宁；角音条畅平和，善消忧郁，助人入眠；宫音悠扬谐和，助脾健胃，旺盛食欲；徵音抑扬咏越，通调血脉，抖擞精神；羽音柔和透彻，引人遐想，启迪心灵。"五种不同调式音乐的声波振荡，对气机和脏腑功能的影响，可激发情感变化，调理人的心理状态。音乐的有益作用与积极的情绪、良好的身体素质、高效的氧气利用有关，能产生令人愉快的体验。

三、注意事项

1. 欣赏音乐要根据不同情况，有针对性地选择。如进餐时，宜听轻松活泼的乐曲，有促进消化吸收的作用；睡前，宜听缓慢悠扬的乐曲，有利于入睡；工间休息时，宜听欢乐明快的乐曲，有利于解除疲劳等。

2. 要结合个人的身体情况，选择曲目。如年老、体弱及心脏病患者，宜选择慢节奏的乐曲。

3. 要根据个人爱好选择曲目。无论民族乐、管弦乐，还是地方戏曲均以个人喜好为原则。喜好则悦，悦则气顺，喜好之乐都能起到调节情志的作用。

4. 要注意情绪变化。要在心闲气静之时演奏乐曲，方能达到养生的目的。情绪波动、忧伤恼怒之时，以欣赏乐曲为佳。

第二节 书画养生方法

书画养生方法是指通过书法、绘画的爱好，达到愉悦心情、养生目的的方法。长期坚持书画养生，可以使人筋骨强壮，气血条达，颐养性情，调节情绪。故有"书画者多长寿""寿从笔端来"之说。书画养生方法包括了书画作品的欣赏和书画作品创作等。

一、操作方法

1. 书画欣赏　取一安静环境，可单人或多人欣赏书画，将自己融入书画境地之中，陶醉于书画之美，达到忘我的境界，心情和思想都融入书画的意境美中，对发生的不愉快的事情视而不见，听而不闻，从而进入既轻松又安适的状态，没有了妄念和烦恼。得到一种美的享受，此时人身心愉悦，物我两忘，心手双畅，性情得到陶冶，精神得到享受，从而达到养生目的。现代研究表明：优秀的书画作品，会使人产生美的陶醉感觉，引起大脑皮质新的兴奋点，使原来处于紧张状态的部分得到休息，促使大脑各部分进入平衡状态。

2. 书画创作　选一个安静的环境，准备好创作书画所需要的物品。宁心静气，头正、身直、臂开、足稳；执笔时，指实、掌虚、腕平的姿势，书画中悬腕、悬肘，笔尖随着自己的心灵不断前落后顾、左撇右捺、上折下弯的运动。将全身之力和大脑之思全部集中于笔端，静中有动，外静内动，动、静、乐三者合为一体，以致心息相依，宠辱皆忘，从而内气充盈，精神焕发。书圣王羲之说过："凡欲法书，秉其精，贯其气，赋其形，运其势，寄其情，会其神，道其宗，衡阴阳，化五行，谓之书。"

书画养生基于人体的精、气、神，书画所体现的线条、形神、气韵，与养生中的精、气、神本质相同，在书画中，手臂的运动过程，不但调节了手臂的肌肉和神经，而且使指、臂、肩、背、腰、腿部也得到运动，而这种运动是舒缓的、适度的、协调的，贯穿了"摇筋骨、动肢节"的导引内涵。手、腕、臂、身和谐一致，呼吸、循环、大脑思维和谐调一，整个运动过程都在生理、精神和谐调一中进行。在书画创作过程中，大脑高度而不失自然地集中，净化了杂念，清气得升，浊气得降，真气运行，从而促进了身体健康。

二、功效机制

书画养生有平衡阴阳、调和气血、舒畅情志、健脑益智等功效。以高度集中的精力欣赏一幅画的人，或者投入一切精力进行创作的人，会忘掉周围的一切，抛却烦恼。气血运行平和，排除杂念，情志舒畅，精神愉悦，势必促进身体协调，阴阳平衡。沉静的思考，可以有效地调节人体的精气神，脑清目明。

三、注意事项

1. 劳累之时或病后体虚，不必强行习练书画。
2. 饭后不宜马上写字作画。饭后伏案，会使食物壅滞胃肠，不利于食物的消化吸收。
3. 书画虽能使人心胸宽阔、宁静致远，但在心气浮躁的时候，不易书法作画，情绪的波动直接影响字画作品的效果。

第三节　娱乐养生方法

娱乐养生方法是指通过轻松愉快、活泼多样的活动，在美好的生活气氛和高雅的情趣之中，使人们舒畅情志、怡养心神，通过寓养生于娱乐之中，从而达到养生目的的方法。娱乐活动内容丰富，形式多样。例如：弈棋、花木、垂钓、踏青、歌唱、舞蹈等。

一、操作方法

1. 弈棋　我国棋类有很多，如围棋、象棋、军棋，雅俗共赏，变化万千，趣味无穷。弈棋之时，精神专一，意守棋局，杂念皆消，神情有弛有张。既可锻炼思维、养性益智，又可与棋友磋商技艺，增进友谊。古人就有"善弈者长寿"之说。

弈棋时首先要选择适当的弈棋环境及适当的棋友，一般环境的选择，以室内安静之地为宜，在风和日丽之时，也可以选择室外；棋友一般以水平相当者较为合适。选择适当的棋种，并熟悉该棋的弈战规则，然后按照规则开始进行对决。

2. 花木　花木自古以来，就以其颜色、馨香、风采、风格和性格等，赢得了人们的称赞和喜爱。不仅能美化环境，净化空气，更有益于人们的身心健康，是人类生活中不可缺少的物质资源。花木的形、色、味等方面都能使人心情舒畅，心醉神往。种植花木不仅能促使人不断学习相关知识，掌握相关新技术，更可以活动筋骨，调畅情志，丰富生活情趣，具有神、形兼养之功。在庭院或阳台种些树木，养植草坪，盆栽花草，有益身心，既可调剂生活、美化环境，又能学到一些科学技术知识，提高艺术文化的素养，增添家庭乐趣。花木养生可以分为家庭花木养生和园林花木养生。

家庭花木养生主要是选择在居家环境当中布置一定的花木。可以根据居室条件，不可种植太多。窗台上摆放的花草不宜过高，否则影响阳光照射，减少室内阳光。有些花草分泌的香精油、花粉会诱发过敏性疾病，导致出现头痛、支气管哮喘、过敏性鼻炎等疾病发生。遇有过敏情况，应立刻将花卉移至户外或更换花卉品种。园林花木养生主要是依据养生需要，布置园林的花木环境，选择可以在园林中栽种的花木，精心培植。

受到中国传统老庄哲学思想的影响，中国的花木养生一般追求清新自然、恬静雅淡、纯朴无华的境界，体现了自然审美的观点，追求美丽的意境图画，适当讲究匀称和协调，彰显光辉与色彩。

3. 垂钓　垂钓作为一种户外活动，不仅能锻炼身体，而且修身养性，有益健康。垂钓前选择环境，养生垂钓一般多选处于群山环抱、绿林深处或秀水清溪之地，这种环境使人摆脱城市的喧闹及空气污染，令人安静，悠然自得。了解熟悉鱼的生活规律与习性，准备适当的垂钓工具。垂钓时身体极度放松，这是形松体静，但另一方面，思想必须集中，脑、手、眼高度配合，静、意、动相助，眼、脑专注于浮标，形体虽静，而内气实动，这种动静结合，使身心得到充分休息，这可提高视力和人体反应力。钓鱼需耐心和细心，稳坐钓鱼台的稳字，就是一个很好的概括，钓鱼不可性急，不求收获，但求意境。

4. 舞蹈　舞蹈是一种集艺术、音乐、消闲、娱乐于一身的活动，对身体健康、心理保健都十分有益。跳舞被喻为"世界上最好的安慰剂"。研究表明，跳舞两个小时，相当于运动距离约五公里，其中还包含着身体各部位的各种运动。舞蹈前需要根据养生需要和年龄特点，选择适当强度的舞蹈，着装宽松或者着舞蹈专用服装，做好适当的准备运动，以活动身体关节。舞蹈后要进行适当的放松，避免剧烈运动后造成的运动损伤，做好肌肉拉伸，全身进行放松运动，防止出现肌肉酸痛。

二、功效机制

弈棋可以锻炼识记能力、思考能力和计算能力等，预防老年性疾病。

花木不仅以它的形状、颜色令人赏心悦目，更主要的是，在花的香味中，含有一种既能净化空气，又能杀菌灭毒的芳香油，当芳香油在和人鼻腔内的嗅觉细胞接触时，立即通过嗅觉神经传递到大脑皮层，使人产生"沁人心脾"的快感。研究证明，每日到花木园林或绿地活动，能增加人体耐力，消除疲劳。

垂钓修身养性，由于工作压力、节奏的影响，常常处于紧张之中的人，甩竿投钩于波光粼粼的水中，端坐在岸边静观鱼漂的动静，会排除一切杂念，丢掉一切烦恼，工作的压力会一扫而光。

舞蹈具有增强心肺功能、调节新陈代谢、平衡身体节律、安定神志、增加生活情趣、调畅情志等养生作用。

三、注意事项

1. 凡事过犹不及，娱乐志趣是有益的活动，但要掌握适度，若娱乐过度，反而有损于健康。
2. 饭后不宜立即娱乐，饭后应稍事休息，以便食物消化吸收。
3. 娱乐时不要情绪波动，过分紧张、激动，对部分人员往往可诱发中风、心绞痛等病证，尤其是弈棋养生，应以探讨技艺为出发点和目的，不争强好胜。
4. 娱乐志趣要有适当的环境配合。

第四节 旅游养生方法

旅游养生是指以养生为目的，在空间上从甲地到乙地的行进并进行游览、观光、娱乐等活动的旅行。历代养生家多提倡远足郊游，而道家、佛家的庵、观、寺、庙也多建立在环山抱水、风景幽美之处，以得山水之清气，修身养性。旅游不仅可以一览大好河山之壮丽景色，而且还能借以舒展情怀，开阔心胸，锻炼身体，增长见识，是一种有益于身心调养的养生方法。

《素问·上古天真论》曰："气从以顺，各从其欲，皆得所愿……是以嗜欲不能劳其目，淫邪不能惑其心。愚智贤不肖，不惧于物，故合于道。所以能年皆度百岁而动作不衰者，以其德全不危也。"亦有"外不劳形于事，内无思想之患，以恬愉为务，以自得为功，形体不敝，精神不散，亦可以百数"。这说明了动静结合的养生观念，也是在游山玩水之间调养心神的养生精髓。

一、操作方法

随着人们生活水平的提高，旅游已经成为首选的度假方式。团游、自驾游、深度游、体验游为旅行者提供了多样的旅行方式。旅游要依据自身情况，量力而行。

旅游前首先应选择适合的旅游地点，可根据不同的人、不同的季节进行选择。春季天地气清，万物以荣，春芽初萌，自然生发之气始生，逢春季应顺应自然之生机，踏青便是一项有益活动。夏季天气炎热，暑热之气易伤人，此时可去海滨或森林，亦或北方清凉之地，应择时而往，避免太阳直射，尤避长时间在阳光下暴露。傍晚时分，泛舟湖上，观赏荷花，能使人顿感凉爽。秋高气爽的季节，是旅游的最佳时候。无论登山临水，还是游览古迹，均不失为最使人惬意的黄金季节。冬季可选择南方温暖之处，可养神温阳，有助身心健康。对于一般易悲多忧者，应去名山大川，可直抒胸怀，宽胸行气；肝气郁滞、心火亢盛者，应多去游亭台楼榭，可宁心静气，也可观古今奇观和起落较大的险景胜地，舒缓抑郁多愁之心境。选择好旅游地之后，对旅游地要进行一定的了解，尤其需要注意所要去的地方的气候温度，决定要带的衣物。选择适当的旅游方式，如跟团游或者自由行等。

二、功效机制

旅游是一种有益于身心的综合运动，可以欣赏自然美景，又可锻炼身体，更可以开阔眼界，可谓身心俱养的极佳养生方式。

1. 领略风光，心肺共养 当人们投身于大自然，深山密林、江河湖海、溪泉潭瀑、田园花草，可以愉悦心情、宁心安神。在大自然中，亦可呼吸大自然的新鲜空气，空气中的负氧离子含量高，可以清肃肺气。经常能够去空气新鲜的地方游玩，既可预防疾病，保持身体健康，又能对某些疾病起到良好的康复治疗作用。

2. 强身健体，形神共养 远足跋山涉水，不仅观赏了大自然的奇妙风景，领略了美好的环境，同时也活动了身体筋骨关节，锻炼旅行者的体魄。旅途行进中，可使人气血流通，利关节而养筋骨，畅神志而益五脏，具有强身健体之功。年老体弱者，可漫步运动，不必求快求远；体胖者，旅行是减脂的好方法。

三、注意事项

1. 旅游着装以宽松舒适、适合旅游为主。
2. 在旅游地要随风入俗，不要违反当地的习惯。

第五节 色彩养生方法

不同色彩光波作用于人体后，在产生色感的同时，在大脑中也会产生某种应激反应，使人体产生生理上的满足与心理上快感的方法，称为色彩养生方法。早在《灵枢·五色》就有"以五色命脏，青为肝，赤为心，白为肺，黄为脾，黑为肾"的记载。近年来，色彩养生方法正在逐步走向科学化、普及化。人们逐步掌握了利用色彩对人体进行刺激来舒缓压力，达到养生目的。

一、操作方法

色彩养生应用范围非常广泛，涵盖了衣着穿戴、起居生活、学习工作环境等，还可以通过指导个人观察色卡、进行色彩冥想来实现养生的手段。同样在饮食上，使用不同色彩的食材，也可起到不同的养生作用。

不同的色彩，代表不同的意义，对衣着穿戴、起居生活、学习工作环境等科学地进行色彩的布置，可以达到减缓焦虑，平衡心身，调益脏腑，提升健康的养生作用。如选择代表个性的颜色装扮自己，能提高自信心和亲和力。在起居、工作、学习环境上，布置上喜欢的色彩，可以把自己置于一个轻松安静的氛围中。

由于个体差异，同一色彩在不同人身上可以产生不同的效应。因此，色彩养生操作前，应制定个性化的色彩养生方案。

1. 红色 红色的波段最长，穿透力强，感知度高，使人感觉温暖、兴奋、热情、积极、幸福等，也是我国传统的喜庆色彩；但另一方面也可催生烦躁情绪。现代研究表明，红色一般能激起人雄性荷尔蒙的分泌。

2. 橙色 属于暖色，具有红与黄之间的色性，是温暖、响亮的色彩，使人感觉活泼、华丽、温情、愉快、幸福等；但另一方面也可使人产生疑惑、消极的倾向。

3. 黄色 是色彩中明度最高的色彩，是透明、健康的色彩，使人感觉轻快、光辉等；但另一方面也会产生轻薄、不稳定、冷淡等作用。

4. 绿色 大自然中所占面积最大的色彩，是和平、安详的色彩，使人感觉青春、生命、新鲜等；但另一方面使人产生比较柔弱的感觉。

5. 青色 是既有蓝色的宽广，又有绿色的平和色彩，使人感觉清爽、低调等；但另一方面使人产生内向的感觉。

6. 蓝色 是典型的寒色，使人感觉冷淡、远大、宽广等；但另一方面使人产生刻板、恐惧等感觉。

7. 紫色 使人感觉神秘、优雅、庄重、奢华等，但另一方面使人产生孤寂、消极等感觉。

二、功效机制

色彩具有养肝明目、健脾和胃、平衡阴阳等功效。现代研究表明，不同的颜色具有不同频率的光波，具有不同的能量，能对人体相应组织器官及心理状态产生不同的影响。如冷色使人感觉清静、清爽，有消炎、镇静的功用；暖色使人心跳加快、血压升高，产生激动情绪等。选择相应的色彩，可以养肝明目、减缓焦虑、调节脏腑功能。

三、注意事项

不同的色彩会产生不同的作用，如红色是刺激性的颜色，过多凝视大红颜色，会影响视力，易产生头晕目眩之感。心脑病患者一般是禁忌红色。黄色对心情压抑、悲观失望者会加重这种不良情绪，忧郁症患者不宜接触蓝色，否则会加重病情。

不同色彩的食材，虽可起到养生作用，但切不可过于教条，生搬硬套，一定要遵循中医理论，因时因地因人制宜（具体见饮食类养生方法技术）。

第六节 社交养生方法

社交是指在一定的情感状态下进行社会联系和沟通的行为，是人类生存、延续后代，认识、发展和实现自我价值的需要。社交有广义、狭义之分，广义的社交是一切人际联系的活动，甚至看书、看报也是通过一定媒介（文字）进行情感和信息的社交沟通；狭义的社交指有一定的目的，并采用一定的手段，与特定的人际客体进行联系和沟通的行为。人际关系是依赖于社交的人群，社交是人际关系形成的基础，人群是人际关系发展的土壤。

人是具有团体性的，人的一切活动离不开社会联系。人类除了生存必需的基本需求之外，还需要自我肯定。社交活动，最能体现人的价值和自身存在的自我肯定。社交中，更有动力去发挥自己的体能，并在社会组织的性质中调整人们的情绪，从而改变体内的荷尔蒙水平，达到养生作用。

社交志趣养生的培养主要是增进人与人的感情交流、情感的表达和抒发。通过情感的交流可以使人的身心愉悦，以达到养生的目的。七情六欲人皆有之，是人类基本的心理情绪和生理要求。正常的精神活动，有益于身心健康；而异常的精神活动可使情绪失控而导致机体脏腑功能失调，引起人体内阴阳紊乱、气血不和，诱发各种疾病。因此善养生者，应注意情志的调控。

《黄帝内经》中将怒、喜、思、悲、恐五种情绪或心理状态统称为"五志"。《素问·阴阳应象大论》提出"人有五脏化五气，以生喜怒悲忧恐"，这将"五志"的化生与五脏的生理功能联系起来，说明"五志"是以五脏精气为物质基础而产生，也是脏腑功能活动的一种表现。同时

"五志"对脏腑功能也有一定的影响。适度的"五志",可调节脏腑气机,但"五志"失调会损害脏腑功能,易诱发心身疾病。《素问·五运行大论》曰:"怒伤肝……喜伤心……思伤脾……悲伤肺……恐伤肾。"《素问·举痛论》:"余知百病生于气也,怒则气上,喜则气缓,悲则气消,恐则气下……思则气结。"五脏在正常生理状态下气机是相互影响的,心火下炎、肾水上济、肝气左升、肺气右降、脾主升清、胃主降浊。《黄帝内经》把气的运动趋势概述为"升降出入",这就像人体运转的轴承,内外配合,不停运转,一旦打破这种平衡,人体就会出现各种问题。

一、操作方法

(一)社交礼仪原则

注重社交礼仪在培养社交志趣养生中尤为重要,只有注重礼节礼仪,才能使得人与人的社交沟通更和谐舒适,有利于对于精神的培养、五志的抒发。在与人交往中坚守原则也尤为重要。社交中需要坚持的原则如下:

1. 尊重原则 尊重包括两个方面:自尊和尊重他人。自尊就是在各种场合都要尊重自己,维护自己的尊严,不要自暴自弃。尊重他人就是要尊重别人的生活习惯、兴趣爱好、人格和价值。只有尊重别人才能得到别人的尊重。

2. 真诚原则 只有诚以待人,胸无城府,才能产生感情的共鸣,才能收获真正的友谊。没有人会喜欢虚情假意,多少夸夸其谈都会败下阵来。

3. 宽容原则 在人际交往中,难免会产生一些不愉快的事情,甚至产生一些矛盾、冲突。这时候我们就要学会宽容别人,不要因为一些小事而陷入人际纠纷,正所谓退一步海阔天空。

4. 理解原则 理解是成功的人际交往的必要前提。理解就是我们能真正地了解对方的处境、心情、好恶、需要等,并能设身处地的关心对方。有道是"千金易得,知己难求",人海茫茫,知音可贵。

5. 平等原则 与人交往应做到一视同仁,不要爱富嫌贫,不能因为家庭背景、地位职权等方面原因而对人另眼相看。平等待人就不能盛气凌人,不能太嚣张。平等待人就是要学会将心比心,学会换位思考。只有平等待人,才能得到别人的平等对待。

(二)社交礼仪

在人与人的社会交往中注重礼节也是养生的一部分。对礼节的注重方便人与人的社交沟通,使人的自身修养,精神层次有显著的提高。

1. 称呼礼仪 在社交中,人们对称呼一直都很敏感,选择正确、恰当的称呼,既反映自身的教养,又体现对其重视。称呼一般可以分为职务称、姓名称、职业称、一般称、代词称、年龄称等。使用称呼时,一定要注意主次关系及年龄特点,如果对多人称呼,应以年长为先,上级为先,关系远为先。

2. 握手礼仪 握手是沟通思想、交流感情、增进友谊的一种方式。握手时应注意不用湿手或脏手,不戴手套和墨镜,不交叉握手,不摇晃或推拉,不坐着与人握手。握手的顺序一般讲究"尊者决定",即待女士、长辈、已婚者、职位高者伸出手之后,男士、晚辈、未婚者、职位低者方可伸手去呼应。平辈之间,应主动握手。若一个人要与许多人握手,顺序是:先长辈后晚辈,先主人后客人,先上级后下级,先女士后男士。握手时要用右手,目视对方,表示尊重。男士同女士握手时,一般只轻握对方的手指部分,不宜握得太紧太久。右手握住后,左手又搭在其手上，是我国常用的礼节，表示更为亲切，更加尊重对方。

二、功效机制

参与社交活动，可以娱乐身心，使得感情得以抒发。通过社交，对于五志有很大的影响，可以获得更多信息、改善情绪、调节自我行为。在人与人的社交中可以使人志趣相投、陶冶情志、修身养性。

三、注意事项

社交中注意掌握分寸，对于不同的人要有不同的交往准备。

第十章
起居类养生方法技术

扫一扫，查阅本章数字资源，含PPT、音视频、图片等

起居类养生方法技术，是指在中医基本理论的指导下，通过调节人体的生活起居，使之适应自然界变化和人体生理规律的一种养生方法技术。起居类养生方法技术主要包含起居环境、睡眠养生和衣着养生等方法技术。

第一节　起居环境养生方法技术

起居环境包括自然环境、社会环境、居住环境，与人的生命活动密切相关。人一生约有2/3以上的时间在住宅里度过，因此居住环境的好坏直接影响着人们的身心健康。居住环境是指住宅及其周围的自然环境，可分为居室外环境（大环境）和居室内环境（小环境）。起居环境养生方法技术是指通过调整起居环境，更好地提高生活质量、促进心情愉悦、健康长寿的一种方法。我国古人早已意识到起居环境对于人类健康和养生的重要性，如《孟子·尽心上》所言："居移气，养移体，大哉居乎！"又如清代医家曹廷栋之《老老恒言》所言："院中植花木数十本，不求名种异卉……阶前大缸贮水，养金鱼数尾。"在院落中种绿植、养金鱼，体现了古代养生家对居住环境的美化，蕴含着中医自然观思想，同时也体现了他们对身心健康、文化修养和美好生活的孜孜追求。

一、居室外环境

居室外环境是指住宅或住所周边的自然环境和人文环境，又称大环境。唐代著名养生家孙思邈在《千金翼方》中指出："山林深远，固是佳境，独往则多阻，数人则喧杂。必在人野相近，心远地偏，背山临水，气候高爽，土地良沃，泉水清美，如此得十亩平坦处，便可构居……若得左右映带，岗阜形胜，最为上地，地势好，亦居者安。"这体现了古代养生家对居住大环境的认识。由此可见，科学合理、因地制宜地选择住宅和建造一个舒适宁静的居住环境，对保障和促进身心健康、延年益寿具有非常重要的养生作用。

（一）宅址的选择

《保生要录》中指出："传曰：土浓水深，居之不疾。故人居处，随其方所，皆欲土浓水深。土欲坚润而黄，水欲甘美而澄。"这体现了水土条件对宅址的选择有重要的影响。宅址的选择，既要充分考虑地面干燥、平坦、安静、阳光充足及交通便利等条件，更要尽可能地避开各种污染源。若有条件，尽可能依山傍水，在土壤清洁、土质干燥的地方选址，宅址如具有一定的坡度则更佳。

1. 空气清新 无论在山野郊区或是现代城市选择住宅，居所的通风条件和空气质量应当是首要重视和考虑的因素。如山区、草原、森林、滨海地区，空气清新污染较少，应当是最理想的居住地。

2. 地势宜高 中医基本理论指出，居处潮湿是湿邪伤人的主要原因。主要原因是居所环境中的湿气由下蒸腾至上。地势低洼处或易积水处，潮湿的地表蒸腾的湿气会逐渐影响到居民的健康，继而改变居民的体质，正如《素问·太阴阳明论》所言："伤于湿者，下先受之。"因此，在住宅地势和层次的选择上，应考虑具有一定的高度，这也有益于居室的采光和空气的流通。

3. 风景宜人 古人崇尚超凡脱俗、隐居山林，大多主张在依山傍水、气候宜人、土地肥沃、水质清洁之处居住。《吕氏春秋》中指出："轻水所，多秃与瘿人；重水所，多尰与躄人；甘水所，多好与美人；辛水所，多疽与痤人；苦水所，多尪与伛人。"相水以宜人，若居处水质不良，长此以往，则会引发多种疾病。在现代城市，如条件允许，建议在公园、湿地等力求山水可依的地方选择居所。如自主建房，建议在背有靠山、前有河流湖泊，视野开阔，令人心情愉悦的地方选址。

4. 因地制宜 我国地处北半球中低纬度，疆域辽阔，秦岭南北各地地理气候虽有不同，但大部分地区以大陆性季风气候为主。因此房屋结构的设计也应因地制宜，又具有相同之处同。如大多数国人喜欢坐北朝南的居所，这是因为有利于室内采光，又可避免太阳照射过度或采光不足。各地气候迥异，房屋结构也有所不同，如雨量充沛的南方屋顶设计坡度一般较大，北方相对干旱少雨，屋顶设计坡度较小。又比如黄河以北的冬季漫长寒冷，东北、西北民居的墙壁就厚而结实，而南方如海南、广西部分地区，一年四季居住于竹楼或木板房。这些都是反映了起居养生应当因地制宜的经验理论，因此，建造或改造房屋，应当考虑当地的气候环境特点，因地制宜。

（二）避免环境污染

在当代社会，环境污染被人们越来越重视，因其直接影响和威胁人类的健康和生命安全，如近年来被广为关注的雾霾。空气污染、噪声污染、光污染和电磁污染，是影响人们日常起居养生最主要的四种污染。

1. 大气污染 大气污染又称空气污染，是指空气中含有损害人体健康的污染物，严重危害着人类的健康。由于呼吸道黏膜与污染物的接触面积大，可以快速吸收而引起呼吸系统疾病，甚至造成全身中毒，因此呼吸道首当其冲成为人体被大气污染危害的第一道屏障。空气中的污染物随风飘落或随雨水降落，人类食用了在受污染的土壤和水里生长的粮食、蔬菜、鱼虾后，对消化系统会造成危害。皮肤、鼻黏膜、眼睑等部位通常会被污染物直接造成危害。工业的发展带来的化学污染物对人体造成的危害更大，部分污染物甚至具有致癌作用，如多环芳烃中的苯并芘就是一种强烈的致癌物，能诱发多种癌症。因此住宅选址应尽量避开空气污染严重的区域。

2. 噪声污染 噪声是指干扰人们工作、学习、休息、睡眠等不协调的声音，属于不需要的声音。现代社会的噪声主要来源于交通运输、工业生产、建筑施工、公共活动和社会噪声等，其中由飞机、汽车、火车、轮船、摩托车等交通运输工具发出的鸣笛、刹车、引擎运转等所产生的噪声占全部噪声来源的 2/3。噪声超过一定的分贝，就会干扰人的睡眠，影响人的情绪和正常生活，还可降低工作效率，因此噪声的污染对人体健康的危害是多方面的。噪声易致烦躁、疲劳、记忆力减退、反应迟钝，尤其是可以直接损害人类听力。因此，应当在环境清幽雅静之处选址居所，正如清代医家曹廷栋在《老老恒言》中所言："养静为摄生要务。"

3. 光污染 光污染主要分为三类：白亮污染、人工白昼和彩光污染。光污染可降低睡眠质量、损伤视觉器官、干扰大脑中枢神经，情况严重时使人出现头晕目眩、恶心呕吐、食欲下降、情绪低落、身疲乏力等症状。因此，避免被动接受光污染，亦是选择居所位置的重要考虑因素。

4. 电磁污染 电磁污染是由电磁辐射环境造成的，电磁辐射环境是指交替变化的电场和磁场在空间中以波动形式传播的能量形式。国内外的流行病学调查和大量实验研究证实，电磁辐射可造成广泛的生物学效应。长期生活或作业于高压辐射区域的人会出现记忆力减退、失眠多梦、头晕乏力、月经不调、嗜睡、脱发等症状，严重损害人类的健康。因此，宅址要远离各种通信广播电视发射塔、军用和民用雷达站、高压线及航空安保系统，防止电磁波污染致病。

二、居室内环境

居室内环境，即居室环境，是指建筑物内的小环境，由屋顶、地面、墙壁、门、窗等建筑维护结构从自然环境中分割而成，也就是人们时刻挂念的"家"。一个人一生中大约有三分之二的时间是在家中度过的，因此居室的小环境直接影响人们的生活与健康。良好的室内环境可提高机体各系统的生理功能，增强抵抗力，降低患病率和死亡率；反之，低劣的室内环境对居住人形成恶性刺激，会降低其健康水平。

每个人都希望有一个温馨而舒适的居室，舒适的环境受限应当具有合适的温度、湿度、日照和通风等。一般而言，22～25℃为最舒适的室内温度，40%～60%为最佳相对湿度，在这样的居室环境里生活，人们的体感会非常舒适，心情愉悦，工作或学习的效率都较高。居室的小气候也应随自然界的四季气候变化适当调整。一般夏季的室内温度以25～28℃、相对湿度以低于70%为宜；冬季的室内温度以18～25℃、相对湿度以大于30%为宜。居室内的昼夜温差一般不要超过6℃，相对湿度不要小于30%或大于70%。居室内环境需要注意以下几个方面。

（一）通风良好

城市居民的住所大多为由钢筋水泥浇灌、金属门窗装修的公寓楼，密闭性、隔音性较好，居住于闹市区、公路旁高层建筑里的居民为防噪防尘，通常一年到头紧闭门窗，这样的居住位置造就的生活习惯，也必然使房间通风换气状况不良。

新鲜空气使人身体舒适、心情愉悦，然而房间通风不良，会使氧气消耗过快，造成房间内氧气含量不足，二氧化碳等混浊空气含量增加。长期生活在此种环境中，会使居住人出现头昏、头胀、胸闷、乏力等亚健康表现。因此无论身居何处或何种季节气候条件，都要经常开窗通风换气，让室外新鲜空气与室内混浊空气形成对流，从而改善室内空气质量。

研究证实，居室在清晨时的空气污染程度要比室外严重得多，因为房间的建筑材料、装饰材料及家用电器等都可产生有害气体和挥发性物质，污染居室环境，危害人体健康。特别是新建成、新装修的居室，由于建筑材料和装修材料所产生的有害化学物质对居室的污染尤为严重，入住者通常会出现眩晕头痛、恶心呕吐、咳嗽哮喘、口眼鼻咽等黏膜刺激感及皮肤过敏或皮肤干燥等"新建居室综合征"。因此要对新建成、新装修的居室经常通风，尽可能地降低室内空气污染。

（二）采光良好

太阳光能调节温度、湿度、清洁环境、净化空气、消毒灭菌，其中的紫外线，不但可以杀灭细菌、病毒等致病性微生物，还可促进肠道对钙的吸收，因此，居室内要保证良好的日照采光环境。长期避光或在光照不足的室内生活、工作，会导致居住人出现精神萎靡、忧虑、压抑、疲劳等亚健康状况，严重时会导致青少年身高发育不良、老年人骨质疏松。因此，居所对于日照的采光应当予以重视。

（三）装修简洁

由于新居建造及装潢所使用的各种涂料、油漆、家具、黏合剂及墙纸、墙布等装饰材料中会散发出甲醛、酚、石棉粉尘、放射性物质等，均可引起居住人出现头昏、失眠、皮肤过敏等表现。因此，居室装修宜简不宜繁，选用无毒无害的材料。新居装修结束后应至少开窗通风 2 个月，待室内挥发性物质消散后再入住新居。

（四）远离电磁辐射

微波炉、收音机、电视机、电脑及手机等家用电器工作时所产生的各种不同波长频率的电磁波，这些电磁波充斥空间，对人体具有潜在危险，被称为电磁辐射或电磁污染。电磁辐射对人体有热效应和非热效应两方面的危害。人体接受电磁辐射时，体内分子会随着电磁场的转换而快速运动，使人体温度升高，此种热效应会引发头晕、失眠、健忘等神经系统的功能障碍；非热效应是指人吸收的辐射不足以引起体温升高，但可引起相应的生理变化和反应。与电器保持安全距离，可有效预防电磁波对人体的危害，离电器越远，受电磁波的侵害就越小。

（五）警惕尘螨

尘螨是一类主要存在于室内衣服、枕头、被褥、空调及尘土中的微小螨虫，肉眼不可见，可引起人体许多过敏反应如过敏性哮喘、过敏性鼻炎、过敏性皮肤病、过敏性胃肠道疾病等。因此居住人平日需注意清洁卫生，保持室内通风干燥，经常清洁除尘，勤洗衣物，可有效清除尘螨及其代谢产物。暴晒被褥枕头，可杀灭尘螨，同时还可破坏各种过敏源，是消除尘螨过敏的有效手段。

第二节　睡眠养生方法技术

睡眠，古代养生家称"眠食"，人的一生中，近三分之一的时间是在睡眠中度过的，因此，睡眠对人类的健康具有重要的意义。睡眠养生就是根据宇宙与人体阴阳变化的规律，采用合理的睡眠方式，以保证睡眠质量，恢复机体疲劳，养蓄精神，从而达到防病治病、强身益寿的目的。睡眠是人体的生理需要，也是维持生命的重要手段，与生存有着同等的意义。

一、睡前调摄

睡前调摄指做好睡眠前的各项准备工作，是保证高质量睡眠的前提。

（一）调摄精神

《景岳全书》指出："心为事扰则神动，神动则不静，是以不寐也。"故在睡前应保持安静平和的心态，防止情绪出现较大的波动。睡前调摄主要是调摄精神。古人调摄精神有操、纵二法之说，通俗的理解即为从两个极端调节精神。如《老老恒言》："操者，如贯想头顶，默数鼻息，返观丹田之类，使心有所着，乃不纷驰。""纵者，任其心游思于杳渺无朕之区，亦可渐入朦胧之境。""操"是指收视返听，断其杂想，驾驭思维，使阳藏于阴，平心静气，形成平静的睡眠意识;"纵"是指自由联想,意念远驰,逐渐减弱影响睡眠的自主意识,使人体产生困意,产生睡眠的生理需求逐渐入睡。因此,时常自我演练、操纵结合,逐渐培养和陶冶心境,恬然入睡。因此,调摄精神,是睡前调摄的首要内容。

（二）适量运动

睡前适量的柔和运动可使人产生困意,单调、重复的缓慢运动散步能增强睡意,同时消耗部分体力,使人更易入睡。但是需把握好度,运动不可过激、过量,否则阳气浮动,精神激动,反而不利于睡眠,难于安卧。一般而言,傍晚或夜晚,不建议剧烈运动,以锻炼为目的的运动最好在睡前6小时完成。睡前可进行自我按摩或练习柔和体操、柔体瑜伽,使全身肌肉放松,帮助入眠。

（三）睡前濯足

历代养生家都将睡前热水濯足作为养生方法。热水濯足可疏经通络,行气活血,消除疲劳,促进血液循环。坚持热水濯足,配合按摩涌泉穴,对助眠入睡大有裨益。濯足,是指用热水浸足,水温保持在40～45℃为宜,以热而不烫、自觉舒适为度；水量以没踝为宜。浸泡时双脚相互摩擦或用双手按摩足背、足心,并由下至上按摩小腿；时间以30分钟左右为度。泡完后用毛巾擦干后进行足底按摩,一般常用手搓摩足底部的涌泉穴。具体操作步骤为：先用左手握住左脚趾,用右手拇指或中指指腹按摩左脚涌泉穴36次,然后再用左手手指指腹按摩右脚涌泉穴36次,如此反复2～3次后,左右手、左右脚互换,按摩另一侧足底。按摩涌泉穴可以滋肾清热,导火下行,具有除烦、宁神、助眠的功效。

（四）饮水适量

睡前饮水过多会使膀胱充盈,夜间排尿次数增多,特别是老年人,肾气已虚,固摄功能减弱,夜间起床过频,也常给老年人带来一些健康问题,如出现体位性低血压等。茶叶中含有的咖啡因等成分可兴奋中枢神经,因此睡前饮茶会影响睡眠质量,烟、酒、咖啡、巧克力、辣椒等刺激性食物以及肥甘油腻之品也不宜在睡前食用。"胃不和则卧不安",故睡前1小时内不宜饮水进食,以防夜尿频多或增加胃肠负担而影响睡眠。

（五）注重个人卫生

《脉因证治·齿》云："夫齿乃肾之标,骨之余。"故刷牙漱口,保持牙齿的良好状态,可以防止早衰。早晚刷牙漱口,既能保护牙齿,也是睡眠卫生的重要内容。睡前刷牙漱口能尽去一日饮食残渣,防止食物残渣形成牙结石,引起口臭、龋齿、牙周炎等各种疾病。刷牙不仅使口腔清洁,还能起到按摩牙龈,改善牙周血液循环的作用。

二、睡中调摄

人在睡眠状态下,身体各组织器官大多处于休整状态,气血主要灌注于心、肝、脾、肺、肾五脏,使其得到补充和修复。安卧有方就可以保证人的高质量睡眠,从而消除疲劳,恢复精力,有利于人体健康和长寿。

（一）睡眠姿势与方位

古人主张的最佳睡眠姿势是向右侧卧，双腿微屈，全身放松，即"卧如弓"。如《华山十二睡功总诀》指出，睡眠时应"松宽衣带而侧卧之"。现代研究认为，右侧卧位时，脊柱向前弯曲，四肢自然置于在舒适的位置上，全身肌肉能较好地放松，胸部受压最小，有利于减轻心脏负荷，使心输出量增多。另外，这种姿势也可使肝脏位于右侧最低，可获得较多的供血，有利于促进新陈代谢；胃通过十二指肠和小肠通向大肠的开口都向右侧，有利于食物在消化道内吸收、运行，故《老老恒言》说："如食后必欲卧，宜右侧以舒脾气。"

孕妇睡眠，宜取左侧卧位，尤其是妊娠中、晚期，仰卧时，增大的子宫可直接压迫腹主动脉，使子宫供血量骤然减少，可严重影响胎儿发育和大脑功能，故左侧卧最利于胎儿生长，可大大减少妊娠并发症。婴幼儿不宜俯卧，婴儿自主力差，不能主动翻身，加之颅骨软嫩，易受压变形，长期俯卧，会造成面部五官畸形，长期一侧卧或仰卧也易使头颅发育不对称。因此婴幼儿的卧姿应该在大人的帮助下经常变换体位，一般每隔1～2小时翻1次身变换1次体位。

（二）睡眠时间

一般来说，年龄与睡眠时间、睡眠次数呈反比关系，即年龄越小，睡眠时间相对应长，睡眠次数宜多，以利于生长发育的需求。正常情况下，成年人实际睡眠时间建议每日6～8小时。良好的睡眠，能保障儿童的身体发育，能让青年人的精力旺盛，还可以降低老年人心、脑血管病的发病率。

（三）睡眠禁忌

《睡诀铭》曰："先睡心，后睡眼。"意思是睡时一定要专心安稳思睡，不要思考日间或过去未来的杂事，甚至忧愁焦虑，这样既易致失眠又伤身体。《备急千金要方·养性》有"暮卧常习闭口"之说，指出睡时不可掩面，以被覆面极不卫生，吸入自己呼出的二氧化碳，导致呼吸困难。适宜的温度能让人安然入眠，夏季盛暑时，不可当风露宿，或在室内空调温度极低的情况下睡眠。睡前忌热水浴和冷水浴，沐浴时避免水温过高或过低，只宜冲温水澡。若欲进行热水浴，应提前到睡前2～3小时。

三、睡眠环境

卧室环境和卧具形成了睡眠环境，均对睡眠质量产生重要影响。良好的卧室环境和舒适的卧具是提高睡眠质量的基本条件之一，营造一个温馨的卧室，对于睡眠至关重要。

（一）卧室环境

卧室环境重在安静，因此尽量不要选择临街的房间，以免影响睡眠质量。卧室应保持空气新鲜，无论天气冷热，均应每天定时开窗通风换气，以免潮湿、秽浊之气滞留，但同时要注意忌卧处当风。卧室内色彩宜宁静，窗帘最好根据天气变化更换颜色和厚度，如夏天可用浅绿、浅米色的冷色调，使人感到凉爽；冬天可选橙红等暖色调且质地厚重些的窗帘，使人感到温暖。卧室的家具宜少，以简洁明快，朴素而不失高雅为原则；色调和风格应避免杂乱，尽量一致。正如《备急千金要方》所言："至于居处，不得绮靡华丽，令人贪婪无厌，乃患害之源。但雅素净洁，无风雨暑湿为佳。"这样才能够使身心平静，才能使人忘却世间的烦恼，充分缓解身心的疲惫。卧室面积要适中,一般而言,面积在 15 平方米左右为好。太大显得空旷而缺乏安全感,导致入睡困难;太小既使人郁闷又不利于空气流通,降低睡眠质量。卧室应光线幽暗,尽量杜绝光污染。《老老恒言·安寝》曰:"就寝即灭灯,目不外眩,则神守其舍。"较强的光线能通过刺激视网膜产生神经冲动导致大脑活跃而无法进入睡眠状态,即使进入睡眠状态,睡醒后也会有精神不振之感,影响工作和学习的效率。

(二)卧具选择

卧具包括床、褥、被、枕、睡衣等。

1. 床 从养生的角度看,最利于健康的是木制平板床,其次是棕床和藤制床。床的高度以略高于就寝者膝盖为宜,一般以 45cm 为好,方便上下床和膝关节及整理床铺时躯干的活动。床垫要软硬适度,一般以木板床上铺 10cm 的棉垫为妥。有适当硬度的床垫对人体的反作用力有利于保持脊柱正常的生理曲度。床铺面积宜大,睡眠时便于自由翻身,有利于筋骨舒展。床的摆放也会影响舒适性和睡眠质量。床头不宜置于卧室的门或窗的通风处,以防外邪侵入;《备急千金要方·居处法》中指出:"小觉有风,勿强忍,久坐必须急急避之,久居不觉,使人中风……身既中风,诸病总集邪气得便遭此致卒者,十中有九,是以大须周密,无得轻之,慎焉慎焉。"床面忌高低不平,避免脊柱变形弯曲。

2. 褥 褥是北方人多用的卧具,南方部分人一般不用褥,或只在冬季或天气寒冷时加用。《老老恒言·褥》曰:"稳卧必得厚褥,老人骨瘦体弱,尤须褥厚,必宜多备,渐冷渐加。每年以其一另易新絮,紧着身铺之,倍觉松软,挨次递易,则每年皆新絮褥着身矣。"褥子宜厚而松软,随天气冷暖变化加减。一般以 10cm 厚为佳,软硬适度宜以利于维持人体脊柱生理曲线。

3. 被 被是仅次于床的重要卧具,《老老恒言·被》曰:"被取暖气不漏,故必阔大,使两边可折。"被宜宽大,宜以有利于翻身转侧、舒适为度。被宜稍轻,以防压迫胸部四肢。被宜保温,被芯宜选棉花、丝绵、羽绒为好,腈纶棉次之。被面宜柔软,可选丝绸、细棉布、棉纱等,不宜用腈纶、尼龙、的确良化纤制品,化纤制品易产生静电影响睡眠质量。

4. 枕 枕头是睡眠时直接接触颈部和头部的卧具。《老老恒言·枕》强调:"太低则项垂,阳气不达,未免头目昏眩;太高则项屈,或致作酸,不能转动。酌高下尺寸,令侧卧恰与肩平,即仰卧亦觉安舒。"枕头的高度基本以不超过肩到同侧颈的距离为宜。枕头不宜过宽,以 15~20cm 为度,但稍长无妨,尤其对老年人,枕头的长度应够睡觉翻一个身位的标准。枕套可根据个人喜好来选择,淡雅与绚丽都不失为美,人的视觉可以调整人的心理,有利于养生。由于枕套与头部或颈部密切接触,因此枕套的质地对睡眠的影响也极为重要,应当选择透气性和吸水性都比较好的纯棉面料。

枕头的选择要软硬适宜略有弹性,枕头过硬,会使头部局部血液循环受阻而致头项麻木,过软则难以维持枕头的高度使头部过于下陷而影响睡眠。枕芯应选用质地松软之物,最好能散发头部热量,符合"头冷脚热"的睡眠原则。民间多选荞麦皮做枕芯。经验证明,用荞麦皮装六七分满的枕头,其松软程度有利于睡眠。荞麦皮性寒凉、味酸甘、无毒。据《本草纲目》记载,荞麦能降气宽肠,气盛有湿热者宜之。此种枕芯冬暖夏凉,具有清热泻火、舒适轻柔的特点。除此之外,枕芯还可选用小米、绿豆、干茶叶、干橘皮、蒲绒、木棉等材料。枕头的形状应当以能够支撑颈椎正常生理曲度为宜,过高、过低、过硬、过软的枕头都会影响颈椎的曲度,继而发展为颈椎病,影响健康。

枕头的卫生也直接影响健康。人在睡眠时，头部及颈部皮肤蒸发及体内排泄的污物、头皮分泌的汗渍、油垢会浸染枕套、渗入枕芯，使枕头成为藏污纳垢的地方，尤其在夏季，潮湿闷热空气会滋生繁殖大量微生物。患有呼吸道、消化道或皮肤传染病的患者，可通过枕头导致家庭成员之间交叉感染。因此，应当经常清洗晾晒枕套，枕芯应时置于阳光下暴晒，或定期丢弃更换。

5. 睡衣 睡衣亦是重要的家居服饰，合适的睡衣能让人身心放松，有助于提高睡眠质量。一般以舒适、吸汗、保暖、透气为基本原则。根据不同的季节和气候环境，可以选择不同质地的睡衣。夏天一般选用轻、薄、软、透气性好的面料，且要悬垂性好及吸热、吸汗等功能；春秋则选用保暖性能好、轻松、舒适的睡衣；冬季则可选择保暖的面料，稍浓重些的色彩及图案。

四、助眠方法

良好的睡眠标准一般是：入睡快，上床后 5～15 分钟即可进入睡眠状态；少起夜，夜尿次数不多于两次；睡眠深，无梦呓，不易惊醒，无梦游现象；眠中呼吸均匀，无鼾声、磨牙；体位变化不大；清醒快，起床后自觉浑身轻松、精力充沛、精神饱满、头脑清醒。对于睡眠稍差的人群，可采用以下助眠方法提高睡眠质量。

1. 自我调节 清代曹庭栋在《老老恒言》中提出的"操""纵"二法，其实就是冥想和自我催眠诱导入寐的方法。心神安宁是入睡及提高睡眠质量的前提，因此，睡眠的关键在于自我心神的调节。

2. 饮食安神 睡前可少量服食一些有益睡眠的食物，如核桃、蜂蜜、百合、桂圆、牛奶、酸枣仁、香蕉、莲子、大枣、小麦、木耳、苹果等，还可配合使用一些帮助睡眠的药膳。

3. 音乐安神 睡前可选择低分贝的舒缓的轻音乐助眠，如海浪缓慢拍打沙滩声音、丛林中风鸣鸟叫声等，人随着音乐节律心神逐渐安宁，呼吸节律也会逐渐减慢，非常有助于入寐。

4. 香熏助眠 根据个人喜好，可将薰衣草、佛手柑、柠檬等精油滴入扩香瓶、扩香木或扩香器等挥发香味，具有良好的助眠功效。

第三节　衣着养生方法

衣着，即穿衣着装，服装是人们日常生活中最基本的要素之一，是人类在长期生活中逐渐发明的，是人类文明的表现。首先，服装是用来御寒防暑，保护肌体的物品。其次，服装也反映了时代精神风貌和物质财富水平，在一定程度上体现着社会的文明程度。衣着既体现着外在的美，也和身体健康密切相关。

《素问·上古天真论》以"任其服"三个字简明扼要地概括了其总体精神。"任"中寓有"顺"之意。除去穿衣中的面料、质地、颜色、舒适、合体等内容，从中医养生角度而言，衣着服饰更强调的是三因制宜，要顺时、顺地、顺人着衣。《灵枢·本神》言："故智者之养生也，必顺四时而适寒暑。"人类要顺应天地四时阴阳，就要从日常生活做起，其中，衣字当先，必不可少。《黄帝内经》关于顺应四时穿衣的观点主要有服饰的色彩、款式和穿着方式等要顺应四时阴阳生长收藏的特性，防寒防暑，四时皆需谨防风邪等。

一、顺应四时

《灵枢·师传》中指出："便此者，食饮衣服，亦欲适寒温……寒温适中，故气将持，乃不致邪僻也。"适时择衣应根据不同季节而各有所异，纺织衣料的导热性越低，它的热缘性和保暖性越好。麻纱类作为夏季衣料为宜，毛织品可制成冬装，氯纶、醋酯纤维和腈纶等导热性也较低，也是保温性良好的纺织材料。根据四时变化选择不同衣物，以达到寒温适中、保养生命的目的。

1. 透气　冬季外衣织物的透气性应较小，以保证衣服具有良好的防风性能，而起到保温作用。夏季衣料应具有较好的透气性，有利于体内散热。

2. 吸湿散湿　夏天的衣服和冬装内衣，除了注意透气外，还要注意选择吸湿、散湿性能良好的纤维，有利于吸收汗液和蒸发湿气。

3. 色泽　衣料颜色不同，对热的吸收和反射的强度也不相同。一般来说，衣服颜色越深，吸热性越强，反射性越差；颜色越浅，反射性越强，吸热性越差。夏天宜穿浅颜色服装，以反射辐射热；冬天宜穿深色衣服，以利吸收辐射热。另外，衣着的颜色对人的心情调节和陶冶也有直接关系。

4. 质地　内衣和夏装要选择轻而柔软的衣料，穿在身上有清爽的感觉，若贴身穿粗糙硬挺的衣服，不但不舒服，而且皮肤易于擦伤。

在我国四季分明，制装应符合季节变化的特点。春秋季节气候温和，多种纺织品均可选作衣料，由于春季多风，秋季偏燥，故制装时选择透气性和吸湿性适中的衣料为宜。化学纤维织品的透气和吸湿性能都低于棉织品，而高于丝织品，最适宜做春秋季节的衣料，并且具有耐磨、挺括、色泽鲜艳的优点。

夏季气候炎热，选择服装的基本原则是降温、通风透气，以利于体热和汗水的散发。《老老恒言·衣》曰："夏虽极热时，必着葛布短半臂，以护其胸背。"指出，要人们至少穿着背心短袖衫之类，尤其是对体弱和老年人更为重要。

冬季气候寒冷，服装要达到防寒保温的效果，宜选择织物厚、透气性小和保温性良好的深色材料。随着生活水平不断提高，人们逐步用丝棉、驼毛、人造毛、羽绒等来代替棉花。既松软轻便，保温效果又好。此外，帽子、鞋袜、围巾等，也要求根据四时特点合理选用。

二、舒适得体

对衣着尺寸的选择应"量体裁衣"，保障衣着有利于气血运行和正常发育。尤其是在青少年时期，生长发育比较旺盛，不可片面追求线条美和造型，衣着和服饰不应过紧过瘦。衣服过紧，人体会有压迫感，穿着不舒适。如果年轻女性长期束胸以及内衣过紧，会影响胸廓发育；束腰过紧，可致胸廓变形，有损健康。衣着过于肥大、襟袖过长，则不利于保暖，也不便于活动。舒适是人类本能的需要，穿衣就是为了舒适、保健。《老老恒言·衣》曰："惟长短宽窄，期于适体。"指出，衣着款式合体才会既增添美感，又使人感觉舒适，从而起到养生保健的效果。

三、适时增减衣服

由于四季气候的变化各有一定的特点，故脱着衣服时必须不失四时之序。《老老恒言·燕居》说："春冰未泮，下体宁过于暖，上体无妨略减，所以养阳之生气。"春季阴寒来尽，阳气渐生，早春宜减衣不减裤，以助阳气的升发。夏季尽管阳热炽盛，适当脱着衣服，仍是避其凉热的最佳方法。秋季气候转凉，亦要注意加衣，但要避免一次加衣过多。俗有"春捂秋冻"之说，即春季宜稍暖，秋季可稍凉。冬季如《摄生消息论》所云："宜寒甚方加棉衣，以渐加厚，不得一顿便多，唯无寒而已。"

衣服要随天气变化及时增减，切不可急穿急脱，忽冷忽热。《摄生消息论·春季摄生消息论》曰："春季天气寒暖不一，不可顿去棉衣。老人气弱骨疏体怯，风冷易伤腠理，时备夹衣，温暖易之,重减一重不可暴去。"《老老恒言·燕居》亦云:"绵衣不顿加,少暖又须暂脱。"古人认识到穿衣不宜过暖过寒,否则反易受邪致病。因为衣服过暖或过寒,则机体缺乏耐受风寒的能力,而使抗邪防病之力减弱。至于老人和身体虚弱的人,由于对寒热的耐受性较差,所以又当尽量注意慎于脱装,以免风寒暑湿之邪侵袭,小心调摄。

《彭祖摄生养性论》说:"先寒而后衣,先热而后解。"说明衣服的穿脱应根据天气变化及时更换。此外,出汗之后,穿脱衣服尤宜注意如下:一者,大汗之时忌当风脱衣,如《备急千金要方·道林养性》说:"凡大汗,勿偏脱衣,喜得偏风半身不遂。"这是因为大汗之时,人体腠理开泄,汗孔开放,骤然脱衣,易受风寒之邪侵袭而致病。二者,汗湿之衣勿得久穿,如《备急千金要方·道林养性》所言:"湿衣与汗衣皆不可久着,令人发疮及风瘙。"《老老恒言·防疾》亦云:"汗止又须即易。"因为汗后湿衣不易干,伤人体阳气。汗后腠理虚,汗湿滞留肌肤,易产生风寒湿之类的病变。此外,帽子、鞋袜、围巾等也要根据四时特点及个人体质和审美的需要而合理选用。

第十一章
少数民族特色养生方法技术

扫一扫,查阅本章数字资源,含PPT、音视频、图片等

第一节 苗医养生方法技术

苗族医药学,是我国现存时间较为久远的传统医药学之一。由于历史的原因,苗族没有流传下来自己的文字,其医药理论及养生方法主要通过口授相传的形式传播。苗族医药及养生法经过千百年的沉淀传承至今,与其优越的自然环境及苗族特色的民俗习惯关系密切。苗岭地区生态环境优美,物种资源丰富,为苗族医药及养生方法继承和发展的基础,苗族民俗习惯包罗万象,养生方式涵盖了人文历史、日常作息等方面。这些丰富的资源与苗族的民俗是苗医药养生的重要基础。

在苗族丰富多彩的养生方法技术中,饮食养生、运动养生、药物养生等构成了苗医养生的主体。运动养生中的武术强身是苗族传统养生方法技术之一,苗族人民创制了较多的武术套路。在民间流传的有"七十二拳术秘诀""三十六拳术秘诀""神拳十二套"等几十种武术套路,在增强身体素质、预防疾病起到了关键作用;苗家还注重食疗与药疗在生活中的应用,如夏天食用羊胆、羊肝以清热泻火,冬季食狗肉以温阳散寒,达到温补强壮的作用。一年四季喜喝"酸汤",酸汤性寒味酸,不仅具有清热、泻火、解暑的功效,还有健脾胃、助消化之功效。另外,苗族人民平时常身带盐巴、大蒜、白味莲、薄荷等以防暴病、急病的发生。

一、饮食养生

苗族人民依据气候、风俗与所处环境来调整饮食习惯,苗族人民在食品种类、烹饪方式、传统饮食习俗等方面已形成养生的理论和实践。其饮食特点主要是重糯食、喜酸、喜酒、善腌。苗族人民常居深山、气候高寒,适宜寒凉属性的糯谷生长,形成了苗族人民常食糯食的饮食习惯;将新鲜食材腌制成酸制品或腊制品,酸甜可口、防腐耐贮,既增添了食物的风味,也缓解了盐贵盐缺的处境;苗民们喜酒善酿,不仅一年四季均要酿制糯米甜酒,同时根据时令气候的不同调整酒品,如重阳节酿造重阳酒;结合道地药材所生产的杜仲酒、天麻酒等,可以平肝潜阳、息风止眩,充分利用了环境资源的优势。苗族人民将饮食养生融入日常生活中,体现了苗族地区饮食养生之特色。

(一)天麻酒

将天麻 72g,制首乌 36g,丹参 48g,黄芪 12g,杜仲、淫羊藿各 16g,白酒 2000g。各味切碎,纳入纱布袋内,扎紧袋口,放入酒坛内,倒入白酒密封。浸泡半个月以上,每天振摇 1 次。

具有补养肝肾、活血祛风的作用，主要用于预防冠心病、高血压、高脂血症及肥胖等。儿童和孕产妇禁用，对白酒过敏者禁用。

（二）刺梨酒方

将核桃（鲜果）250g，刺梨根 130g，白酒 1000mL。前两物洗净，捣碎，用白纱布袋盛之，置于干净容器中，加酒冷浸，密封。浸渍 20 天后开启，去掉药袋，过滤后备用。具有补益气血、缓解疼痛的作用，可预防胃肠道疾病。

二、药物养生

苗族使用药物防病的历史已十分悠久，苗族人善于遵循节气用药，以此来祛邪驱毒。如端午佳节，通过熏蒸艾叶消毒室内环境，同时将艾草煎煮成汁，作为沐浴之用，能祛风止痒、杀虫疗癣。苗族民间还有"欢兜传丹砂，消除瘟疫"的习俗，将丹砂捻成细末，在季节交替之际撒于室内以达到消毒灭菌、除疫保健的功效。

（一）社饭

上好糯米 2000g，野蒿嫩叶 500g，野葱头 100g，腊肉 100g，豆腐干 100g，花生米 100g，食盐适量。糯米用清水淘洗浸泡 8 小时左右滤干，野蒿搓揉剔筋漂洗去苦味，花生米炒脆拍破，腊肉及豆腐干洗净切丁，野葱头洗净拍破。上 7 味拌匀后置于木甑中蒸熟即成。

糯米具有甘温益气健脾的作用，是苗族人民的主食之一；野蒿即茵陈蒿的嫩叶，能清热疏肝、利湿退黄；野葱头即薤白鲜品，味苦性温，能温中通阳、下气散结止痛；花生味甘性平、能养血补脾胃；豆腐干凉，入脾、胃、大肠经，益气和胃解毒；腊肉入脾、胃、肾经，有滋阴养血润燥之功。本方主用糯米甘温益气健脾，辅以腊肉、花生滋阴养血润燥，佐用野蒿清湿热助肝胆生发之气，再以薤白辛温通阳、理气消胀以防壅滞。全方补而不滞，温而不燥，色、香、味俱佳，尤适宜脾胃虚弱、气血不足之人服用。

（二）甜藤粑

糯米 1000g，鲜甜藤 300g，鲜清明菜 100g。糯米打粉备用，甜藤洗净捣烂取汁（可加少量清水），清明菜洗净捣泥。以甜藤汁和糯米粉及清明菜泥，拌匀后捏成重 100g 左右之面团，上锅蒸熟即可。

甜藤即鸡矢藤，又名臭藤，性味辛、甘、酸、平，能祛风活血、疏肝解郁、化食消积、解毒止痛；清明菜即鼠曲草，能止咳化痰、和胃止痛、清热平肝。以糯米甘温补脾为主，辅以甜藤、清明菜疏肝和胃、化食消积、理气止痛。身体虚弱、食欲不振、胃脘疼痛的人群可以食用。

第二节　壮医养生方法技术

壮族医药是壮族人民在长期的生产生活实践中，对积累和总结出的宝贵医疗经验进行提炼和升华而逐渐形成的独特的理论体系，是我国传统医药的重要组成部分。

壮族医药在养生方面，也积累了丰富的经验和理论，并且具有鲜明的地方特色和民族特色。为了防御疾病，壮族先民们总结了丰富且颇具特色的养生方法，比如熏洗、外敷、针法、灸法、药物洗鼻或雾化等；而且在早期就通过体育锻炼来增强体质、预防疾病。此外，还通过改善居住环境、隔离更衣、食用药膳、端午节赶药市等方法，从饮食、起居、环境、心理、体育等方面保健养生。

一、药线点灸法

壮医药线点灸法，是采用经过多种药物制备液浸泡过直径一般在 0.25～1mm 的苎麻线，将一端点燃，形成圆珠状炭火，将此炭火迅速而敏捷地直接灼灸在人体体表一定穴体或部位，用以预防疾病的一种独特医疗养生方法。

操作方法：把经药液浸泡后松散的药线搓紧、拉直，用持线手食指和拇指指尖相对，持药线的一端，露出线头 1～2cm，将露出的线端在灯火上点燃，线头呈圆珠状炭火星。持线手小指先固定药线，中指和无名指再扣压药线，将药线回收，同时拇指前伸，食指指尖与拇指指腹相对，露出线端 0.5cm，将药线的炭火星线端对准穴位，顺应手腕和拇指的屈曲动作，拇指指腹稳重而敏捷地将有圆珠状炭火星的线头直接点按于穴位上，一按火灭即起为 1 壮，一般每穴点灸 1～3 壮。

点灸手法是决定疗效的重要因素。点灸疗法的施灸手法分为两种，即轻手法和重手法。临床应用原则是体弱者用轻手法，体壮者用重手法。施灸时，快速点压，令珠火接触穴位即灭便为轻手法；缓慢扣压，令珠火较长时间接触穴位即为重手法。另外，在使用前将药线搓得更紧，令其缩小，然后进行点灸，就会得到轻手法的效果；反之把两条药线搓在一起，使之变粗，然后用其进行点灸，就会得到重手法的效果。

为了避免产生不良后果，必须执行以下禁忌：

1. 孕妇禁灸，尤其是腰以下的穴位。
2. 男性外生殖器和女性小阴唇部禁灸。
3. 点灸眼区及面部靠近眼睛的穴位时，嘱其闭目，以免不慎将火花飘入眼内引起烧伤。
4. 患者情绪紧张或过度饥饿时慎用。

穴位经点灸后，一般都有痒感，特别是同一穴位经连续数天点灸之后，局部会出现一个非常浅表的灼伤痕迹，停止点灸 1 周左右即可自行消失。嘱患者不要抓破，以免引起感染。

二、竹筒灸法

壮医竹筒灸疗法是在竹筒内放置艾绒，艾绒与皮肤之间隔衬野芋头片而施灸的一种灸疗方法。

操作方法：用一根长约 8cm、直径约 4cm 的竹筒，一端留竹节，另一端锯掉竹节，在距口径约 2cm 处分别开两条长方形气槽，宽约 2cm，长达另一端之竹节。施灸时，先用厚度约 2mm 之野芋头薄片，粘贴于竹筒的开口端，然后填入艾绒，平气槽为度，点燃艾绒，以粘野芋头的一端轻轻压在痛点或选取的穴位上，至局部感到热甚（能忍受为度），再重压竹筒，热感消失，约过三息（约 10 秒），即可移开竹筒，完成灸治。施灸时，以患者能忍受为度，防止烫伤。有温经通络、扶正补虚的作用。如直接在腰部施灸，可以预防腰痛；在感冒多发季节灸大椎、肺门及曲池，可预防感冒；灸定喘，可预防哮喘的发作。

三、火功疗法

壮医火功疗法是用经过加工炮制的药枝，点燃熄灭明火后，用两层牛皮纸包裹，熨灸患者身体一定部位或穴位,以达到养生目的的一种方法。

操作方法:将追骨风、牛耳风、过山香、大钻、五味藤、八角枫、当归藤、四方藤、吹风散等药,切成15～20cm长的段,晒干后用生姜、大葱、两面针、黄柏、防己一同放入白酒中浸泡(酒要没过药物),7天后取出晒干备用。操作时,取1盏酒精灯,把上药枝的一端放在酒精灯上燃烧,明火熄灭后,把燃着暗火的药枝包裹于两层牛皮纸内,在患者身上的穴位施灸(灸时隔着衣服或直接灸在皮肤上均可)。

火功疗法的药物具有舒经活络、散瘀止痛之作用,使用时药液通过温热作用加速渗入皮肤组织,因而有明显的温经散寒、调和气血、平衡阴阳的作用,起到防治疾病、养生保健的作用。对有开放性创口、感染性病灶、孕妇禁用本疗法。

四、香囊佩药法

香囊佩药法是指在壮医理论指导下,选用壮药加工成药粉置香囊内佩挂于颈胸部,通过气道吸收药物挥发成分,畅通气血运行,达到养生目的的一种方法。

操作方法:选择透气良好的布料制成香囊袋。根据养生的需要,选用具有养生作用的壮药,如苍术、石菖蒲、山漆、白芷、细辛、藿香、佩兰、丁香、甘松、薄荷等,共研细末,装袋。一般每个香囊内装药粉6g,装袋药物量也可依据药佩的形状及大小而定。将装好的香囊用丝线佩挂于颈项、戴于手腕或置于上衣口袋内,也可挂于室内等,夜间可挂于床头或蚊帐内。药袋内药物一般5～7天换约1次。

香囊佩药法通过药物散发的芳香气味,经鼻黏膜吸入,可以鼓舞正气、祛邪外出、畅通气血运行、平衡阴阳,从而达到养生的目的。

妊娠期妇女,不宜使用佩药疗法。因佩药疗法所用的药物,多有芳香流窜之性,用之不当易造成流产或早产等不良后果。在佩药的过程中可能出现过敏,应停止佩药,适当使用抗过敏药物。

五、熏蒸法

壮药熏蒸法是在壮医药理论指导下,通过燃烧壮药产生的烟火或煎煮壮药产生的蒸汽熏蒸相应部位,从而达到养生目的的一种方法。

操作方法:蒸熏所用的药物可根据病情选用。如预防风寒感冒,取肉桂、桂枝、荆芥、生姜、葱白等,煎汤熏蒸头面或全身;烟火熏法常用青蒿、五月艾、五指枫等晒干混合后,置于容器空地处燃烧,或煎煮产生蒸汽,使其浓烟及热气熏蒸患处。

通过药物的热辐射作用,使局部保持较高的温度和药物浓度,药物的药效直接挥发经皮肤吸收,可以扩张血管、改善人体血液循环,并能长时间发挥作用,更利于增加血管的通透性,加快体内代谢产物排泄,提高机体防御能力和修复能力,从而达到养生的目的。

在接受熏蒸治疗的过程中,如出现头晕或恶心等不适时,应马上停止治疗,静卧休息;冬季应注意保暖;每一次接受治疗的时间不宜超过半小时。老人和小孩接受熏蒸治疗应有专人陪护。

六、壮医热熨法

壮医热熨法是指在壮医理论指导下,借助热力,或热力配合药力,熨烫人体一定部位,以疏通气血,调节人体阴阳,从而达到养生目的的一种方法。

（一）非药物热熨法

本法是将某些非药物性的东西炒热、煮热、烧热或用其他方法加热，待温度适宜后趁热熨烫患者一定部位，从而起到养生作用。壮医常用的非药物热熨疗法有如下几种。

1. 沙熨法 取细沙适量，放在锅内炒热后加适量酸醋，装袋，或将沙熨后加入姜汁30～50mL，再炒1分钟，装袋，趁热熨相关部位。主要用于预防腰腿痛及关节疼痛等。

2. 生盐熨法 取生盐500g，放在铁锅内单炒或加醋炒，炒热后装在布袋内，热熨相关部位。如熨上腹部可暖胃，熨腰部可预防腰痛，熨关节部位可保养关节，熨脐周两侧及小腹部可以起到抗病和强身保健的作用，熨背部两侧肩胛间至大椎穴处可预防感冒和咳嗽等肺系疾病；熨膻中可以预防心系疾病，熨小腹正中可预防小便不利及尿失禁。此外，熨小腹及腰部还可以预防男性的阳痿、早泄、遗精及女性的痛经、宫寒不孕等。

3. 米熨法 将大米炒热，装袋，热熨局部。主要用于预防腰腿痛及关节疼痛等。

4. 犁头熨法 取报废的犁头铁一块，硫黄适量，将犁头铁放入火灶内烧热，取出，再撒上一些硫黄粉，待其温度降到40℃时，即把犁头铁熨在相应部位上，用于预防腰腿痛及关节疼痛等。

5. 酒熨法 取30℃的米酒250～500mL，烫热，用药棉浸蘸，揉搓胸口，自下而上，可以预防胸痹、心痛等。

6. 葱熨 取连根茎的大葱500g，切碎，干锅炒热，再用30～50mL米醋烹，随即用布包好，熨小腹及脐周。熨小腹正中可预防小便不利及尿失禁；熨小腹及腰部还可以预防男性的阳痿、早泄、遗精及女性的痛经、宫寒不孕等。

7. 姜葱熨 取老姜头、老葱头各500g，鲜大风艾或橘子叶30～50g，切碎，拌米酒适量炒热，放入布袋，扎住袋口，熨四肢关节部，可预防关节病变。若熨脐周，可防治小儿伤食、腹泻及寒性腹痛等。

8. 木炭姜熨 取杉树炭100～200g，研末，老姜头150g，加米酒炒热，入布袋，熨患处。可预防跌打损伤或愈后复发引起的刺痛。

9. 椒杞熨 取白胡椒30～50g，枸杞子100g，混匀拌酒炒热，用棉布包缝，先熨后敷腰部，用于预防腰痛。

10. 糠熨 取大米糠500g，炒热后装入布袋，扎紧袋口，热熨腹部，可用于预防腹痛、过食生冷或刺激性食物引起的腹痛、肠鸣、腹泻。

11. 蛋熨 蛋熨是将新鲜鸡蛋煮熟，或将鸡蛋和某些药物混合煮熟使之成为药蛋，然后趁热在头、颈、胸背及四肢、手足心等部位依次反复滚动热熨。可用两个蛋交替使用，熨至微汗出为止，并令其盖被静卧。本法主要预防伤风感冒、小儿消化不良、腹痛、风湿痹痛等。若预防小儿高热惊风，可将银器一个，雄黄、葱等适量包入蛋内，再用布包好，滚熨小儿头、额或全身，效果更好。

（二）药物热熨法

药物热熨法是将某些药物加热后，置于患者体表特定部位，进行热熨或往复移动，借助药力和热力作用，以达到养生目的。壮族民间多采用气味芳香浓烈之品作为熨疗药物。药熨疗法多种多样，或将这些药物炒热，以布包裹趁热直接熨相应部位，或将药物蒸煮后热熨相应部位，或将药物制成药膏，用时略加烘烤，趁热将药膏敷于相应部位，或将药袋、药饼、药膏等熨剂置于相应部位，盖以厚布，再取熨斗、热水袋、水壶等热烫器具加以烫熨，以能忍受而不灼皮肤为度。

常用热熨药物举例如下。

1. 取柑果叶、大罗伞、小罗伞、两面针、泽兰、香茅、曼陀罗、大风艾、五色花、土荆芥、土藿香、七叶莲、柚子叶、米酒适量，取上述草药1～5种或全部，切细，捣烂，加酒炒热，用布包好，熨相应部位。主要用于预防腰腿痛、风湿、痛经等。

2. 取苏木、香附、桃仁各适量，黄酒少许，炒热后热熨脐周处，起到抗病和强身的作用。

3. 取干姜、桂枝、川乌、生附子、乳香、没药、姜黄、川芎、赤芍、海桐皮、银花藤适量，打碎炒热，装袋，取出降温至40～50℃，热熨关节处。主要预防关节病变。

4. 取麻黄12g，甘草60g，蝉衣、全蝎、僵蚕各21枚，胆星30g，白附子、防风、川乌、川芎、天麻、白芷、木香各15g，干姜12g，牛黄、冰片、轻粉各6g，麝香3g，朱砂、雄黄各24g。上药研为细末，前14味煎取浓汁，加蜂蜜做成药膏，再入后6味药，混和捏成药锭子，临用时以淡姜汤摩药锭，温熨小儿前胸、后背。预防小儿急惊风、风痫等。

5. 取蓖麻子100g，五倍子20g，捣烂炒热，旋熨头顶（百会穴处），并从尾骶骨处向上熨，预防小儿脱肛及感冒。

熨法应禁用于皮肤破损处、孕妇的腹部和腰骶部等，操作时要使熨包的温度适宜，注意避免烫伤皮肤，避开急性炎症的部位。

第三节　维吾尔医养生方法技术

维吾尔医是指以维吾尔族的祖先在长期的生产实践与日常生活中所创造的具有独特医疗理论与实践的民族医学。维吾尔族在长期同疾病斗争的过程中，积累了丰富的医学经验，形成了具有特色的民族医疗技术，成为民族医药技术独具特色的重要组成部分，共同构成了中华民族宝贵的医药文化遗产。

维吾尔医养生方法是以维吾尔医理论为基础和指导，运用适宜方法和一些简单器皿来防治疾病的养生方法。

一、埋沙法

埋沙法即沙疗，是维吾尔医学防治疾病的一种特殊疗法，它是利用新疆的自然资源——磁性沙丘，通过热沙的传热、日光浴、磁性作用、矿物质的渗透及沙粒的按摩作用达到防治病的综合性物理治疗方法，在吐鲁番已有百余年的历史。经临床实践证实，埋沙法具有祛除机体异常黏液质、活血、消炎的作用。埋沙法有较强的季节性，一般宜在每年6月初至9月进行，此时沙中有微量元素磷、铁、铜、锌、钾等的释放，加上埋沙后所产生的机械性压力与热气刺激，使全身末梢血管扩张、血流加快、汗腺开泄，利于微量元素的吸收和新陈代谢，促进机体网状内皮细胞活跃，激活神经系统而达到防治疾病的目的。埋沙法对预防风湿性关节炎、类风湿关节炎、慢性腰腿痛、坐骨神经痛、慢性胃肠炎、神经衰弱、早泄、痛经、月经失调、瘫痪、肌肉萎缩、肢体麻木、轻度浮肿等有较好的作用。

操作方法：6～9月沙漠气温一般在40℃以上，沙漠表层温度可达80℃左右，利用沙子天然热力，将患病部位埋入10cm以下的沙层中，每天或隔天1次，上午9：00至下午3：00为最佳时间，每次30～60分钟，15～20次为1个疗程。

埋沙法可以说是集热疗、磁疗、按摩为一体的疗法，有驱寒祛邪、舒筋活络的功效。

需要注意的是，沙疗养生时，沙中温度不宜过高，一般以48℃为宜。沙疗过程中，人会不停地出汗，因此要及时补充水分。沙疗后要适当休息，不能洗冷水澡。

二、饮食法

维吾尔族的牧民长年以羊、牛等肉食为主，多食后容易上火生痰，因此维吾尔族人以洋葱、孜然作为羊肉的配料。洋葱可以降解羊肉的脂肪，可活血、补肾壮阳。孜然具有理气开胃、祛风止痛的功效，可预防消化系统疾病。

第四节 蒙医养生方法技术

蒙医学是蒙古族人在长期医疗实践中逐渐形成与发展起来的独特的医疗科学，有众多的特色养生方法技术。

一、灸疗技术

灸疗技术是在人体各部相关的穴位上烧灼、熏熨的一种外治疗法。具有调节气血、温经散寒、防病保健的作用。

1. 蓟绒灸 将秋季采集的白山蓟放阴凉处阴干后，置于木板上，用木棒捣成棉絮状，再经碱水和砖茶水湿透，晾干制成白山蓟绒。视需要制成大小不等的圆锥形绒炷，灸疗一定的部位。

2. 油灸 又称"蒙古灸"。将小茴香研细末与黄油拌匀，涂于干净的毡子上加温后敷灸穴位或局部，主要预防风寒。

3. 苏海灸 将山川柳加工制成粉笔状的两个细棍（一头略粗一头略细，长10cm左右）。将其一头放入植物油里煎热。在穴位上垫3～7层疏薄黄纸，取出油煎的棍，交替按灸在黄纸上，一般灸3～7次，主要用于预防消化不良。

注意施灸部位要严格消毒。灸后应用消毒纱布覆盖，以防引起感染。孕妇下腹部及腰骶部禁灸。

二、药浴技术

蒙医药浴方法是根据蒙医理论，将全身或部分肢体浸泡于煮熬的药汁之中，以达到养生目的的方法。

五味甘露汤的药物组成及制法：侧柏叶、白杜鹃各1份，麻黄、水柏枝各两份，小白蒿3份。以上五味为主药，每份之量以0.5kg以上为佳。将上列药物入锅，加满清水后煎煮，待水量烧至原来水量的4/6时，取出药汁；再加满清水，煎煮至水量去7/10，剩余3分时，用筛滤去药渣。将两次药汁合并即可入浴。每日1次，可以视人体质进行调节，7天或21天为1个疗程。药浴部位可根据需要分全身浸浴和局部浸浴两种。入浴时，注意调节水温，始终保持适当温度，以防烫伤。

第五节 藏医养生方法技术

以藏族为主的少数民族在漫长的医疗实践中创造发展起来的传统医学，简称藏医，是中国传统医学的重要组成部分。藏医在我国多流行于西藏、青海、甘肃等地区。青藏高原幅员辽阔，地势复杂，各地海拔差异较大，气候状况很不一致。青藏高原生态环境的复杂多样性决定了它丰富多彩的药物资源。为了抵御疾病，藏族先民们总结了如药浴、熨敷、火灸、搽涂、油脂等许多具有特色的养生方法。

一、药浴技术

藏医药浴法，藏语称"泷沐"，是根据藏医理论将药物煮熬成药汁，将全身或部分肢体浸泡于药汁中，然后再卧热炕发汗，以达祛散风寒、活血化瘀的养生目的的一种方法。

1. 药浴前药物准备　五味甘露汤的药物组成及制法：圆柏叶、黄花杜鹃叶0.5kg，麻黄、水柏枝各1kg，丛生亚菊1.5kg。

2. 水浴　药物入锅，加满清水，煎煮1小时后倒出药汁，药渣锅中再加满清水，重复煎煮，反复3次，然后用筛滤去药渣，将3次药汁合并，即可应用。浴时先将药水加热至约40℃，即可入浴。每日2次，每次半小时，浴后盖被发汗1～2小时，7天为1个疗程。根据药浴部位可分全身浸浴或局部浸浴两种。

3. 熏蒸　在煮好的五味甘露汤的大锅上盖一有许多小孔的木板，上铺毛毯，令患者卧于其上盖被。

药浴时注意调节水温，始终保持适当温度。药浴期间必须保温、避风湿、卧床休息，食用羊肉汤等热性营养食品，禁止剧烈活动、劳累、风吹雨淋和房事。

二、艾灸技术

藏医艾灸疗法是藏医传统外治疗法中的一种，是以藏医理论为基础，将艾绒做成大小不同的艾炷，直接或间接置于穴位上施灸，用来养生的一种方法，也称藏医火灸疗法。分为缓治法和峻治法两种。缓治法为施术时无甚感觉和疼痛的一种方法；峻治法是施术时较为疼痛的一种方法。

患者挺身端坐，在选中穴位上做好标记，然后用大蒜汁将艾炷粘于穴位上，点燃后适当吹气助燃，至艾烟消散、烬火烧及皮肤时用针头拨去火灰，但不要触及皮肤。如果多个穴位同时灸烧，第一灸炷燃至2/3时点燃第二灸炷，依次循序，要做到前灸火力未散，后灸火力续之，使热力源源不断，这样效果更佳。灸时要求火势均匀、不偏不倚，灸痕四周略起细小水泡，无疼痛感。一般所谓烧熟的标志是在胸腹部施灸则背部微微感到疼痛，同样背部施灸时胸腹部微微感到疼痛。此时，可停止灸烧。以一个点燃的艾炷在烧着后，到患者感觉灼热，甚至略有灼痛，就应移去，此为一壮，一般养生可灸三壮。

一般灸后5～10天局部出现无菌化脓。有的周围发红，甚则脓液渗出等，一般不需处理。但应注意，灸后在结痂未脱落之前不应洗澡，以防感染。若脓液渗出较多或脓色由淡白稀薄变为稠黄绿色，甚至疼痛出血且有臭味，则需按外科感染处理。灸瘢一般经15～30天完全脱落，局部留有痕。

第十二章
其他养生方法技术

扫一扫,查阅本章数字资源,含PPT、音视频、图片等

第一节 沐浴养生方法技术

"沐"是洗头发,"浴"指洗身。沐浴养生是指利用水、日光、空气、泥沙、中药汤液等有形的或无形的天然物理介质达到养生目的的养生方法。通过不同的沐浴方法,可分别起到发汗解表、祛风除湿、行气活血、舒筋活络、调和阴阳、振奋精神等作用。

一、沐浴养生的源流

沐浴养生历史悠久,在甲骨文中,"沐"字形像双手掬水沐发状,会意为沐,"浴"字形像人置身于器皿中,并在人的两边加锅内水滴,会意为浴。到了周代,《周礼》中也有"王之寝中有浴室"的记载。《礼记》中还指出沐浴是当时社会生活的重要礼仪,祀神祭祖前要沐浴以净身。东汉时期,每年农历三月都有沐浴节,之后,民间沐浴之风渐盛。至晋代,药浴逐步发展成为一种外治疗法。葛洪《肘后备急方》中记载了一些创伤及脓肿分别采用"酒洗""醋水洗"等不同的浴洗方法。宋代的《太平圣惠方》也收集了大量的熏洗方剂,可治疗许多皮肤、内科和眼科疾病。《圣济总录》作为官编方书,收录了大量有效的药浴方,并对药浴机制进行了专门探讨。元代的《外科精义》不仅重视药浴渍渍的应用,还提出相关的治疗机制为"夫渍渍疮肿之法,宣通行表,发散邪气,使疮内消也。盖汤有荡涤之功。此谓疏导腠理,通调血脉,使无凝滞也"。延至现代,药浴疗法有了长足的发展,出现了沐浴养生书籍,使沐浴养生得到广泛应用。

二、沐浴养生的分类

沐浴的分类方法有多种。可分为有形、无形两类。前者如各种水浴、泥沙浴,其中水浴据其内容成分的不同,又可分为淡水浴、海水浴、矿泉浴、药浴等;据水温差异还能分为冷水浴、热水浴、蒸气浴等。后者则指日光浴、空气浴、森林浴和花香浴等有质而无形的沐浴。据其作用于身体部位的不同,可分为全身浴、半身浴和局部浴等。

三、操作方法

(一)冷水浴

让健康锻炼者和某些疾病的患者,浸入水温低于25℃的水中,或施行擦浴、淋浴,使身体接受低水温作用的方法。

（二）热水浴

温、热水浴的统称。根据浴水温度的高低，可再细分为温水浴和热水浴。水温在36～38℃之间者称温水浴；38℃以上者叫热水浴。热水浴与冷水浴交替施行则称为冷热水交替浴。

（三）蒸气浴

蒸气浴指在一间具有特殊结构的房屋里将水加热，形成蒸气，人在弥漫的蒸气里沐浴。

（四）矿泉浴

矿泉浴指应用一定温度、压力和不同成分的矿泉水沐浴。矿泉水有冷热两种，冷泉常属饮用，热泉多入浴，由于沐浴的矿泉水多有一定的温度，故矿泉浴又称为温泉浴。

（五）药浴

利用单味中药或复方中药煎水，滤渣取液，选择适当温度，洗浴全身或患部的一种养生方法。常用的药浴有擦浴、坐浴、熏蒸浴等。

擦浴是用毛巾或其他东西蘸药浴水擦拭身体，从而达到养生目的。

坐浴是指入坐浴盆中，将臀部和大腿浸入药浴热水中，以预防疾病的方法。

中药熏蒸浴是指用中药煮沸之后产生的蒸气熏蒸患者全身或局部，利用药性、水和蒸汽等刺激作用来达到防病、养生的一种方法。

（六）足浴

借药性之力、热温之力、推拿足穴之力，调节机体偏胜偏衰之阴阳，达到全身协调、扶正祛邪的目的。其足浴方法主要有：

1. 物理浴 物理浴主要是通过浴足水的冷凉和温热原理进行浴足。冰凉之水、井中之水，消夏解暑；而温热之水、温泉之水，祛寒活血。冷与热对足部的刺激，可产生足部经脉的收与放，足掌肌肉的紧与松。

（1）热水足浴　将水烧热而浴，一般在冬季浴足最常见。寒冬之时，用温热水浴足，令人四肢得暖、精神倍增。随着春、秋的季节转变，浴足的水温应适当调整。热通经脉、热暖气血、热可祛寒、热可醒神。

（2）冷水足浴　在入夏之时，可取洞中之水或井下之凉水浴足，使头目清醒、消除暑湿。冷浴应注意，不要大热过后立即浴足，防止冷水刺激身体造成抽筋等不适。

（3）温泉足浴　用天然的温泉水浴足，多数温泉含硫黄成分，对皮肤病有杀虫止痒效果，对足掌癣症、湿毒之症有治疗作用，更多的地热水含丰富的矿物质成分和微量元素，能护足养足。

2. 鲜品浴 将自然界中新鲜之品，如花卉、水果、鲜草、蔬菜等根据不季节采收，然后加工取汁或捣液，直接用于浴足。在获取鲜品时，也应注意保存时间，切忌用腐烂霉变之品。鲜品应重点突出鲜香之味、鲜嫩之时。用鲜品浴足，具有养足、护足的作用。

（1）鲜花足浴　将四季中新鲜花卉之花瓣，放置足浴盆中沐浴。主要有冬季的蜡梅，春夏秋各季的玫瑰、菊花、牡丹、芍药、水芙蓉、茉莉花等。鲜花足浴，可以根据不同的鲜花功效治疗癣、湿、痛、痒之症。鲜花可以直接用汁液，或者花瓣，令水色润泽，浴足者感受愉悦舒适。

（2）鲜草足浴　鲜草足浴由来已久，在端午之时，对于易患风湿关节痛或足癣者，常将青蒿、老鹳草、筋骨草、石菖蒲、艾叶、薄荷、蒲公英等鲜草煎水后足浴。

3. 食品浴 将调味食品、粮食品种作为外用浴足的辅料。其种类较多，主要有姜、花椒、盐、醋、米糠油、牛奶、绿豆等。食品足浴有清热解毒、杀虫止痒、排毒强骨等功效。根据不同的足疾，采用不同食品混合配伍，有利于综合养生。主要有盐水足浴、醋水足浴、牛奶足浴、米糠油足浴等。

4. 功能浴 人体中不同的足部疾病引起不同的症状，药物的配方不同，产生的作用也不一样。从中药配方来看，有芳香类、止痒类、活血祛湿类、祛风类等。民间利用药物的功效不同，配以恰当的组方，用于足浴，使足浴的疗效得到较大的提高，再配合足浴按摩疗效明显。主要有舒压放松足浴、止痒足浴、活血足浴、祛风湿足浴等。

5. 自然浴 在民间，根据不同的民族习惯和足浴的方式，采取的自然浴足方式也各不相同。有的地区采用泥浴、沙浴，有的地区采用矿石浴、鸟粪浴等。自然浴主要是取其天然的原料进行自然足浴，其效果和功能因不同的取材而不一样。主要有药泥足浴、粗沙足浴、矿石足浴、鸟粪足浴等。

四、注意事项

沐浴养生注意因人、因时、因地而宜，应循序渐进、长期坚持。不要在空腹或者饱餐后沐浴，沐浴时要注意卫生和安全防护，防止意外事件的发生。

第二节 房室养生方法技术

房室，为房中之事，是中国古代"性生活"的含蓄代称，也称房中、房事、入房、交媾合阴阳等。房室养生方法技术是在中医基本理论指导下，根据人体的生理特点和生命规律，采取健康的性行为，促进身体健康，增强体质，提高生活质量，从而达到养生目标的方法技术。在我国古代，有时讳言房室，视房室养生为荒淫之术，致使有关房室的典籍长期被禁，只能通过口耳相传，甚至道听途说，导致一些错误的认识。

一、房室养生的源流

性，是人类正常的生理现象，也是人类生活的重要内容，在我国有悠久的历史，内容广博，学术精湛，随着传统文化的产生、衍变而发生、发展。《易传》曰："天地氤氲，万物化醇，男女构精，万物化生。"《礼记·礼运》曰："饮食、男女，人之大欲存焉。"南怀瑾《论语别裁》解释说："所谓饮食，等于民生问题，男女属于康乐问题。"《论语》曰："少之时，血气未充，戒之在色。"《吕氏春秋·情欲篇》曰："欲有情，情有节，圣人修节以止欲，故不过行其情也。"强调有智慧的人，要善于修养德行，才能控制情欲。《素问·上古天真论》曰："以妄为常，醉以入房，以欲竭其精，以耗散其真，不知持满，不时御神，务快于心，逆于生乐，起居无节，故半百而衰也。"说明不慎房室，会影响寿命。

房室对养生的意义，被历代医家所重视，如何在房室活动中养生益寿，统称为房中术。房中术的出现，可以上溯到远古时期，早在殷商时期，就有关于房中术的记载，如《易经·咸卦》就有描写性交前动作的符号。《汉书·艺文志·方技略》记载方技四种，即房中、医药、经方、神仙。1973年，长沙马王堆汉墓出土大批竹简、帛书，其中有早已失传的医书十多种，涉及房中术的专著就有多种：如帛书《养生方》《杂疗方》《胎产方》《天下至道谈》等，介绍房室过程，如表情、反应、姿势、动作等，并强调房室中的"七损八益"，明确指出与养生有关的利害与宜忌问题。

东晋道家葛洪所著《抱朴子》认为，房室、服药与行气是人类养生保健、延年益寿的重要条件，人人都不可断绝房室，阴阳不交则幽闭怨旷，多病而不寿。但亦不可纵欲，要节制房欲，还精补脑。

隋唐时期，与房室养生相关的著作大批涌现，孙思邈《备急千金要方》《千金翼方》均有专章论述房室养生，明确指出："上士别床，中士异被，服药百裹，不如独卧。"

北宋，日本人丹波康赖《医心方》，收录了我国有关房室的专著《素女经》《玉房秘诀》《洞玄子》等的大量内容，成为保存性医学文献最完备的古代医籍。

明代张介宾也说："善养生者，必宝其精，精盈则气盛，气盛则神全，神全则身健，身健则病少，神气坚强，老而益壮，皆本乎精也。"强调保精是生命之本，节欲是保精的有效方法。

房室是人类的正常生理现象，房室养生在中国古代就有明确的认识，本身没有神秘和邪恶可言，历代医学家、养生家通过长期实践认为，人们要想在正常的房室中得以防病延寿，甚至长生不老，必须遵循"节欲保精"的基本原则。欲不可禁，但须有节，注意在房室生活中适度节制，以免精液不保，危害健康。

二、房室养生的分类

古代房中术以房事为核心，大体分为行房交接术、交而不泄术、采阴补阳和还精补脑术，还涉及优生优育等几大类别。其中，"行房交接术"，包括性交前的准备阶段、性交时的动作与体位，从达到性高潮到结束性交，都有一定的方法。"交而不泄"指在房事过程中达到动而不泄的节欲固精法。"采阴补阳"是房事交接中男性从女性处获得益寿延年之精气的方法。"采阳补阴"，即女性在性交过程中竭力促使男方射精，从而吸取"元阳"补益自身，使自己青春长驻，长生不老。"还精补脑"即用气功导引法将真精自下引上，通过督脉上达于脑，以补益脑髓。另外，采取一些措施保证优生优育，男女不宜早婚，须在发育成熟之后才能交接，交合要有节制。孕期房事频繁，生子多病而短寿。

三、房室养生的七损八益

房室养生方法技术自古代以来，纷繁复杂、良莠不齐。《素女经》曰："阴阳有七损八益。"就是说，男女房中交合，有七种做法对身体有损伤，有八种做法对身体有补益。

（一）七损

1. 一损谓绝气　绝气者，心意不欲而强用之，则汗泄气少，令心热目冥冥。

2. 二损谓溢精　溢精者，心意贪爱，阴阳未和而用之，中道溢，又醉饮饱而交接，喘息气乱则伤肺。

3. 三损谓杂脉　杂脉者，阴不坚而强用之，中道强泄，精气竭，及饱食讫，交接伤脾。

4. 四损谓气泄　气泄者，劳倦汗出未干而变接，令人腹热唇焦。

5. 五损谓机关厥伤　机关厥伤者，适新大小便，身体未定而强用之，则伤肝。

6. 六损谓百闭　百闭者，淫佚于女，自用不节，数交失度，竭其精气，用力强泄，精尽不出，百病并生，消渴目冥冥。

7. 七损谓血竭　血竭者，力作疾行，劳困汗出，因以交合，俱已之时，偃卧，推深没本，暴急剧病因发，连施不止，血枯气竭，令人皮虚肤急，茎痛囊湿，精变为血。

（二）八益

1. **一益曰固精** 令男固精，又治女子漏血，日再行，十五日愈。
2. **二益曰安气** 令人气和，又治女门寒，日三行，十五日愈。
3. **三益曰利脏** 令人气和，又治女门寒，日四行，二十日愈。
4. **四益曰强骨** 令人关节调和，又治女闭血，日行五，十日愈。
5. **五益曰调脉** 令人脉通利，又治女门，日大行，二十日愈。
6. **六益曰蓄血** 令人力强，又治女子月经不利，日七行，十日愈。
7. **七益曰益液** 令女人正伏举后，男上往，行八九数，数毕，止。令人骨填。
8. **八益曰道体** 令人骨实，又治女阴臭，日九行，九日愈。

四、功效机制

1. 舒筋通络，行气活血 健康和谐的方式，男女双方默契配合，身体更多的部位参与多种活动，身体和情志的统一协调，延长性生活时间，加大运动量，促进血液循环。《合阴阳》曰："吾精以养女精，前脉皆动，皮肤气血皆作，故能发闭通塞，中府受输而盈。"

2. 强体益智，延年益寿 正常的性生活可以使肾中精气充盈有度，性欲旺盛，是肾中精气充盈的表现。肾中精气可以生髓，滋养全身各部组织，维持人体各种生理功能的稳定。精气适量，并有节制外泄，能使精气保持新的充盈状态，从而达到强体益智，延年益寿。

3. 畅调气机，养颜美容 当体内气血运行不畅，壅滞不通，会导致皮肤粗糙、暗斑等皮肤疾病。和谐的性生活可以使夫妻感情和谐升华，双方在房事之后往往有一种愉悦、幸福、满足的感觉，此时气机舒畅。

五、注意事项

1. 注意卫生，清洁阴部 不论男女，平时都要保持阴部的清洁卫生。由于男女生理解剖结构的不同，男子外生殖器的龟头和包皮下面都会堆积分泌物，容易藏污纳垢；女子外生殖器的阴蒂和大小阴唇之间，也容易藏污，日常生活当中要注意经常清洗，保持干净。性生活的前后男女双方都要清洁，尤其是清洗外阴和肛门部。

2. 充分准备，享受性爱 性生活是心理和生理的活动过程，既有精神情感的相互交融、交流，又有肉体的密切接触，男女双方在高度协调的时候，才能享受性生活的快乐。因男女双方在性心理、性生理方面存在着较大的差异，男方的性冲动产生较快，女方的性冲动产生的较慢，对于女方必须采用激发、引导等方式，以达到男女两情相悦的境界。

3. 顺应生理，适度房事 性生活是人体的本能，随着男女性器官的发育成熟，自然会产生对性生活的要求，是正常的生理、生活需求，不可遏抑，也不可放纵。过度遏抑和放纵都会导致身体不适，因此要顺应生理，合理安排性生活。房事的频度，因人而异，受体质、年龄、性格职业、气候、情绪、环境等多种因素的影响。一般以性欲自然而然激起，整个过程自然而然地进行和完成，性生活之后不影响睡眠和次日的精神状态为度。

第三节 中医芳香养生方法技术

中医芳香养生方法是在中医理论指导下,应用芳香类中药的挥发性精华物质,根据需要,制成适当的剂型,如原药剂、散剂、煎剂、膏剂、滴鼻剂、气雾剂、烟熏剂、精油等,通过鼻腔、口腔或皮肤将药物渗透体内,发挥中药所具有的药效,以调节人体的阴阳平衡,达到通经活络、行气活血目的的一种方法。

一、芳香养生方法技术的源流

芳香疗法历史悠久,源远流长,在历代中医文献中有大量散在的记载,并在民间广泛流传。在殷商甲骨文中就有熏燎、艾蒸和酿制香酒的记载,至周代有佩带香囊、沐浴兰汤的习俗。在《神农本草经》中有对香气治病的论述:"香者,气之正,正气盛则除邪辟秽也。"说明芳香植物的清正之气,可以起到匡扶正气、祛除浊气的作用。民间流传端午节将艾叶、菖蒲插于门楣,悬于堂中的习俗,以辟秽除疫,杀灭各种虫害,减少夏季传染病的流行。此外,民间还广泛流传"佩香法",即将芳香药物制成小巧玲珑的香囊随身携带,以达到芳香辟秽、防病治病的效果。皇室贵族们常常把一些芳香植物制成丸剂等服用,从而使身体散发出香味,并能起到美容、养生的作用。清代宫廷的医药档案中有关芳香疗法的内容十分丰富,香发方、香皂方、香浴方、香丸方等药方,以及日用的香串、香瓶、香珠、香枕、香鼎、薰炉等芳香制品和工具。

二、操作方法

随着社会的发展,技术的进步,中医芳香养生在用药方法和剂型改良方面也不断推陈出新,种类也不断增多,操作方法更方便、更人性化。目前常用的中医芳香养生方法有:

1. 香佩法 是将芳香药末装入特制布袋中,佩挂于胸前,借药味挥发以达养生的方法。

2. 香冠法 是将芳香药物制成药帽,戴在头上以达养生的方法。

3. 香枕法 是将芳香药物置于枕芯之内,或浸在枕套之中,令人在睡卧的同时达到养生的目标。

4. 香兜法 是将芳香药物研末,用棉花包裹,装入布囊缝好,兜于腹部以达养生的方法。

5. 香熏法 用一些芳香气味且容易燃烧的药物制成烟熏剂,用时点燃,熏其患部或居室以达养生的方法。

6. 香浴法 是用芳香药物浸泡洗浴,或用芳香药物煎煮之热气熏蒸,以达养生的方法。

7. 香敷法 是将芳香药物研为细末,并与各种不同的液体调制成糊状制剂,敷贴于一定的穴位或患部,使药效通过皮肤经络而产生效应,以达养生的方法。

8. 香熨法 是将芳香药物炒热后,用布包裹,熨摩人体肌表某一部位,并时加移动,通过祛风、散寒、止痛、活络之功效以养生的方法。

9. 搐鼻法 是将药物研成粉末,吹入患者的鼻腔,或由患者闻吸香气,通过芳香开窍之功效以达养生的方法。常见的剂型则有原药剂、散剂、煎剂、膏剂、滴鼻剂、气雾剂、烟熏剂、精油等。

三、功效机制

中医学认为,芳香性药物可以通过嗅觉和透皮等方式吸收,主要以化湿和开窍为两大主要功效。主要用于提神醒脑、辟邪逐秽、除瘟疫、驱蚊虫。现代中药药理研究证实：芳香性中药是一些具特殊香气的药物，具有鼓舞正气、解肌发表、健脾化湿、醒脑开窍、通经活络、止痛消肿以及抗皱、护肤等功效。

根据药性与药效，可将芳香中药分为芳香避秽、芳香化湿、芳香开窍、芳香温通、芳香解表五大类。芳香辟秽药有苍术、石菖蒲、甘松、樟脑、冰片、丁香、雄黄等，多为具有除邪辟秽的功效；芳香解表药有紫苏、荆芥、白芷、藁本、生姜、桂枝、薄荷、菊花、柴胡等，以解表药为主，多具有解表透邪的功效；芳香化湿药有藿香、佩兰、白豆蔻、草豆蔻、砂仁、石菖蒲、苍术等，以燥湿药为主，多具有燥湿健脾之效；芳香温通药有细辛、高良姜、木香、檀香、桂枝、麝香、沉香、丁香等，以芳香开窍药为主，多具有温经通脉止痛之功；芳香开窍药有冰片、樟脑、苏合香、石菖蒲、麝香等具有辛香走窜之性的开窍药物，有开窍醒神的功效。

四、注意事项

1. 运用芳香养生方法要注意了解使用芳香药物的基本特性，避免使用不当导致的不适或过敏。部分以制成高度浓缩纯精油使用的物质，要避免入眼睛、鼻孔、耳朵、嘴巴。

2. 孕妇、婴幼儿、皮肤敏感者、精神异常者，应避免使用精油，或减少精油剂量。

第十三章
不同体质人群的养生方法技术

扫一扫,查阅本章数字资源,含PPT、音视频、图片等

体,指身体、形体、个体、生理;质,指素质、质量、性质、特质。"体质"是指在人体生命过程中,在先天禀赋和后天获得的基础上所形成的形态结构、生理功能和心理状态方面综合的、相对稳定的固有特质,是人类在生长、发育过程中所形成与自然、社会环境相适应的人体个性特征。不同体质表现为结构、功能、代谢以及对外界刺激反应等方面的个体差异性,对某些疾病具有易感性,以及在疾病传变转归中具有某种倾向性。因此,体质具有个体差异性、群类趋同性、相对稳定性和动态可变性等特点。

影响体质形成的因素有先天禀赋、年龄、性别、情志、饮食、地理环境及社会因素等。中医学中所讲的体质,一方面强调先天因素是人体体质形成的重要基础,另一方面强调体质的转化与差异在很大程度上还取决于后天因素的影响。这说明个体体质是具有一定的先天基础,在后天生长、发育过程中与外界环境相适应而形成的个性特征。中医学的体质概念充分体现出中医学"形神合一"的生命观和"天人合一"的整体观,其中"形神合一"是生命存在的基本特征。

中医对体质的分类,早在《黄帝内经》中就提出了运用阴阳五行、五脏五色等进行分类的方法,如《灵枢·阴阳二十五人》将人体体质分为 25 种体质类型;《灵枢·通天》将其分为太阴之人、少阴之人、太阳之人、少阳之人、阴阳和平之人 5 种类型;《灵枢·逆顺肥瘦》将其分为肥人、瘦人、肥瘦适中人 3 种类型;《灵枢·卫气失常》又将肥胖之人又分为膏型、脂型、肉型;《灵枢·论勇》应用勇怯分类法划分为勇、怯 2 种体质类型;《素问·血气形志》采用形态苦乐分类法将体质分为形乐志乐型、形乐志苦型、形苦志乐型、形苦志苦型及形数惊恐型 5 种类型;明代医家张景岳采用藏象阴阳分类法将体质分为阴脏、阳脏、平脏 3 种类型;清代医家章楠按照阴阳的盛旺、虚弱进行分类,将体质划分为阳旺阴虚、阴盛阳衰、阴阳俱盛、阴阳两弱 4 种类型;近代医家陆晋生采用病性分类法将体质划分为湿热、燥热、寒湿、寒燥 4 种类型。以上人体体质分类法各具特征、各有特色。

2009 年 4 月,中华中医药学会颁布实施了《中医体质分类与判定标准》,使体质分类趋向科学化、规范化。该标准将人体体质分为 9 种:平和型、气虚型、阴虚型、阳虚型、痰湿型、湿热型、血瘀型、气郁型及特禀型。本章选取平和型、气虚型、阴虚型、阳虚型、痰湿型 5 种不同体质探讨相应的养生方法技术。

第一节　平和型体质人群的养生方法技术

一、平和型体质产生的原因

平和型体质大多因为先天禀赋优良，后天调养得当，水谷充养，性情平和善良，生活作息有规律，不过度操劳，无不良偏嗜，无长期不良因素刺激，五脏平和，阴阳平衡，体无疾病。

二、平和型体质人群的特质

平和型人群总体特征为阴阳气血调和，以体态适中、面色红润、精力充沛、七情适度、适应力强为特征。体形匀称健壮为其形体特征。平和型体质常表现为面色、肤色润泽，红黄隐隐，明润含蓄。头发稠密有光泽，目光有神，鼻色明润，嗅觉通利，味觉正常，唇色红润，精力充沛，不易疲劳，耐受寒热，睡眠良好，胃纳佳，二便正常，舌色淡红，苔薄白，脉象平和。性格随和开朗、无过激情志表现为其心理特征。平和型人群平素患病较少，对自然环境和社会环境适应能力强，能胜任工作，处理好各种人际关系。

三、平和型体质人群的养生

人类的体质处于动态的变化之中，任何类型的体质都不是固定不变的，而是在人的生命活动过程中不停地发生着变化，平和质也是相对某一时间内人的体质状态，如果长期受到不良因素刺激，正常功能就会受到影响，体质自然出现偏倾，久之身体就会患病，所以平和质也需要注重养生。

平和型体质人群的养生原则为：不伤不扰，顺其自然，养护正气。

1. 方药养生　主要以调和五脏，健脾益气、滋养肝肾为主。代表方为参苓白术散、八珍汤、六味地黄丸等；常用药物有山药、生地、熟地、砂仁、陈皮、茯苓、白术、黄精、玉竹、石斛、北沙参、党参、黄芪、薏苡仁、莲子、百合、山楂、赤小豆、肉苁蓉、桑叶、菊花、淡竹叶等。

用药禁忌：性味刚烈、妄伐伤正、过于滋补、苦寒败胃之品。

2. 食饮养生　饮食上注意膳食平衡，清淡有营养，素荤搭配合理，不过食肥甘厚腻，戒烟限酒，三餐时间规律，控制食量，不暴饮暴食。平素可选用健脾利湿、养心养气、滋养肝肾的药食同源中药，如黄精、山药、石斛、枸杞、百合、黄芪、茯苓、扁豆、山楂等。食养药膳类可选用生熟地煲龙骨、云苓白术粥、山药黄精煲排骨、茶树菇炖老鸡、枸杞杭菊茶等。

3. 情志养生　保持情绪平和，避免过度情绪刺激，适当参加各种社交活动，待人处事因势利导、顺势而为，淡泊明志，不过度追求名利；多参加文娱活动，陶冶情操，舒缓压力，调畅情志。

4. 起居运动　平和型体质人群应注意保暖，避免受寒，避免外邪入侵，保持正气不受侵扰。适当增加运动，多参加户外活动，常晒太阳，接纳自然界的阳气。培养运动的兴趣和习惯，如慢跑、健身、羽毛球、网球、游泳、登山等有氧运动。

5. 推拿养生　以任督二脉、脾经、肾经、心经、膀胱经为常选经络；按揉足三里、三阴交、关元、气海、中脘、心俞、脾俞、肾俞、太阳、风池、风府、百会等穴。

6. 艾灸养生　以任督和脾经、胃经、肾经、膀胱经为常选经络，悬灸或精灸关元、气海、中脘、肾俞、命门、脾俞、足三里、手三里等穴；手法平补平泻。

7. 拔罐养生 选取背部俞穴进行留罐、闪罐、游走罐等，以刺激腧穴，疏通经络，调和气血，调整五脏六腑功能，及时排除体内痰湿、热毒等病邪，达到扶正祛邪、调治未病的目的，保持健康状态。

四、注意事项

平和型体质人群平素注意顾护正气，适量运动，劳逸结合，调畅情志。根据寒暑四季变化，顺天应地，适时添减衣物，免受邪毒内侵和情志过激。饮食均衡，清淡有营养，避免过食肥甘厚腻，戒烟限酒，以免损伤正气，造成体质偏颇。平和体质注意攻伐或补益勿太过，以免耗伤正气，致使阴阳失调，变生他病。

第二节　气虚型体质人群的养生方法技术

一、气虚型体质产生的原因

先天不足、后天失养、病后气亏、年老气弱是气虚型体质产生的主要原因。先天因素包括受孕时父母体弱、早产、宫内营养不良等，后天因素包括喂养不当、偏食、厌食、过度劳累、思虑过度、大病久病、失治或误治等。

二、气虚型体质人群的特质

气虚型体质人群因元气不足，气的推动、温煦、固摄、防御、气化等功能减退，或脏腑组织的功能活动减退而表现出系列虚弱证候。少气懒言，呼吸低微，气息虚弱、神疲乏力，或有头晕目眩、气短、自汗，活动后诸症加重等特征。肌肉不强健，松软不实为形体特征。常见表现：语音低怯，精神不振，肢体易疲乏，面色萎黄或淡白，目光少神，唇色淡，体倦乏力，容易汗出，动则尤甚，头晕，心悸，健忘，舌淡苔白边有齿痕，脉虚弱，形体消瘦或偏胖；或伴有咳喘无力，食少腹胀，大便不成形便后仍觉不尽，小便正常或偏多；或有内脏下垂如脱肛、子宫脱垂、精神疲惫；或腰膝酸软，小便频多，男子滑精早泄，女子白带清稀等。性格内向，不喜冒险为气虚型体质人群心理特征。发病倾向为：容易遭受风、寒、暑、湿等外邪侵袭。易患感冒、内脏下垂等病证，病后康复缓慢。

三、气虚型体质人群的养生

（一）方药养生

《素问·阴阳应象大论》曰："形不足者，温之以气；精不足者，补之以味"，气虚型体质人群的补益要缓缓而补，不能峻补、蛮补、呆补。代表方有四君子汤、补中益气汤、玉屏风散等，常用药物有党参、白术、茯苓、甘草、黄芪等。

用药禁忌：耗散克伐。

（二）食饮养生

气虚型体质人群宜食用性平偏温、具有补益作用的食品，如：鸡肉、猪肚、牛肉、羊肉、鸭肉等肉类；淡水鱼、泥鳅、黄鳝等水产品；白扁豆、红薯、怀山药、莲子、白果、芡实、南瓜、包心菜、胡萝卜、土豆、莲藕、香菇、黄豆等蔬菜类；大枣、葡萄干、苹果、龙眼肉、橙子等果品；麦芽糖、蜂蜜等调味品。饮食宜温，忌过食寒凉、肥甘厚腻之品，因寒凉易伤中阳，厚味易滞脾气，滋生痰湿，容易在气虚的基础上兼夹痰湿。可选食薯蓣粥、山药粥、黄芪粥、人参猪肚汤、太子参煲鸡、黄芪茯苓猪蹄汤、花生大枣汤等。

（三）情志养生

忌多思过虑，"思则气结"，过度思虑令脾气停滞，气血不足。气虚体质者应该避免过度思虑、以免七情郁结。

（四）起居运动

气虚型体质人群要注意休息，保证充足的睡眠；气虚型体质人群易感受外邪侵扰，避免受风受凉。脾胃为后天之本，气血生化之源，适量运动可促进脾的运化和胃的受盛化物，内养五脏六腑，外滋四肢百骸，改善体质，促进健康。可采用放松功、内养功、易筋经、六字诀、太极拳等运动方式。避免过度运动、劳作，须量力而行，持之以恒。运动后避免感受风寒，以免虚邪贼风乘虚而入。

（五）推拿养生

以脾经、肺经为主，结合任督二脉和肾经。点按揉百会、大椎、肺俞、肾俞、命门、足三里、关元、气海、中脘、中极等穴。手法以补为主，慎用明快刚健的泻法。

（六）艾灸养生

悬灸大椎、关元、气海、中脘、肺俞、肾俞、命门、肩井、百会、足三里等穴。

（七）拔罐养生

选取背俞穴如肺俞、脾俞等实施闪罐、走罐，刺激背部督脉及膀胱经，进而调阴阳、理气血、和脏腑、通经络、培元气。

四、注意事项

气虚型体质人群尤其要注意养气，避免耗气。生活工作中避免过度劳累，忌多思过虑，以及不良情志耗伤正气；天气变化注意适时避风御寒，勿大补蛮补。饮食上宜细、热、软、搭配均衡，营养丰富，促进脾胃的健运以滋生气血；体育活动适可而止，循序渐进，逐渐增强体质；天气剧烈变化时避免户外活动，以免受外邪侵扰，引发疾病。久卧伤气，避免过长时间卧床。

第三节　阴虚型体质人群的养生方法技术

一、阴虚型体质产生的原因

阴虚多因先天不足，如受育时父母体弱、晚孕晚育、早产等；或后天失养，久病失血，积劳伤阴；或因热病之后；或杂病日久，耗伤阴液；或五志过极；或房劳过度，纵欲耗精，过服温燥之品等。

二、阴虚型体质人群的特质

阴虚证以形体消瘦、阴虚内热、口燥咽干、五心烦热、盗汗、小便短黄、大便干结等虚热表现为主要特征。阴虚型体质人群的形体特征为形体偏瘦。常见临床表现有：手足心热，面色潮红，心中烦热，口燥咽干或鼻微干，多喜冷饮，大便干燥，溲黄，舌红少津，脉细数，肺阴虚多伴有干咳少痰，潮热盗汗；心阴虚多伴有心悸健忘，失眠多梦；肾阴虚则兼见腰酸背痛，眩晕耳鸣，男子遗精，女子月经量少；肝阴虚伴有胁痛，两目干涩，视物昏花等症状。阴虚型体质人群心理特征为性情急躁、外向好动、活泼。发病倾向为感邪易从热化，易患虚劳、失精、不寐等病证。阴虚型体质人群容易感受暑、热、燥邪，耐冬不耐夏。

三、阴虚型体质人群的养生

1. 方药养生 肾阴又称元阴，是人体生命活动的基本物质。滋补肾阴代表方有六味地黄丸、大补阴丸等。常用药物如熟地、山茱萸、五味子、石斛、山药、丹皮、茯苓、泽泻、桑葚、枸杞子、女贞子等，根据脏腑归属不同合理选择药物，如肺阴虚选用沙参、麦冬、百合等。

用药禁忌：苦寒沉降，辛热温散。

2. 食饮养生 药食同源的银耳、燕窝、黑芝麻、冬虫夏草、阿胶、麦冬、玉竹、百合、雪梨等均是养阴佳品。适合阴虚体质饮食的还有石榴、葡萄、枸杞子、柠檬、苹果、梨子、香蕉、枇杷、杨桃、桑葚、罗汉果、西瓜、甘蔗、冬瓜、丝瓜、黄瓜、菠菜、生莲藕、银耳、百合等。避免食用辛辣温燥的食物，如花椒、茴香、桂皮、辣椒、葱、姜、蒜、韭菜、荔枝、桂圆、羊肉、狗肉等。肉类宜食猪肉、兔肉、鸭肉、乌鱼、龟肉、蚌肉、牡蛎、海参、小银鱼、鲍鱼、淡菜等。常食玉竹麦冬粥、石斛花旗参炖水鸭、沙参百合炖猪肺、玉竹橄榄炖瘦肉、百合龙眼枸杞炖兔肉、桑葚猪胰汤、石斛二冬甲鱼汤、冰糖炖燕窝等。

3. 情志养生 宁静安神。阴虚型体质人群多性情急躁，易患虚劳、失精、不寐等症。"神"是人一切生命活动的外在表现，神的活动要消耗阴液。中医学认为，静能生水，静能生阴，故阴虚型体质宜静心安神。

4. 起居运动 生活工作有节，夏宜清凉，秋要润肺，不宜过劳过汗，避免烈日暴晒、高温环境等。运动宜循序渐进，不宜从事强度高、时间长的运动。

5. 推拿养生 点按揉涌泉、照海、太溪、复溜、三阴交、足三里、关元、气海、肾俞、内关等穴。手法以补为主，推拿环境宜凉爽安静。

6. 艾灸养生 悬灸肾俞、涌泉、太溪、三阴交、血海、足三里等穴，避免灸量过大和施术时间过长。

7. 拔罐养生 可在背部心俞、胆俞、肾俞等穴拔罐，刺激不宜过重。

四、注意事项

《素问·痹论》："阴气者，静则神藏，躁则消亡。"因此阴虚体质应注意静养，静坐、睡眠、闭目养神，舒缓心灵的方法属于静养，培养从容、淡定的心态，宽容，不太过计较，避免忧思纠结、心急气躁。避免过劳，包括劳力、劳神和房劳。过量的劳作和房劳，会耗伤肝肾之阴，加重阴虚症状；饮食上要尽量避免食用油炸、烧烤、辛辣发散之品。

第四节　阳虚型体质人群的养生方法技术

一、阳虚型体质产生的原因

阳虚产生的原因主要有先天禀赋不足，如受育时父母年老体弱、晚孕晚育、早产等；或后天失调，营养缺乏；或劳倦内伤，房事不节；或年老阳衰；病后阳亏。

二、阳虚型体质人群的特质

阳虚证由于体内阳气不足或亏损，机体温煦、推动、蒸腾、气化等作用减退所表现的虚寒证候，属虚证、寒证。阳虚型体质以阳气不足，畏寒怕冷、手足不温等虚寒表现为主要特征。形体白胖，肌肉松软不壮实为阳虚型体质人群的形体特征。临床常见表现为畏冷喜暖，手足不温，面色淡白少华，目胞晦暗，喜热饮食，精神不振，四肢倦怠，毛发易落，常自汗出，小便清长，大便时稀，舌淡胖嫩，脉沉迟乏力。或可见畏寒蜷卧，四肢厥冷；或腹中绵绵作痛，喜温喜按；或身面浮肿，小便不利；或腰脊冷痛，下利清谷；或阳痿滑精，宫寒不孕；或胸背彻痛，咳喘心悸；或夜尿频多，小便失禁等。性格内向沉静，不喜群体活动是其心理特征。阳虚型体质人群感邪易从寒化，易患寒证、痰饮、肿胀、泄泻、阳痿等病证。对外界环境适应能力较差，容易感受风、寒、湿邪，耐夏不耐冬。

三、阳虚型体质人群的养生

明代医家张景岳曰："天之大宝，只此一丸红日；人之大宝，只此一息真阳，"说明真阳是生命的原动力，可温煦脏腑、运行气血、代谢水湿。因此，阳虚体质宜补肾助阳，扶助元气，健脾胃以后天补益先天。

1. 方药养生　主要以温补肾阳为主，温补脾肾，补益阳气，祛除寒邪。代表方为金匮肾气丸、右归丸、参茸丸、龟鹿二仙膏、还少丹等；常用药物如鹿茸、鹿角、附子、杜仲、菟丝子、肉桂、干姜、补骨脂、益智仁、桑寄生、巴戟天等。

用药禁忌：苦寒泻火，妄伐伤正。

2. 食饮养生　宜食温热之品，忌食生冷。果品类有荔枝、榴梿、樱桃、龙眼肉、板栗、大枣、核桃、松子等；蔬菜类包含韭菜、姜、辣椒、南瓜、胡萝卜、山药等；肉食类有羊肉、牛肉、狗肉、鹿肉、鸡肉等；水产类有虾、海参、鲍鱼、淡菜等；调料类有麦芽糖、红茶、花椒、姜、茴香、桂皮等。可常食栗子粥、韭菜粥温中暖下，生姜羊肉汤、巴戟党参炖老鸡、蛤蚧虫草瘦肉汤、杜仲老鸭汤、沙苑甲鱼汤、鹿茸乌鸡汤、海马瘦肉汤等。

3. 情志养生　保持安静，避免消沉，多参加活动。阳虚体质者的性格以安静、沉静、内敛较为常见，应因势利导、顺势而为，不可强行令其兴奋、亢奋、张扬，但也要避免陷入抑郁、忧愁、悲伤中难以自拔。阳虚体质者应多听轻快、活泼、兴奋的音乐。

4. 起居运动　注意保暖，避免受寒，增加运动。阳虚体质者元阳不固，虚阳上扰，容易受惊吓，睡眠差，敏感，易兴奋易消沉，心神不稳定等。因此要注意保暖养阳，免伤寒邪。动则生阳，增加户外活动，多见阳光，多晒太阳尤其多晒背部，接纳自然界的阳气。培养运动的兴趣和习惯，如慢跑、健身、打羽毛球、游泳等有氧运动。人在进行有氧运动后，交感神经兴奋，多巴胺分泌增加，运动者会精神振奋，产生愉悦和满足感。身动为动养，勤于动脑、勤于思考，可令人思维敏捷,神清脑健,耳聪目明,进而延缓生理老化。

5. 推拿养生 以任督二脉、心经、脾经为重点经络,点按揉大椎、身柱、至阳、心俞、脾俞、肾俞、命门、关元、气海等穴,擦腰骶部,揉中脘、揉少腹、按揉百会、拿肩井、点按足三里等穴。手法以补为主。

6. 艾灸养生 悬灸大椎、百会、肩井、关元、气海、命门、神阙、下脘、中脘、肺俞、脾俞、心俞、足三里等穴。

7. 拔罐养生 选取背俞穴如肺俞、脾俞进行闪罐、温罐等,注意刺激宜轻快柔和,温暖舒适,以补法为主要手法,以促进机体振奋、气血生化、提高阳气。拔罐时注意调节室温,预热罐器,避免受风受凉。

四、注意事项

阳虚体质人群,平素要注意增加动养的机会,避免生活过于阴沉,情绪上亦要保持乐观积极的生活态度,多参加社会活动。日常生活中要多动少坐,避免长时间的静坐和静卧;多走路,少乘车;多走楼梯,少乘电梯;多学习、勤于思考等以增加动养的机会。阳虚体质者,在加强动养之时,要注意运动适度,避免太过耗气。运动前做好热身,不要骤起骤停,以身体微汗、无不适为标准。情绪上宜积极乐观,豁达喜悦。饮食上少食寒凉冰冻生冷之食,宜食熟食、热食。避免过食苦寒泻火,避免受风受凉,节制房事,避免过度劳累。

第五节 痰湿型体质人群的养生方法技术

一、痰湿型体质产生的原因

痰湿型体质因先天遗传,后天过食肥甘,或病后水湿停聚,脾虚失司、水谷精微运化障碍,以致湿浊留滞。

二、痰湿型体质人群的特质

临床表现:咳嗽咯痰,痰湿凝聚,黏滞重浊,胸脘痞闷,恶心纳呆,呕吐痰涎,头晕目眩等。肥胖且腹部肥满松软为痰湿型体质人群的形体特征。常见表现:形体肥胖,面部皮肤油脂较多,多汗且黏,神倦,懒动,嗜睡,身重如裹,胸脘痞闷,咳喘痰多,喜食肥甘厚腻甜黏之品,口黏腻或甜,或食少,恶心呕吐,大便溏泄;四肢浮肿,按之凹陷,小便不利或浑浊;或头身重困,关节疼痛重着,肌肤麻木不仁;妇女白带过多;舌体胖苔腻或浊腻,脉濡或滑。性格偏温和,稳重恭谦,善于忍耐,为痰湿型体质人群的心理特征。易患消渴、中风、胸痹、肥胖、湿证等病证;对梅雨季节及湿气重环境适应能力差。

三、痰湿型体质人群的养生

1. 方药养生 健脾利湿,化痰泻浊。脾主运化,脾为生痰之源,肺为储痰之器,《灵枢·营卫生会》说:"中焦如沤。"沤,为浸泡之意。指出中焦发挥脾胃腐熟、运化水谷,进而化生气血的作用,说明脾胃在水湿运化过程中发挥枢纽的作用。痰湿体质者宜健脾利湿化痰,代表方为参苓白术散、二陈汤、三子养亲汤等;常用药物有党参、白术、茯苓、山药、扁豆、薏苡仁、砂仁、白芥子、莱菔子、苏子、陈皮等。

用药禁忌：阴柔滋补。

2. 食饮养生 宜清淡少盐，节制饮食，减少进食量，忌饮酒过多、恣食肥甘厚腻，可选食健脾祛湿、淡渗利湿的食物，如怀山药、薏苡仁、白扁豆、赤小豆、鲫鱼和生姜、冬瓜、丝瓜等。生姜散湿能暖脾胃，促进发汗排湿。少吃酸性、寒凉、腻滞和生冷、收涩、厚味、肥腻的食物，中医学认为"酸甘化阴"，津液属阴，酸甘食物可助长痰湿，如乌梅等。不宜多食寒凉的食物，如西瓜、雪梨、香蕉等。可常食白萝卜粥消食利膈除痰，冬瓜薏米淮山粥、丝瓜猪肠粥、薏米车前煲绿豆汤、赤小豆鲫鱼汤、茯苓薏米煲猪小肠、海带绿豆汤、薏米冬瓜汤等。

3. 情志养生 痰湿型体质人群性格多温和、稳重，多善于忍耐，怕事懒动，因此，要培养自己的兴趣爱好，树立工作、生活的目标，参加一些活泼、积极向上的文体活动，改变过于沉静的性格。

4. 起居运动 痰湿型体质对梅雨季节及潮湿环境适应能力差，工作、居住环境宜向阳干燥，不宜久处水湿低洼之处；多晒太阳，阳光能够消散湿气、振奋阳气；宜空调少用，穿衣宜宽松；坚持运动，动有汗出，有利散湿，但勿过度运动，以免耗伤阳气，影响水湿的排除；熬夜易耗伤阳气，加重痰湿，应合理作息，不要熬夜。

5. 推拿养生 点按揉足三里、丰隆、上巨虚、下巨虚、肺俞、胆俞、脾俞、三焦俞、肾俞、膀胱俞等穴，点揉中脘、天枢、滑肉门等穴。手法以泻为主，施术时间可偏长。

6. 艾灸养生 痰湿型体质人群可通过艾灸，健脾除湿，通利水道，如悬灸关元、气海、水分、下脘、中脘、水道、滑肉门、天枢、脾俞、丰隆、足三里等穴。

7. 拔罐养生 选取背俞穴如肺俞、胆俞、脾俞、三焦俞、膀胱俞进行游走罐、留罐等，手法以泻为主，施术时间可稍长。

四、注意事项

痰湿型体质人群注意避免过食肥甘厚腻之品，饮食宜清淡有营养，避免贪食重口味，尽量少食冰冻生冷及禽皮、肥肉、乳制品以免滋生痰湿。脾主肌肉四肢，要避免静坐少动，适量运动可以促进脾土健运，运动出汗，湿从汗解。思则伤脾要避免思虑过多伤脾；劳逸结合，避免过劳耗气。避免久处湿地，宜居干爽向阳的环境。痰湿型慎用生冷、腻滞、酸性、收涩之品，以免损脾伤肺，进而加重产生痰湿。

第六节 湿热型人群的养生方法技术

一、湿热型体质产生的原因

湿热型体质多因先天禀赋或久居湿地；烟酒嗜好、过食肥腻辛辣、火热内蕴；长期的情绪压抑或疾病等引起。

二、湿热型体质人群的特质

湿热型体质人群以湿热内蕴，面垢油光、口干口苦、舌质偏红，苔黄腻、大便黏滞、小便黄赤、带下黄臭等湿热表现为主要特征。形体中等或偏胖。常见表现为面垢油光，易生痤疮，口苦咽干，身重困倦，大便黏滞不畅或燥结，小便短黄，男性易阴囊潮湿，女性易带下增多，舌质偏红，苔黄腻，脉滑数。容易心烦、急躁易怒是其心理特征。易患疮疖、黄疸、热淋等病证。对夏末秋初，湿热交蒸气候较难适应。

三、湿热型体质人群的养生

1. 方药养生　清热祛湿、分消湿浊、清泄伏火是治疗湿热的大法，代表方有泻黄散、泻青丸、甘露消毒丹等；常用药物有藿香、芦根、山栀、石膏、甘草、胆草、茵陈、大黄、羌活、苦参、地骨皮、贝母、茯苓、泽泻、淡竹叶、车前草等。

用药禁忌：刚燥辛热，甜腻柔润，滋补厚味。

2. 食饮养生　宜清淡素食，少吃甜食、肥腻、辛辣刺激的食物，戒酒。对湿热质较为适宜的食物有绿豆、苦瓜、冬瓜、丝瓜、芹菜、荠菜、芥蓝、竹笋、紫菜、海带、四季豆、赤小豆、山药、西瓜、梨子、马蹄、绿茶、花茶、兔肉、鸭肉、田螺等。尽量少食用麦冬、熟地、银耳、燕窝、雪蛤、阿胶、蜂蜜、麦芽糖等滋补药食。忌食油炸、煎炒、烧烤等食物。可常食丝瓜排骨粥、马齿苋粥、白茅根夏枯草凉茶、淡竹叶清心茶、薏米海带陈皮老鸭汤、菜干猪肺汤、鱼腥草瘦肉汤或猪肺汤、土茯苓煲猪骨汤等。

3. 情志养生　湿热质者容易心烦气躁，焦虑易怒，因此，应注意静养心神，多听悠扬舒缓的音乐，练习琴棋书画等。

4. 起居运动　保证充足睡眠，常练习瑜伽、气功、太极拳或舒展优雅的舞蹈，舒展筋骨关节，疏经通络有利于湿热的排除。湿热质者对夏末秋初湿热气候、湿重或气温偏高环境较难适应，所以，要尽量避免在炎热潮湿的环境中长期工作和居住；衣着宽松，以天然纤维、棉麻、丝绸等质地的衣物为好。

5. 推拿养生　可选心俞、膈俞、胆俞、脾俞、膀胱俞、丰隆、足三里、中脘等穴。以泻法为主要手法。

6. 艾灸养生　湿热之人可艾灸关元、气海、水分、下脘、中脘、脾俞、丰隆、足三里等穴。

7. 拔罐养生　以膀胱经为主线，进行闪罐、留罐、游走罐等，湿热重的可以刺络火罐，以泻为主要手法。

四、注意事项

湿热型体质对滋补方药宜慎用或禁用，以免加重湿热，切忌急于求成，攻伐太过，耗伤正气。避免久居湿地，戒烟限酒，饮食清淡，避免过食肥甘、厚腻、辛辣、油炸、烧烤之品；注意调畅情志，避免情绪激动和精神压抑；适量运动，舒缓身体。

第七节　血瘀型体质人群的养生方法技术

一、血瘀型体质人群产生的原因

血瘀型体质多因先天遗传，后天损伤，七情不调，忧郁气滞，起居失度，久病血瘀入络等所致。

二、血瘀型体质人群的特质

血瘀型体质人群主要特征以血行不畅的潜在倾向，或瘀血内阻为病理基础，肤色晦暗、舌质紫暗、易出现瘀斑等血瘀表现。胖瘦之人均可见，以瘦人多见为其形体特征。常见表现：面色晦滞，肤色晦暗、色素沉着，容易出现瘀斑，眼周暗黑，鼻部暗滞，肌肤甲错，毛发易脱落，皮肤干，口唇暗淡或紫，舌暗或有瘀点，舌下络脉紫暗或增粗，脉涩或结代；或可见头、胸、胁、少腹或四肢等处刺痛；口唇青紫或有出血倾向、吐血、便黑等；或腹内有癥瘕积块；妇女痛经、经闭、崩漏、经血多有凝块、经色紫黑等。血瘀型人群心理特征为心情易烦，急躁健忘。易患出血、癥瘕、胸痹、中风等病证。不耐受风邪、寒邪。

三、血瘀型人群的养生

1. 方药养生 活血祛瘀、疏经通络是基本大法，代表方有桃红四物汤、大黄䗪虫丸等；常用药物为桃仁、红花、赤芍、当归、川芎、香附、丹参、红景天、三七等。

用药禁忌：固涩收敛，过用寒凉。

2. 食饮养生 活血化瘀，忌食寒凉。血瘀型体质者可少量喝酒，以红葡萄酒为好；山楂消食化痰，亦可活血；金橘疏肝理气，有助活血；温经活血的蔬菜有韭菜、洋葱、大蒜、桂皮、生姜等，凉血活血的有生藕、黑木耳、竹笋、紫皮茄子、芸薹菜、魔芋等；菇类养肝护肝，还能防癌抗癌，也适合瘀血体质；水产类有螃蟹、海参；玫瑰花、茉莉花、藏红花泡茶代饮，有疏肝理气、活血化瘀之功。瘀血体质不宜吃收涩、寒凉、冰冻的食物。可常食川芎牛膝炖牛肉汤、丹参炖猪骨汤、田七炖瘦肉汤、丹参红花茶、玫瑰花茶等

3. 情志养生 血瘀型体质人群心情易烦、急躁易怒、容易健忘。血瘀型体质人群要培养较广泛的兴趣爱好，活跃思维，避免气机郁结；多交朋友，培养开朗、乐观、平和的性格；积极参加社交、文体活动，如唱歌、跳舞、瑜伽、散步、慢跑、爬山等，有利于舒展肝气、调畅情志、活血通络。

4. 起居运动 寒则气收、血寒则凝，血瘀型体质不耐受寒邪，因此注重防寒保暖。平素多做运动，舒筋活络，拉伸拍打等，有助消散瘀血，但要注意避免过度的运动，以免瘀血所形成的血栓斑块脱落，阻塞血管引起组织器官的供血供氧障碍。

5. 推拿养生 选厥阴俞、心俞、膈俞、肝俞、胆俞、血海、丰隆、内关等。以泻法为主要手法。因虚而瘀者避免过重手法。

6. 艾灸养生 血瘀型体质之人可悬灸或精灸关元、气海、下脘、中脘、膈俞、脾俞、丰隆、足三里等穴。

7. 拔罐养生 可选取背部俞穴，以膀胱经为主线，进行闪罐、留罐、游走罐等，瘀血重的可以刺络火罐，可重点选取心俞、膈俞、肝俞、胆俞，以及血海等穴进行刺络火罐，以达疏经活血，调理脏腑的目的，以泻法为主要方法。

四、注意事项

血瘀型体质避免受风受寒，情志过激，药食慎用过于滋补收敛之品。血遇寒则凝，得温则行，因此血瘀体质注意保暖，防寒御寒；饮食避免肥甘厚腻；注意调畅情志，避免情绪起伏引起血压剧烈波动和血栓脱落等症。血瘀体质还应避免跌倒外伤，以免引起出血或血栓脱落造成意外。

第八节 气郁型人群的养生方法技术

一、气郁型体质产生的原因

气郁型体质由于长期情志不畅，气机郁滞而形成的性格内向、神情抑郁、忧虑脆弱、敏感多疑的体质状态。多因先天遗传，或因后天情志所伤，所愿不遂，忧郁思虑，暴受惊恐，精神长期

过度刺激，生活工作压力过大等。

二、气郁型体质人群的特质

气郁型体质特征为长期情志不畅、性格内向不稳定，神情抑郁、忧虑脆弱等气郁表现。体型较瘦者为其形体特征。常见表现：忧郁面容，对精神刺激适应能力差，情感脆弱、烦闷不乐，胸闷不舒，时欲太息，或性情急躁易怒，易于激动，舌淡红，苔薄白，脉弦或弦细；或见胸胁脘腹胀闷，甚或疼痛，部位不固定，按之无形，随情绪的忧思恼怒和喜悦而加重或减轻可见胸胁胀痛、窜痛、攻痛等；或乳房、小腹胀痛，月经不调，痛经；或咽中梗阻，如有异物；或颈项瘿瘤；或胃脘胀痛，反吐酸水，呃逆嗳气；或腹痛肠鸣，大便泄利不爽；或气逆上冲，头痛眩晕、昏仆吐衄等。心理特征为性格内向不稳定，忧思脆弱，敏感多虑。气郁型人群易患郁证、脏躁、梅核气、百合病、不寐、惊恐等病证。对精神刺激的适应能力较差，不喜欢阴雨天气。

三、气郁型人群的养生

1. 方药养生 气郁型体质宜疏肝理气，开郁散结。代表方为逍遥散、柴胡疏肝散、越鞠丸等，常用药物为柴胡、川芎、香附、陈皮、枳壳、甘草、薄荷等；肝主藏血、肝主疏泄，气郁型体质同时要注意养血柔肝，如用当归、白芍、制首乌、阿胶、熟地、桑葚、枸杞子等。

用药禁忌：燥热滋补。

2. 食饮养生 宜条达肝气，适补肝血。辛香类的花果蔬菜大多有疏肝作用，如佛手、橘子、柚子、橙子、薄荷、洋葱、丝瓜、香菜、萝卜、桂花、槟榔、玫瑰花、茉莉花等；补肝血的有龙眼、红枣、桑葚、枸杞子、葡萄干、蛋黄等；少量饮酒有助解郁活血，但不宜过量。可常食陈皮砂仁老鸭汤、竹茹陈皮大枣汤、百合玫瑰菊花茶、沉香猪肚汤等。

3. 情志养生 气郁型体质性格内向不稳定、敏感多虑、忧郁，所以，要学会发泄，勿太敏感；学习道家养生观念，超凡脱俗，淡然入世，不过度思虑；多听轻松、愉悦的音乐，唱歌、跳舞等，使自己身心舒展。若遇阴雨天气，要调整心态，尽量参加积极乐观的活动。

4. 起居运动 气郁型体质者对精神刺激适应能力较差，不适应阴雨天气。适宜旅游徜徉于自然山水之间，使心旷神怡，气机舒展。多交一些性格开朗的朋友，影响和改变自己的性情。春天属木属肝，肝木喜条达，气郁型体质在四季之中尤其要注意春季养生，可在春季踏青旅游，外出活动舒展形体，活动筋骨，对于舒缓精神，调畅情志十分有帮助。

5. 推拿养生 以肝胆经、心经、心包经为主，配合任督二脉，可选肝俞、胆俞、合谷、太冲、膻中、印堂、神庭、百会、率谷、内关、足三里、阳陵泉等穴。

6. 艾灸养生 可悬灸或精灸厥阴俞、心俞、胆俞、三阴交、阳陵泉等穴。

7. 拔罐养生 可选胆经、肝经以及膀胱经上的背俞穴拔罐，可在厥阴俞、心俞、膈俞、肝俞、胆俞等进行闪罐、留罐、游走罐；以泻法为主要手法，留罐时间一般为 10~15 分钟。

四、注意事项

气郁型体质应特别注意避免忧思焦虑，情志过激。忧思过度，会加重气郁，诱发他症或不良事件，严重者家人要密切监护，关心陪伴，加强心理疏导。遇事豁达乐观，凡事从大局出发，往好处想，往长远看；多参加户外活动和人际交往，多向家人、朋友多沟通商量，对自己熟悉和信任的人多吐露心声，肝郁易克脾土，气郁者往往伴有食欲下降，饮食上注意多搭配芳香可口开胃的食物。

第九节　特禀型体质人群的养生方法技术

一、特禀型体质产生的原因

特禀型体质是由于先天禀赋不足和禀赋遗传，或环境因素，或药物因素等因素造成的一种特殊体质状态。

二、特禀型体质人群的特质

以先天性、遗传性的生理缺陷，先天性、遗传性疾病，过敏性疾病，原发性免疫缺陷等为主要特征。过敏体质者一般无特殊体征；先天禀赋异常者或有先天畸形等生理缺陷。过敏体质者常见哮喘、风团、咽痒、鼻塞、喷嚏过敏表现；患遗传性疾病者有垂直遗传、先天性、家族性特征；患胎传性疾病者具有母体影响胎儿个体生长发育及相关疾病的特征。特禀型人群心理特征随禀质不同而情况各异。发病倾向为：过敏型体质者易患哮喘、荨麻疹、花粉症及药物过敏等；遗传性疾病如血友病、先天愚型等；胎传性疾病如中医所称五迟（立迟、行迟、发迟、齿迟和语迟），五软（头软、项软、手足软、肌肉软、口软），解颅、胎惊、胎痫、胎寒、胎热、胎赤、胎弱等。特禀型人群对外界环境适应差，如过敏体质者对易致过敏的季节适应能力差，易引发宿疾。

三、特禀型人群的养生

1. 方药养生　过敏体质者一般无特殊规律，可结合辨证辨病用药，益气固表、养血消风，逐渐提高免疫力。代表方为玉屏风散、消风散、过敏煎等；常用药物为黄芪、白术、防风、荆芥、薄荷、柴胡、蝉蜕、乌梅、益母草、紫草、当归、玄参、生地黄、黄芩、赤芍、丹皮等。

用药禁忌：诱发过敏的药物。

2. 食饮养生　特禀体质者对食物的敏感性因人而异，凡易诱发过敏的食物或促进免疫反应的食物一律禁止食用。可酌情选用不过敏的黄芪粥、百合粥、黄精粥、山药粥等健脾益肺补肝肾，逐渐增强体质。

3. 情志养生　对自己的特禀体质状态要充分了解，正确掌握应对措施，勿过于紧张，乐观对待。

4. 运动起居　特禀体质者对外界环境适应能力差，对易致过敏的季节、环境、气候，甚至温度、花粉、尘螨等适应能力差，易引发宿疾。这要求对起居运动特别重视，针对能引起自己过敏反应的不利因素，应尽量避免或采取应对措施；尽量避免到易致过敏的环境中；生活环境清洁卫生，勤晒衣被；对不利的居住环境要迁居避开。平素积极锻炼身体，逐渐增强体质，可以选择慢跑、游泳、球类等运动，避免运动太过，耗伤正气。

5. 推拿养生　选关元、气海、中脘、大椎、风池、风门、肺俞、脾俞、肾俞、合谷、外关、曲池、风市、足三里、阳陵泉等穴。手法宜轻快柔和。

6. 艾灸养生　可悬灸或精灸关元、气海、中脘、厥阴俞、心俞、脾俞、肾俞、足三里、血海、三阴交等穴。

7. 拔罐养生　可选取大椎、曲池、大杼、风门、心俞、胆俞、脾俞、胃俞等，进行闪罐、留罐、游走罐等，必要时可以选曲池、大椎、风门、肺俞、心俞、膈俞、胆俞、血海、风市等刺络火罐，留罐时间一般为5～10分钟。

四、注意事项

特禀型体质首先要避免食用易诱发过敏的食物或促进免疫反应的食物，避免进入可引起过敏的环境和接触可致敏物质，避免过于紧张，积极锻炼身体，增强体质；适时添减衣物，避免忽凉忽热受风，减少引起过敏发生的原因；日常生活中避免接触动物皮毛、皮件、纤维、蚊虫叮咬；饮食上避免食用可引起过敏的食物：海鲜、贝壳类、花生、鸡蛋、牛奶、咖啡等含高异蛋白质食品，对较少食用的肉类首次选用时要谨慎，如马肉、驴肉、鹅肉；对植物的花粉、芦荟、橘科、桑科、海藻等要注意避免接触；对药物如阿司匹林、青霉素、止痛剂、镇静剂、抗生素、避孕药等注意避免；对化学物质如染发剂、杀虫剂、油漆、防腐剂、防晒剂、酒精、香料、人工色素、冷烫剂、橡胶、汽油等注意不要接触；对金属物质如金、银、铜、汞、铅、镍等也要留意是否会致敏。平时注意饮食要均衡，尽量不吃油腻、辛辣的食物，少吃甜食、热量高的食物和冰冷的食物。养成良好的生活习惯，经常换洗衣物；对引起皮肤过敏的枕头、床单、被褥等要经常清洗且晾晒；不要在花粉浓度高的地方以及刚刷油漆的地方逗留，从日常生活中尽可能避免接触过敏源。正确选用护肤品，对含有香料、酒精和果酸的产品以及对肌肤刺激大、容易引起过敏的护肤或化妆品，要注意避免；经常过敏者可随身携带治疗过敏的药品。

第十四章
人群不同时期的养生方法技术

扫一扫，查阅本章数字资源，含PPT、音视频、图片等

第一节 妇女妊娠期的养生方法技术

一、妇女妊娠期的生理特点

从受孕到分娩这个阶段，称为"妊娠"，也称"怀孕"。妊娠后母体的变化，明显的表现是月经停止来潮，脏腑、经络之血下注冲任，以养胎元。

妊娠早期会产生喜悦和自豪感，常会出现一些妊娠反应，如恶心、呕吐、尿频、乳房蒙氏结节等，孕妇会产生一系列压力和焦虑，担心胎儿健康、胎儿畸形和智力低下等。年龄大的孕妇会有怕痛、担心难产等焦虑。妊娠末期挤压乳房可有少量初乳，出现妊娠期特征性皮肤变化，如色素沉着、颧颊部皮肤黄褐斑、腹壁皮肤妊娠纹等；基础代谢率升高，至妊娠晚期可增高15%~20%；妊娠期体质量平均增加约12.5kg等。妊娠期受雌激素影响齿龈肥厚，易充血、出血；受孕激素影响，平滑肌张力降低，胃排空延长，易出现烧灼感、饱胀感；胆囊排空延长，易诱发胆囊炎及胆石症；肠蠕动减弱，易发生便秘、痔疮等。其次，妊娠期妇女通气量每分钟约增加40%，潮气量约增加39%，残气量约减少20%，肺泡换气量约增加65%。同时，受雌激素影响，上呼吸道黏膜增厚，轻度充血、水肿，容易发生上呼吸道感染。

二、妇女妊娠期的养生

（一）运动类养生

运动养生宜劳逸结合，以适度运动为宜。适当的运动，以便气血流畅。《产孕集》说："凡妊娠，起居饮食，惟以和平为上，不可太逸，逸则气滞；不可太劳，劳则气衰。"睡眠要充分，又不宜过于贪睡，以免气滞。

（二）食药类养生

食饮有节，饮食宜选清淡平和、富于营养且易消化的食品，保持脾胃调和，大便通畅。如《逐月养胎法》说："无大饥""无甚饱""节饮食""调五味"。所以孕期勿令过饥过饱，不宜过食寒凉，以免损伤脾胃。早期妊娠反应时，尽量少吃油腻、辛辣的食物，选择一些清淡的、蛋白含量高的食品，多吃一些富含维生素、无机盐、铁、钙等的食物；对于妊娠反应剧烈的孕妇可以适当吃一些杨梅、山楂、柑橘等水果，宜少食多餐。对于严重呕吐、完全不能进食者，需在医生指

导下，通过静脉补充葡萄糖、维生素和矿物质，以避免因脂肪分解产生酮体，对胎儿早期脑发育造成不良影响。

（三）情志养生

妊娠早期重在调养胎气，养胎先调心。孕妇应多看美好和谐的东西，心无邪念，保持心情舒畅开朗。聆听柔和欢快的音乐，少听令人烦躁、兴奋的音乐。不说粗言乱语，以安胎养心。指导孕妇阅读与妊娠知识相关书籍。

（四）经络类养生

经络推拿，可以通调经脉，以顺气理血；通经活络，以滋养"胞宫"，乃育养"胎儿"之要。具体分期按摩的方法如下：

一月"胎胚"，宜按摩肝经原穴太冲，配以胆经络穴光明。和顺肝、胆之阴阳表里，以养"胎胚"。

二月"始膏"，宜按摩胆经原穴丘墟，配以肝经络穴蠡沟。和顺肝、胆之阴阳表里，以养"始膏"。

三月"始胎"，宜按摩心包经原穴大陵，配以三焦经络穴外关。和顺心包、三焦之脉络，以养"始胎"。

四月"血脉"，宜按摩三焦经原穴阳池，配以心包经络穴内关。和顺三焦、心包之脉络，以养"血脉"。

五月"成气"，宜按摩脾经原穴太白，配以胃经络穴丰隆。和顺脾、胃之阴阳表里，以养"成气"。

六月"成筋"，宜按摩胃经原穴冲阳，配以脾经络穴公孙。和顺胃、脾之阴阳表里，以养"成筋"。

七月"成骨"，宜按摩肺经原穴太渊，配以大肠经络穴偏历。和顺肺、大肠经阴阳表里，以养"成骨"。

八月"肤革"，宜按摩大肠经原穴合谷，配以肺经络穴列缺。以养"肤革"。

九月"毛发"，宜按摩肾原太溪，配以膀胱经络穴飞扬。以养"毛发"。

十月五脏、六腑、关节、人神皆备。因而调节五脏之募与五脏之经，以养"胎儿"以利降生。宜按摩肝之募穴期门，心之募穴巨阙，脾之募穴章门，肺之募穴中府，肾之募穴京门；肝之经穴中封，心之经穴灵道，脾之经穴商丘，肺之经穴经渠，肾之经穴复溜。

（五）起居类养生

孕妇应保持充足的睡眠，居住环境清洁舒适安静，卧室应保持空气新鲜，被褥应常在太阳下暴晒，家中不要养猫、狗等宠物。孕期衣服宜宽大些，腹部和乳房不宜紧束。多晒太阳可帮助补充钙质，少受寒以避免着凉，少穿露脐露臀装以防腹泻破胎气。孕期不宜过持重物，或攀高涉险，以免伤胎。

（六）注意事项

1. 采用经络养生时，尽量避开腹部和腰骶部的穴位。
2. 注意控制按摩力度，手法应温柔平和，力量要轻重适宜，以孕妇感觉舒适为准。按摩时要经常观察孕妇的表情，询问其感觉如何，若出现不适，应立刻停止。

第二节　妇女哺乳期的养生方法技术

一、妇女哺乳期的生理特点

哺乳期是指产后产妇开始用自己的乳汁喂养婴儿到停止哺乳的时期，一般为10个月至1年左右。在正常的情况下，新生儿在出生8小时后就应该开始得到母乳的喂哺，产妇进入哺乳期。此时，一方面产妇用乳汁哺养婴儿，另一方面产后机体逐渐康复。妇女产后雌激素、孕激素急剧下降，至产后1周降至未孕水平，催乳素增加，使乳腺正常泌乳。产妇基础代谢率增高，泌乳量逐渐增加，容易出现虚胖、面色晦暗等现象，产后胃肠功能逐渐恢复，食欲增加，体型、体重都会发生变化。由于产褥期卧床时间长，缺少运动，盆底和腹部肌肉松弛，肠蠕动减弱，也容易造成便秘等现象。产妇分娩后突然转换成母亲的角色，需要承担起母亲的责任，在心理上会承受较大的压力，会出现烦躁、忧郁、焦虑、不安等情绪症状。

二、妇女哺乳期的养生

1. 食药类养生　乳母饮食以容易消化吸收并含营养丰富充足的物质为宜，注意不要偏食、挑食，粗粮、细粮、荤、素、瓜、果等合理搭配，保证营养供给，并有利丰富乳汁，提高乳汁质量，以助乳儿发育、生长，虾肉、猪蹄、母鸡、鲤鱼、鲫鱼、黄豆等均有生化催乳的功效，可以适当多食；尽量少食刺激性食物，因为乳母吃了刺激性食物，会从乳汁中进入婴儿体内。油炸食物、脂肪高的食物，不易消化，且热量偏高，应酌量摄取。不要滥用补品，或过生冷之品，也不可过咸。

抑制乳汁分泌的食物：如韭菜、麦芽、人参等。

对于气血不足之缺乳者，可以用当归、黄芪与老母鸡一起煲汤；对于经络不畅者，可用王不留行、灯芯草与猪蹄一起煲汤。

2. 情志类养生　产妇由于角色的转换，需要调整好心态，对产后身体状况和照料孩子的困难有充分的准备，家人及周围人要对产妇更多的关心体贴，令产妇情怀舒畅，精神愉悦。

3. 运动类养生　哺乳期传统运动养生，可以选择静功，如放松功等。对于身体恢复较快的妇女，可以选用动功，如八段锦、五禽戏等。现代运动可以进行一些适当的有氧运动，但要注重防止用力过度，以免造成子宫脱垂。散步是哺乳期较好的运动之一，但要注意强度，刚开始时最好一次散步5～10分钟，慢慢增加到每次散步30分钟左右，最好每次增加的时间不要超过5分钟。

第三节　妇女围绝经期的养生方法技术

一、妇女围绝经期的生理特点

围绝经期是从开始出现绝经趋势直至最后一次月经的时期。一般始于40岁左右，历时短则1～2年，长至10余年。妇女一生中最后一次月经停止1年以上称为绝经。世界卫生组织将卵巢功能开始衰退直至绝经后1年内的时期称为"围绝经期"。妇女在绝经前后可出现烘热面赤，进而汗出，精神倦怠，烦躁易怒，头晕目眩，耳鸣心悸，失眠健忘，腰背酸痛，手足心热，或伴有月经紊乱等与绝经有关的症状，称"经断前后诸证"，又称"经绝前后诸证"。

本证的发生与绝经前后的生理特点有密切关系。妇女49岁前后，肾气由盛渐衰，天癸由少渐至衰竭，冲任二脉气血也随之而衰少，在此生理转折时期，受内外环境的影响，如素体阴阳有所偏胜偏衰，素性抑郁，宿有痼疾，或家庭、社会等环境改变，易导致肾阴阳失调而发病。"肾为先天之本"，又"五脏之伤，穷必及肾"，故肾阴阳失调，每易波及其他脏腑，而其他脏腑病变，久则必然累及于肾，故本病之本在肾，常累及心、肝、脾等多脏、多经，证候复杂。

二、妇女围绝经期的养生

（一）食药类养生

1. 食饮养生 饮食注意不宜睡前饮浓茶、咖啡等刺激性食物，浓茶和咖啡中所含的咖啡因会导致神经紧张，可能会引发或加重围绝经期综合征的症状；少吃奶油、蛋黄、巧克力、油炸食物。忌烟、酒，烟、酒会影响人体神经、循环、消化和呼吸等各个系统，会加重围绝经期综合征的不适症状。避免过食辛辣，过食辣椒、花椒、葱、蒜、芥末、韭菜等辛辣刺激性食物容易引起脏躁、便秘，加重更年期综合征症状。

2. 方药养生 围绝经期妇女出现一系列症状与体内激素水平失衡有关，中医根据其不同的病机，一般将围绝经期妇女分为6种类型，不同病机推荐中药调理如下：

（1）肾虚肝郁型，采用补肾疏肝调法，可服用左归丸合逍遥散。
（2）心肾不交型，采用滋肾宁心调法，可服用六味地黄丸合黄连阿胶汤。
（3）阴虚火旺型，采用滋阴降火调法，可服用知柏地黄汤加减。
（4）肾阴虚型，采用滋肾养阴调法，可服用左归丸加减。
（5）肾阳虚型，采用温肾扶阳调法，可服用右归丸加减。
（6）肾阴阳俱虚型，采用阴阳双补调法，可服用二仙汤合二至丸加减。

除此之外，临床上还可以进行对症调养。

（二）经络类养生

围绝经期妇女以肾虚为本，冲、任气血虚衰，心、肝、脾脏腑功能紊乱，渐至血瘀痰凝为主要病机，可通过针刺、艾灸、推拿、刮痧、穴位药物贴敷等刺激经络腧穴，以达到疏通经络、调理脏腑的目的。

1. 针刺养生 常规针刺气海、肝俞、肾俞、神门、三阴交、太溪等，可调补肝肾，对于围绝经期症状较重者可采用针刺背俞穴（肝俞、肾俞、脾俞、心俞）为主治疗调理。对于失眠严重者可采用内关、风池、百会、公孙、关元和三阴交6个穴位进行针刺调理，即用"六交会穴针法"，此有调节自主神经功能失衡的作用。

2. 耳穴贴压疗法 贴压耳穴神门、交感、心、肾、内分泌等穴可调理围绝经期妇女潮热，也可通过辨证选穴，用于辅助其他调理方式。

3. 埋线疗法 一般采取背俞穴为主的埋线疗法，缓解患者的不适症状。对于围绝经期潮热患者采用复溜、阴郄埋线法。

4. 刮痧疗法 以刮拭督脉和足太阳膀胱经循行部位为主，可明显改善围绝经期妇女潮热汗出症状。

5. 脐疗　将肉苁蓉、菟丝子、生地黄碾为末，加入等量食盐填充神阙穴，灸至皮肤潮红取下，具有补肾填精作用。运用五味子、五倍子、何首乌、酸枣仁各等份研末敷脐，可治疗妇女围绝经期潮热汗出。

6. 艾灸　点燃艾条，对涌泉穴行温和灸，以患者自身感觉温热不烫为度，每日灸1次，每次15分钟，可引热下行，改善围绝经期女性潮热出汗，心烦失眠症状。

（三）情志类养生

中医学的"六郁"理论认为，气郁为六郁之首。依据《黄帝内经》中的五志相胜疗法多与家人朋友沟通交流，疏导不良情绪，学会控制不良情绪。睡前不宜做令人兴奋或紧张的事情，只有做到"精神内守"，才能夜寐自安。

（四）运动类养生

围绝经期女性宜采用传统运动方法进行养生，例如五禽戏、八段锦、太极拳等以活动筋骨。

（五）注意事项

1. 在患者劳累、大汗等状态时避免针刺治疗，应待患者休息恢复后进行，同时针刺埋线等疗法应注意严格消毒、针刺禁忌，遵循操作规范；对于耳部皮肤破损感染等禁用耳穴贴压疗法。

2. 当潮热出现时，应注意稳定情绪，采用放松和沉思方式，也可以喝一杯凉水。当伤心、焦虑、生气时，应设法消除、缓和，变不利为有利，如听音乐、结伴郊游等。

第四节　儿童时期的养生方法技术

一、儿童时期的生理特点

（一）脏腑娇嫩，形气未充

小儿处于生长发育时期，其脏腑的形态尚未成熟、各种生理功能亦未健全。脏腑柔弱，对病邪侵袭、药物攻伐的抵抗和耐受能力都较低。小儿的脏腑娇嫩，是指小儿五脏六腑的形与气皆属不足，其中又以肺、脾、肾三脏不足更为突出。一方面是由于小儿出生后肺、脾、肾三脏皆成而未全、全而未壮所致；另一方面更是因为小儿不仅与成人一样，需要维持正常的生理活动，而且必须满足处于生长发育阶段的这一特殊需求。所以，小儿对肾气生发、脾气运化、肺气宣发的功能状况要求更高。因此相对于小儿的生长发育需求，经常会出现肾、脾、肺气之不足，表现出肺脏娇嫩、脾常不足、肾常虚的特点。如肺主气、司呼吸，小儿肺脏娇嫩，表现为呼吸不匀、息数较促，或容易感冒、咳喘；脾主运化，小儿脾常不足，表现为运化力弱，摄入的食物要软而易消化，饮食有常、有节，否则易出现食积、吐泻；肾藏精、主水，小儿肾常虚，表现为肾精未充，肾气未盛，骨骼未坚，齿未长或长而未坚，青春期前的女孩无"月事以时下"、男孩无"精气溢泻"，婴幼儿二便不能自控或自控能力较弱等。不仅如此，小儿心、肝二脏同样未曾充盛，功能未健。心主血脉、主神明，小儿心气未充、心神怯弱未定，表现为脉数，易受惊吓，思维及行为的约束能力较差；肝主疏泄、主风，小儿肝气未实、经筋刚柔不济，表现为好动，易发惊惕、抽风等症。

（二）生机蓬勃，发育迅速

小儿的机体无论是在形态结构方面，还是在生理功能方面都在不断地迅速发育成长。如小儿的身长、胸围、头围随着年龄的增长而增加，小儿的思维、语言、动作能力随着年龄的增长而迅速地提高。小儿的年龄越小，这种蓬勃的生机就越明显。我国现存最早的儿科专著《颅囟经·脉法》中说："凡孩子3岁以下，呼为纯阳。"将小儿这种蓬勃生机、迅速发育的生理特点概括为"纯阳"。这里的"纯"指小儿先天所禀的元阴元阳未曾耗散；"阳"指小儿的生命活力，犹如旭日之初生，草木之方萌，蒸蒸日上，欣欣向荣。对于小儿的纯阳之体的理解，历代医家不尽一致。《宣明方论·小儿门》说："大概小儿病者纯阳热多冷少也。"《医学正传·小儿科》说："夫小儿八岁以前曰纯阳，盖其真水未旺，心火已炎。"《幼科要略·总论》说："襁褓小儿，体属纯阳，所患热病最多。"

二、儿童时期的养生

（一）饮食类养生

幼儿时期，幼儿处于以乳食为主转变为以普通饮食为主的时期，此期乳牙逐渐出齐，但咀嚼功能仍差，脾胃功能仍较薄弱，食物宜细、软、烂碎。食物品种要多样化，以谷类为主食，每日还可给予1~2杯牛奶或豆浆，同时进鱼、肉、蛋豆制品、蔬菜、水果等多种食物，荤素菜搭配。进餐按时按量，不多吃零食，不挑食，不偏食，养成良好的饮食习惯。

（二）起居类养生

根据幼儿的年龄特点，应培养孩子养成良好的作息习惯，小儿每天保证充足的睡眠时间，以及每日排便习惯。2岁开始培养睡前及晨起刷牙的习惯，逐渐养成自己洗手洗脸、穿脱衣服的习惯。随着幼儿生活范围的扩大，患病机会增加，要培养其养成良好的卫生习惯，做好免疫预防接种工作。

（三）经络类养生

1. 推拿养生 小儿推拿用于疾病预防和促进其生长发育，其特点是手法轻、取穴少、操作简便。

（1）肚脐推拿法 摩脐（1~2分钟），揉脐（1~2分钟），指振脐（1分钟）。

（2）眼部推拿法 开天门（1分钟），拿睛明（3~5次），点穴（以拇指按揉攒竹、四白、鱼腰、瞳子髎、丝竹空各30~40秒），振按目上眶（3按1振，1分钟），熨目（两掌心搓热，捂于眼球，再搓，再捂1分钟），推颈后三线（分别从上至下推揉颈后正中及两旁寸许3~5遍），拿肩井（3~9次）。用于保护视力。

（3）耳部推拿法 搓揉耳郭（1~2分钟），下拉耳垂（10次），"鸣天鼓"（1分钟），按揉耳门、听宫、听会、翳风（揉3按1，每穴30~40秒），掐揉耳后高骨（1分钟），双凤展翅（10次），猿猴摘果（5~10次），双凤灌耳（20次），搓擦耳根（透热为度），可保护和提高听力，促进耳及神经发育，调节肾气，强身健体。

（4）健脾和胃推拿法 补脾经（3~5分钟），清胃经（1分钟），摩腹（顺、逆时针各2分钟），运内八卦（1~3分钟），揉足三里（2~3分钟），捏脊（3~6遍），掐四横纹（3~5遍），抱肚法（3~5次），可强健脾胃，增进消化，促进小儿生长发育。

（5）强肺卫外推拿法　清补肺经（根据体质确定清、补比例，操作3~5分钟），补脾经（1~3分钟），揉外宫（1分钟），推上三关（3分钟），肃肺（3~9遍），开璇玑（1~3遍），擦头颈之交令热，顺经拍上肢肺经循行部位（潮红为度），抱肚法（3~5次），可增强肺功能，提高人体抗病能力、适应气候能力和抗过敏能力。

（6）养心安神推拿法　清补心经（根据体质确定清、补比例，操作3~5分钟），调五脏（左右手各5遍），掐揉五指节（左右手各3~5遍），清肝经（1~2分钟），清天河水（3~5分钟），黄蜂出洞法（3~5遍），按揉耳后高骨（1分钟），可宁心安神定志，助睡眠，增强自我控制与调节能力，促进心脑发育。

（7）健脑益智推拿法　开天门、推坎宫、揉太阳（共1~2分钟），黄蜂出洞法（3~6遍），拿风池（1~2分钟），振脑门（轻叩、振揉，并拔伸颈部，5~8遍），鸣天鼓（1分钟），摩、推、振囟门（5~8分钟），囟门已闭，百会代之，可促进大脑发育，补肾益精，健脑益智，令小儿聪慧。

2.贴敷养生　儿童时期小儿易患消化系统和呼吸系统疾病，可日常配合穴位贴敷法如三九贴、三伏贴等预防肺系疾患提高免疫力。

（四）注意事项

1.早期训练幼儿正确使用餐具和独立进餐的技能，饭前、吃东西前洗手，不吃不洁食物，吃饭时不看书、不看电视、不说笑，饭后不做剧烈运动等。系统传授健康知识，培养儿童自我保健意识和良好的卫生行为；青春期注意生理及心理健康知识教育。

2.推拿养生时，应避风、避强光；室内应清静、整洁，空气清新、温度适宜。推拿时要保持双手清洁，修剪指甲，摘去戒指、手镯等饰物。在小儿哭闹之时，要先安抚好小儿的情绪，再进行推拿，过饥或过饱均不宜推拿。小儿皮肤娇嫩，推拿一般可使用按摩油或爽身粉等介质，以防推拿时皮肤破损。

小儿推拿手法的操作顺序：一般先头面，次上肢，再胸腹腰背，最后是下肢。"拿、掐、捏、捣"等强刺激手法，除急救以外，一般放在最后操作，以免小儿哭闹不安，影响治疗的进行。运用掐法、按法时，手法要重、少、快。小儿推拿手法的基本要求均匀、柔和、轻快、持久。对于皮肤破损、皮肤溃疡、烧伤、烫伤等不宜使用。推拿后注意避风，忌食生冷。

第五节　青少年时期的养生方法技术

一、青少年时期的生理特点

（一）形气充

青少年时期是指从儿童转变为成人的过渡时期，世界卫生组织规定，该期的年龄分段为10~19岁。此期青少年的身体结构和生理机能都在迅速变化，是个体生长发育的第二个高峰期；具体表现为：身高体重迅速增长，生理机能与素质不断增强，尤其是脑机能的发展与性机能的成熟。研究显示，12~15岁左右身高增长最快，大脑进入第二个加速期，女孩较男孩约早1~2年。其次，青少年心血管系统亦有新的特点。在形态上，青少年心脏的大小约为出生时的12倍；

在机能上，心率、脉搏逐渐减慢，并已接近成人搏动的次数，血压也趋于成人的水平。此外，肺的发育也明显加速，有数据显示，12岁时肺的重量约为出生时的10倍；肺活量较青春期前约增1倍多。

（二）天癸至

第二性征的出现和性机能的成熟亦是青少年时期的主要生理特点，《素问·上古天真论》篇作了明确的论述，"女子……二七而天癸至，任脉通，太冲脉盛，月事以时下，故有子……丈夫……二八肾气盛，天癸至，精气溢泻，阴阳和，故能有子"。任脉下出会阴，沿人体前正中线上循至人中，主胞胎，司生育；冲脉为血海，为经血之源，二者的通盛对女性性机能起决定作用，其具体表现为女子"二七"第二性征的出现，如月经来潮、乳房发育等。男子以肾为先天，肾藏精，主生殖，故男子"二八"可有梦遗现象，并出现胡须生长、喉结突出等第二性征。性器官和性机能的发育成熟，对青少年的心理亦有重大影响。一方面，它刺激了青春期成熟意识的觉醒；另一方面，也给青少年带来很多性心理卫生和与异性交往相关的问题，所以青少年时期的心理健康亦是学校和家庭教育关注的焦点。

二、青少年时期的养生

（一）饮食类养生

青少年时期，是从童年向成年过渡的一段时期，正值机体生长发育迅速、新陈代谢旺盛的时候。膳食要求应以能量供给充足，蛋白质优质，含钙、铁、锌等矿物质丰富多样为原则。坚持饮食多样性，以谷类为主，多吃水果、蔬菜和薯类；注重优质蛋白的摄入以适应机体的代谢需求，如鱼、肉、奶、蛋等食物；亦要重视健脑食物的摄取，如核桃、南瓜、海带等卵磷脂丰富的食品。此外，饮食应规律，不可偏食，避免暴饮暴食。

（二）起居类养生

由于青少年所处的特殊生理状态，起居因素在其养生措施中显得尤为重要，早在秦汉时期，《内经》就有"起居有常，不妄作劳"的论述。青少年至少应保持9小时以上的高质量睡眠，以适应机体的高代谢状态。若学习时间增多时，最好能保持30分钟左右的午休习惯，避免熬夜，做到规律作息。

（三）经络类养生

1. 耳穴压丸疗法 运用肝、脾、心、肾、眼穴等改善眼周局部气血运行，补肾养肝，补髓明目，改善视力状况有防治近视之功。

2. 艾灸 青少年艾灸足三里、身柱穴有助于长高，艾灸内关可和胃降逆，调理胃肠，并能凝神催眠，艾灸肾俞可补益肾气，培元固本，促进生长发育。

（四）情志类养生

目前，青少年心理健康问题日益凸显，其叛逆心理尤为突出，种种心理扭曲的不良现象严重影响着自身、家庭甚至社会。青少年对于自身情志的疏导不仅重要，而且也十分必要，《灵枢·本脏》云："志意者，所以御精神，收魂魄，适寒温，和喜怒者也，……志意和则精神专直，魂魄不散，悔怒不起，五脏不受邪矣。"具体方法如下：

1. 养心调神法 采用盘坐姿势，闭上眼睛，停止身体外在动作，关注自身呼吸，使自己思绪冷静下来，去除杂思，精神内守，心态平和。

2. 情志节制法 节制即是调和情感，防止七情过激，使心理处于怡然自得的状态。尽量避免过度忧郁、悲伤等消极情绪，努力做到遇事戒怒，宠辱不惊。

3. 情志转移法 情志转移法即是把内心的不良情绪投射到身边其他事物上去。转移情绪的方法多种多样，如音乐转移法、阅读转移法、跑步转移法，甚至观赏电影转移法。比如，当用脑过度时，可以通过唱歌、看电影等方式来分散注意力，缓解情绪。

4. 疏泄法 当遇到不幸事情而愤懑或心理不平衡时，应尝试合理疏泄。可根据自身的具体情况，选择适合自己的情志疏泄法，如和朋友聊天、向父母倾诉，从他们的开导、劝告及安慰中重建信心，获得力量以消除烦恼，缓解心理的紧张和愤怒。

（五）运动类养生

中医学将精、气、神称为人身"三宝"，锻炼强调动静结合，针对不同体质的人群有不同的运动养生法，如偏阴性体质的青少年可以选择太极拳、八段锦、五禽戏等相对较内敛的运动方式，而偏阳性体质的青少年可以选择拳术、剑术等运动方式。需要注意的是，无论哪种方式，均需要持之以恒，方能收效。

（六）注意事项

1. 青少年应特别注意饮食的规律性和食物多样化，坚持吃早餐，减少碳酸饮料的过度摄入。
2. 耳穴压丸治疗时，按压力度不宜过重，"心"穴敏感者，贴前应提前告知；胶布不能污染，尽量避水，如因出汗等致压丸掉落，应及时更换。
3. 青少年身体尚处发育阶段，机体组织结构和功能活动均未完全成熟；加之，自我保护意识不强，锻炼易超负荷而致运动损伤。因此，锻炼前应适当热身，并增强自我保护意识，损伤后应及时、正确地处理。

第六节　老年时期的养生方法技术

一、老年时期的生理特点

（一）气血虚衰、形体渐弱

《黄帝内经》首先提出"老"的年龄界限为五十岁以上，"人年五十以上为老"。世界卫生组织对老年人的定义为60周岁以上的人群，我国《老年人权益保障法》也明确规定，老年人的年龄为60岁。随着年龄的增长，濡养人体器官、营养全身的气血逐渐亏虚，成为衰老的主要原因。其表现为形体瘦弱、毛发枯槁掉落，皮肤干燥皲裂，甚至出现关节屈伸不利、头晕目眩等症状。老年人齿、发、筋骨、面部、皮毛、爪甲等多种组织器官的形质衰败表现为衰老状态。

（二）脏腑亏虚、脾肾尤甚

随着年龄的增长，阴阳皆损，不能濡养脏腑导致脏器功能逐渐衰退，其中尤以脾肾二脏为甚。脾主运化，负责气血津液的输布和食物的消化吸收。老年人因其年老体衰，痰饮瘀血等病理产物堆积体内，又可反作用于脾胃，导致脾胃功能失调，运化失度，水饮湿痰阻滞更甚，进而出现胃脘胀满，消化不良等症状；肾为"先天之本"，主藏精，精化气，肾精足则肾气充，肾精亏则肾气衰。《素问·上古天真论》中明确指出人的生长发育、生殖等多种生命活动与肾气密切相关。老年人常有腰膝酸软、听力下降、健忘、夜尿频多等症状，多为久病入肾，肾精亏耗，肾系功能损伤所致。肾、脾分别为先、后天之本，通过健脾补肾，滋补脾肾阴阳以延年益寿是老年人养生保健的重中之重。

二、老年时期的养生

（一）饮食类养生

老年人脾胃功能衰退，咀嚼功能下降，饮食需清淡，食物宜软、烂、易于吞咽，避免油腻、生冷刺激性饮食。注重营养均衡摄入，每日食物品种应包含粮谷类、杂豆类、薯类、肉类、蔬菜、水果、奶制品以及坚果类等，控制烹调油和食盐的摄入量。

（二）情志类养生

随着人年老后伴随的脏腑衰弱，心力渐退，思维与精神活动低下，加之其他社会与家庭因素，易出现性情不定、情志不舒等不良情绪。依据《黄帝内经》对于老年人的养生理论，老年人情志养生的关键在于积极调动主观能动性，多与家人朋友交流，培养兴趣爱好，戒怒戒躁、修身养性，达到形神统一，拥有良好的心态。

（三）运动类养生

老年人在注意休息的前提下应积极参与身体锻炼，可参加修身养性类文体活动，如下棋、太极拳、广场舞、散步、钓鱼、培育花草等。适当的休养有益于身体机能的恢复，过于贪图安逸或不爱活动身体，会造成身体素质欠佳，易感外邪，进而百病从生。

（四）经络类养生

1. 摩腹 搓热双手，双手大鱼际部位分别置于膻中穴和中脘穴上，以穴位为中心，稍用力画圆摩腹，顺时针、逆时针各 50 圈。能够有效缓解老年患者的消化不良及便秘问题。

2. 艾灸 艾灸百会、上星、风池、太阳等穴，有醒脑开窍、疏风通络、行气止痛的作用，帮助缓解颈部及头部不适。

艾灸中脘、足三里、太白等穴，有补益脾胃的功效，对脾胃虚弱引起的消化不良有着改善作用。

艾灸肾俞、肝俞、委中、涌泉等穴，有补益肝肾的功效，能缓解肾精亏虚、肾气不足所导致的腰膝酸软、夜尿频多等问题。

3. 刮痧 可选取肝经、胆经、心经、心包经、膀胱经进行刮拭，有疏通经络、调和阴阳、活血化瘀的功效。刮拭手法均匀轻和，至皮肤潮红出痧即可。

（五）注意事项

1. 推拿按摩手法应轻柔，以能忍受为度，不可蛮力，时间也不宜过长。
2. 在空腹、过饱、过饥、极度疲劳时不宜艾灸，热象明显者不宜艾灸。
3. 刮痧后皮肤腠理开泄，为避免风寒之邪侵袭，须待皮肤毛孔闭合复原后，方可洗浴。

第十五章 不同职业人群的养生方法技术

扫一扫，查阅本章数字资源，含PPT、音视频、图片等

第一节 以脑力劳动为主人群的养生方法技术

一、脑力劳动为主职业人群的特点

脑力劳动者是指在工作性质中主要以用脑工作为主要职业的劳动者，如教师、工程师、新闻工作者、政府机关工作要员、作家、办公室白领以及企业管理者等。随着社会的发展，科技的进步，越来越多的脑力劳动者为适应工作的变化不断延长工作时间，超强的劳动强度、超负荷的心理压力使脑力劳动者的"亚健康"状态呈上升趋势。近年来，我国媒体报道"过劳死"增多，特别是中年知识分子的"过劳死"现象尤为突出，引起了人们的广泛关注。

（一）饮食不规律

不吃早餐、中餐不定时，或晚餐过饱等饮食不规律现象较多；饮食结构不合理，多食肥甘厚腻之品，故患肥胖病、胃及十二指肠溃疡肥胖病、心脑血管疾病、脂肪肝、糖尿病、高脂血症等疾病人群逐年增多。

（二）生活起居不规律

由于工作性质的关系，脑力工作者普遍存在夜晚挑灯夜战的工作习惯。脑力工作者多从事室内工作，机体对室外适应差，易造成"空调综合征"或"空调病"，常出现鼻塞头昏、打喷嚏、耳鸣、乏力、记忆力减退、四肢肌肉关节酸痛、皮肤过敏等。

（三）运动量较少

脑力工作者多从事伏案工作，有久坐不动以静为主的特点，易使脑组织、视觉神经、颈椎等处于过度紧张状态，久而久之，可能引起大脑功能的失调，易发生神经衰弱、视力衰退、高血压、冠心病、胃及十二指肠溃疡、颈椎骨质增生等病证。

（四）精神压力大

随着社会竞争日趋激烈和工作节奏的加快，脑力劳动者面临的心理压力也越来越大。有研究表明，脑力劳动者正承受着高强度的职业紧张。精神压力的持续增大，可以以非特异性的损害方式影响身体健康。

二、脑力劳动为主职业人群的养生

(一) 食药养生方法

首先，需要饮食结构合理的均衡饮食。另外，脑力劳动者与其他劳动者一样，都要通过每天饮食，从谷类、豆类、肉、蛋、乳、蔬菜、水果、油脂等食物和饮料中，摄取必要的营养物质。脑力劳动者因脑功能活动旺盛，脑细胞代谢频率高于常人，加上体力运动少，劳动时又大都取静态的坐姿或站姿，胃肠消化功能相应减弱，在搭配食物时，应注意多食富含不饱和脂肪的食物，如芝麻、花生、玉米等及其油制品、蛋类与奶类。新鲜鱼类所提供低分子蛋白也较易为人体吸收。对于每天使用电脑比较多的脑力劳动者，视力最易受损，因此，宜多吃一些胡萝卜、动物肝肾、红枣等富含维生素A的食物，以减少眼睛视网膜上的感光物质视紫红质的消耗，有益于保护视力。对于经常熬夜的脑力劳动者，有时还需要加上宵夜，以易于消化、热量适中、维生素和蛋白质含量丰富的食物为宜，形式丰富，如菜粥、肉丝面、蛋花汤、馄饨等。

(二) 运动养生方法

因为工作中体力消耗较少，脑力劳动者需要适度的运动，运动项目的选择可根据个体的体质和爱好而定，要有的放矢。大多数脑力劳动者从事静态劳动，过分激烈的体力运动显然是不合理的，对于中老年知识分子尤其如此。总之，一要考虑自身的体力条件；二要从原有运动基础出发；三要结合自身居住、工作环境；四要照顾本人的兴趣与爱好。能兼顾这四个方面选择的运动项目，才可以说比较合理。

无论选择什么运动都要体现循序渐进、持之以恒。选择适合自己的运动项目，不宜一开始过量锻炼，要允许自身的体力有一个逐步适应过程。在运动类养生方法中，可以根据自身特点，选择传统运动功法，如太极拳、八段锦等，同样，现代运动方法中，可以选择跑步等。

(三) 起居养生方法

起居作息时间遵循一定的规律，符合自然界和人体的生理常数。

古代养生家将良好的起居作息与自然界的阴阳变化规律结合起来，总结出十二时辰养生法，即将自然的一昼夜分为十二时辰：子、丑、寅、卯、辰、巳、午、未、申、酉、戌、亥，每一时辰相当于两个小时。规律的生活起居最好顺应此十二时辰即能保持张弛有度，健康长寿。

1. 子时（23~1点） 足少阳胆经当令。是一天中阴阳交汇之时，也是万籁俱静之时，最好的养生方法是睡觉。此时睡眠充足，则胆气生发，阴阳相合而变生元气。元气始生，全身气血即能随之而起。

2. 丑时（1~3点） 足厥阴肝经当令。此时阳气虽然生发起来，但如"丑"，应有所收敛，即"升中有降"。肝藏血，夜卧血藏于肝，故此时需要熟睡以养肝血，使肝能够更好地发挥"贮藏血液和调节血量"的作用，以保证各脏腑的血液供养。

3. 寅时（3~5点） 手太阴肺经当令。此时是人从静变为动的开始，是转化的过程，需要深度的睡眠。"肺朝百脉，主制节"，肝在丑时将血液进行合理分配，新鲜血液提供给肺，通过肺送往全身。所以，寅时也需要熟睡以养肺。"肺主一身之气"，气足则精血通畅，精充气足则神旺。

4. 卯时（5~7点） 手阳明大肠经当令。此时天亮了，天门开了，地户（肛门）也开，我们应该正常睡醒，起床排便，将渣滓毒素排出体外。

5. 辰时（7～9点） 足阳明胃经当令。此时天地阳气始旺，胃经开始工作，可以受纳、腐熟食物，是补充营养的最佳时期。故此时进早餐容易消化吸收，可全面均衡的补充营养，即多吃、吃好。

6. 巳时（9～11点） 足太阴脾经当令。"脾主运化"，脾运健旺，可将充足的精气上输头目、下达四肢百骸，营养全身。此时人的精力旺盛，可集中精力工作，并多喝水，或进食高营养的流质食物，以健脾助运化。

7. 午时（11～13点） 手少阴心经当令。此时是天地之气的转换时期，人易困倦。故午餐后应小睡一会儿，以养心气。心气足，则推动血行良好，可保证下午至晚上精力充沛。

8. 未时（13～15点） 手太阳小肠经当令。小肠的主要功能是吸收被脾胃腐熟后的食物精华，并能泌别清浊，把水液归于膀胱，糟粕送入大肠，精华上输于脾。此时小肠经功能旺盛，故宜多喝水、喝茶以利其泌别清浊、排毒降火。

9. 申时（15～17点） 足太阳膀胱经当令。膀胱经从头沿脊柱两旁，经腰、下肢后侧，一直到足底，此经通畅，可排除毒素，故此时应活动肢体，疏通经络，注意多喝水以补充体液，恢复精力。

10. 酉时（17～19点） 足少阴肾经当令。"肾藏精，主生长发育与生殖"。人体经过申时泻火排毒，酉时即进入贮藏精华的阶段。此时应按时进食晚餐，补充营养，促进肾藏精纳髓作用的发挥。

11. 戌时（19～21点） 手厥阴心包经当令。此时阳气将尽，阴气渐盛，喜乐出焉，是最好的放松娱乐时间。"心包为心之外膜，附有脉络，气血通行之道。邪不能容，容之心伤。"故此时要保持心情舒畅，可以边看电视边按摩内关、合谷、足三里等保健穴位。

12. 亥时（21～23点） 手少阳三焦经当令。三焦为六腑之一，具有通行元气、通调水道的作用。亥时睡眠，百脉可得到最好的休养生息，故此时养生应提倡晚11点前上床睡觉。

（四）雅趣养生方法

根据不同的年龄、生活环境、性格特征选择琴、棋、书、画等雅趣活动，修身养性，舒畅情志、增加智慧、增强体质，从而达到养神健形、益寿延年的目的。该方法将养生与娱乐相结合，养、乐兼容，寓养于乐，具有身心兼养的作用。故有"仁者寿"之说。

平时注意减少职业任务，防止过度紧张；加强心理健康教育，开展心理咨询活动，增强自我保健意识；增加娱乐活动，注意休息；寻求社会支持，改善人际关系和工作条件等。

（五）其他养生方法

1. 伸懒腰 伸懒腰能使肌肉和细胞大大地伸张，使细胞内残存的疲劳物质——乳酸更快地溢出细胞外，而被血液及时带走排出体外。

2. 打呵欠 身体站立，平静地呼吸4～5次，双手由下至上尽力伸展，至顶点停留3～5秒。然后两臂由体侧自然放下，双腿蹬直。如此往复7～10次。

3. 提降肩 自然站立，膝部稍曲（放松状态），两手自然下垂，两肩提升，然后突然放松降肩，做15～20次。肩部下降时，膝部要保持一定的缓冲，肩部要直上直下，不能歪斜，否则会影响锻炼效果。

4. 揪耳朵 双手依次揪住耳朵上、下、中部并分别向上、向下、向外各拉15次，然后用双手不断搓揉耳朵半分钟，动作要轻柔。

5. 松颈法　身体自然站立，肩部放松，颈部前后摆动并配以呼吸，向前摆时吐气，向后摆时吸气，连续做 8～10 次。

6. 弹指法　双臂尽力向前平伸，慢慢收拢五指成松握拳，然后突然用力弹出五指。整个过程必须注意力集中，反复做 12 次左右。

7. 提肛　平躺、坐位或站位，用力收缩会阴和肛门肌肉。吸气时稍微用力，呼气时放松。收缩保持 5 秒钟，然后慢慢放松 5～10 秒，再重复收缩。每分钟进行 4～6 次，一日可做 2～3 次。

8. 梳发　用梳子轻轻梳头 100～300 下，或将两手十指插入发间，从前发际梳至后发际，反复数十遍，以头皮有温热感为宜。早晚各梳 1 次。脑力劳动者，当用脑疲劳时，亦可随时运用此法。

9. 擦面　两眼微闭，将两手掌相互搓热后，覆于两腮及下颌部，五指并拢，手小指贴于鼻侧，掌指上推，经眉间印堂上推至额部发际，然后向两侧擦至两鬓（掌指部经眉头、眉腰、眉尾），再向下搓擦，经面颊（十指沿耳根进行）至腮部、下颌。如此反复，搓擦至面部有热感为度。早晚各搓擦面部 1 次。

10. 运目　取坐位。两眼微闭，缓缓转动眼球。先按左、上、右、下方向连续转动 9 圈。再向右、上、左、下反方向转动 9 圈。然后，将眼睛缓缓睁开。每天早晚各进行 1 次，或在用眼疲劳时进行。

11. 叩齿　取坐位或卧位，全身放松，闭目，静心凝神，口唇轻闭，然后上下牙齿有节奏地相互轻叩击。先叩臼齿 36 次，再叩门齿 36 次，要使每个牙齿都相互叩击到。可在晨起和睡前进行，亦可在半夜或早晨睡醒后取卧位进行。

12. 舔腭　经常用舌尖轻轻抵住上腭，或用舌尖轻轻地舔上腭。每次从左向右和从右向左各舔 20～30 下，每天进行 2～3 次。

13. 咽津　将舌伸出齿外，用舌尖搅动上下牙龈数下，再舔上腭数下，然后鼓腮用产生的唾液漱口数次，分 3 小口咽下。咽时要稍用力，以能听到汩汩的声音为宜。

14. 干浴皮肤　睡前，将两手掌相互搓热后摩擦全身皮肤。先从头顶百会穴（头顶正中心）开始，然后摩擦面部、颈部、两肩、两臂、胸部、两肋、腹部、腰部下至两腿，自上而下擦遍全身。

第二节　以体力劳动为主人群的养生方法技术

体力劳动者是与脑力劳动者相对而言的，指以消耗体力劳动为主的劳动者。他们工作性质是在农业、工业、建筑等以体力劳动付出为主的行业。

一、体力劳动为主职业人群的特点

1. 体力消耗大　体力劳动者，需要为机体提供较高的能量，每天会消耗较大的体力。对于刚开始从事体力劳动青年人而言，需逐步增加工作强度，逐渐提高心肺耐力。若在体力劳动中很多工种要求劳动者长久采取某种固定的姿势，或者是身体的某一部分做连续的局部运动，那些参与工作的部位的肌肉和骨骼经常反复使用，初期会健壮、发达，但若劳动强度较大、频率较高，肌肉和骨骼长期处于紧张状态，则容易疲劳，甚至劳损；体力劳动者由于长期的体力消耗以及耐受能力逐渐下降而出现体力不足、疲惫不堪甚至劳损等亚健康状况，亚健康得不到缓解并持续一段时间后出现诸多职业性疾病如腰椎病、下肢静脉曲张、心血管疾病、呼吸系统疾病等。

2. 饮食不均衡　体力劳动者多以肌肉、骨骼的活动为主，他们能量消耗多，需氧量高，物质代谢旺盛。一般中等强度的体力劳动者每天消耗 3000～3500 kCa 的热量，重体力劳动者每天需消耗热量达 3600～4000 kCa，其消耗的热量比脑力劳动者高出 1000～1500 kCa。所以体力劳动者饮食方面容易摄取过多，出现过饱的情况，另外在饮食方面常常饮食不规律，不注重养生调摄，常有脾胃方面的疾病表现。

3. 职业环境较差　体力劳动者根据工作内容的不同，可能接触一些有害物质，如化学毒物、电离辐射、有害粉尘以及高温、高湿环境、噪音环境、高低压环境。所以职业相关疾病的患病率较高。

4. 负面情绪较多　长期从事某一单一的体力劳动会使这部分劳动者对所进行的工作产生厌倦、乏味、抑郁等情绪，这些消极情绪对患者的心理健康会造成较大的负面影响，不利于身心健康。

二、体力劳动为主职业人群的养生

1. 食药养生方法　体力劳动者要消耗大量的热量，一般中等强度的体力劳动者每天消耗 3000～3500 千卡的热量，重体力劳动者每天需消耗热量达 3600～4000 千卡，其消耗的热量比脑力劳动者高出 1000～1500 千卡。因此，保证热量供给是体力劳动者能进行正常工作的重要基础，其饮食首先要保证足够热量的供给，主食是其热量供给的重要来源。为此必须注意膳食的合理烹调和搭配、增加饮食的样式，提高体力劳动者的食欲，增加主食以满足机体对热量及各种营养素的需要。此外尚需根据不同体力工种选择相应的饮食，以便饮食在一定程度上抵消或解除有害因素的危害。如从事地下、室内等不见阳光的环境下作业的人员，要注意补充维生素 A、维生素 D，同时多晒太阳，防止缺钙。又如高温作业的体力劳动者，因出汗甚多，除了要补充蛋白质及总热量外，还要注意补给含盐、维生素 B、维生素 C 等的物质。

2. 起居养生方法　睡眠对于体力劳动者来说是非常重要的，因此体力劳动者应保证充足的睡眠，这样可以放松精神，解除筋骨肌肉的紧张与疲劳。如果睡眠不足，体力劳动者容易在工作中表现出易怒、烦躁和焦虑等负面情绪。长此以往，会导致体力劳动者机体免疫力相对下降。体力劳动者的居住处，一般应该选择通风条件良好，不潮湿的地方，有条件的劳动者可以选择冬暖夏凉的地方。

3. 志趣养生方法　志趣养生方法是体力劳动者重要的养生就方法之一，平时经常进行体力活动，就需要一定的脑力劳动相结合。棋牌、麻将等是我国体力劳动者的主要休闲方式。运用音乐调节生活节奏也是主要方法之一，因人、因时、因地、因心情的不同而选择不同的音乐，适宜的音乐，常可取得消除体力疲劳的效果。选择阅读感兴趣的书籍等可以提高体力劳动者个人文化素养及知识层次，从而更好地缓解体力劳动中因压抑、紧张、焦虑等不良情绪的影响。

第十六章 不同时节的养生方法技术

扫一扫，查阅本章数字资源，含PPT、音视频、图片等

不同时节的养生方法技术，是指在天人相应整体生态思想的指导下，按照时令节气的阴阳变化规律而采用相应的养生方法技术，以保养身体、预防时令性疾病发生和防止慢性疾病随四时变化加重或复发，从而达到养生的目的。《素问·四气调神大论》曰："逆之则灾害生，从之则苛疾不起，是谓得道，"即指出了这种"天人相应，顺应自然"的养生方法。

《灵枢·本神》曰："故智者之养生也，必顺四时而适寒暑……如是，则僻邪不至，长生久视"；《素问·宝命全形论》曰："人以天地之气生，四时之法成"；《素问·六节藏象论》曰："天食人以五气，地食人以五味"。以上都指出人体要依靠天地之气提供的物质条件而获得生存，同时还要适应四时阴阳的变化规律，才能与外界环境保持协调平衡。历代养生家认为：四季养生应遵循春夏养阳、秋冬养阴的基本原则，春夏养阳，使少阳之气生，太阳之气长；秋冬养阴，使太阴之气收，少阴之气藏。

第一节 春季养生方法技术

春季从立春之日起，到立夏之日止，包括了立春、雨水、惊蛰、春分、清明、谷雨六个节气，在四时交替周期中为四时之首，万象更新之始，在五行中属木，是阳气初生且逐渐转旺的季节。

《素问·四气调神大论》曰："春三月，此为发陈，天地俱生，万物以荣，夜卧早起，广步于庭，被发缓形，以使志生，生而勿杀，予而勿夺，赏而勿罚，此春气之应，养生之道也。逆之则伤肝，夏为寒变，奉长者少。"

春归大地，阳气升发，冰雪消融，蛰虫苏醒，自然界推陈出新，生机勃发，一派欣欣向荣的景象。但初春气候由寒转暖，温热毒邪开始活动，易出现风湿、春温、温毒、温疫等。因此春季养生必须顺应春天阳气升发，万物始生的特点，注意保护阳气，着眼于"生"字。

一、情志养生

春天人的情志要适应自然界的变化，做到情志舒展条达，乐观恬愉，以顺春季升生之性。春季五行属于木，对应为肝，根据"肝主疏泄"的特点。故而在春天应让情志生发，切不可扼杀；应助其畅达，不应剥夺；应赏心怡情，不可抑制摧残，由此才能使情志与"春生"之气相适应。

《素问·阴阳应象大论》云："肝……在志为怒。"春季，人的情志与肝的生理及人体气机相一致，也处于生发、宣畅、疏泄之状。春季的情志以易变、易郁、易怒为特点，因此，春季是情志病的高发季节。轻则胸闷、烦躁、易怒、失眠等，重则神情淡漠、狂躁不安、打人毁物、声嘶

力竭等。民俗言"菜花黄，痴子忙"，即是形象地描述。因此，春季的情志调养，当以豁达、舒畅、恬静、和缓为度。

二、起居养生

春季为阳气生发之季，因此，春季入寝无须过晚，入夜即眠，保护阳气以备于生发；天明即起，着衣宽松，出户活动，生发阳气以助其条达。不可熬夜通宵，否则易折损、耗伤阳气；亦不可恋床贪睡，否则气机宣发不畅，久之生头晕、失眠、困顿、乏力之感，即与阳气受损或生发不利有关。因此日常起居也应当注重舒展、宣发、条达人体气机，与春季阳气生发相应。

三、食药养生

春季的饮食应当以助发阳气为主，可适当进食性味微辛微温类食物。明代李时珍在《本草纲目》中说，用葱、蒜、韭菜、青蒿、芥菜，作为食物或配料加以食用，称为"五辛菜"；北方有吃"香椿炒鸡蛋""春饼"等食物，其中有葱、香椿等菜，能助发阳气。春节不宜食用牛、羊、鸽子、白酒、人参等大温大热的食物，因辛温食物有发散的作用，久服反而耗散阳气。此外，也是为了防止发散不当或是温补太过，反助长邪气，引动宿疾，如春季哮喘、麻疹、过敏、高血压等疾患多与此有关。

春季肝气生发，但木旺则易克伐脾土，故《金匮要略》有"春不食肝"之说，即是防肝木太过而克伐脾土。因此，春季饮食养生中，宜减酸味、益甘味，以养脾气，使土木制化相宜。诸如米、面、枣等皆能入脾健脾。另外，春归大地，天气渐暖，人体代谢也加强，各器官负荷增加，而中医学认为"春以胃气为本"，因此春季饮食应注意改善和促进消化吸收功能。

四、运动养生

《素问·四气调神大论》曰："春夏养阳。"春季之时，万物生机盎然，人体阳气也随之相应而生发。因此，勿贪床守舍，宜强筋健体，动气活血，以助发阳气。春季，晨起运动幅度应以缓和为主，动作宜轻动灵巧、舒展柔和，以达到能舒缓筋骨、生发阳气的目的。运动地点选择空气清新之处，运动方式以轻灵为要领，吸气以鼻、呼气以口，使气息调和、吐纳均匀；心中宜静、不宜躁；以微似汗出为宜、汗流淋漓为戒，运动适宜而微汗出，可畅通气血、吐故纳新，活动失度而大汗出，则耗气动血、夺汗伤津。运动之后应有精神爽慧、心情愉悦、推陈致新之感。若运动之后有神疲乏力、头晕心慌、失眠多梦、记忆不佳等不适，则是运动失度，适得其反。

五、志趣养生

春日阳光明媚，和风惠畅，正是踏青出游好时节。可选乡间田野、园林亭阁、花间树下、溪旁河边等草木葱郁、细水清流之处，不必刻意远行或是跋山涉水，此时品茶对弈、闲庭信步、赏花品香等，亦不失情趣。但春暖花开，万物复苏，各种微生物、花粉、柳絮等致敏原易使过敏体质者产生过敏反应，从而罹患哮喘、荨麻疹、过敏性鼻炎等，因此，在春季要做好对过敏源的防护。

第二节　夏季养生方法技术

夏季是从立夏之日开始，有6个节气，分别是立夏、小满、芒种、夏至、小暑以及大暑，立夏虽然是指夏季的开始，但由于我国幅员辽阔，各地的气候环境不同，所以具体入夏的时间是不同的。

《素问·四气调神大论》曰："夏三月，此谓蕃秀。天地气交，万物华实，夜卧早起，无厌于日，使志无怒，使华英成秀，使气得泄，若所爱在外，此夏气之养长之道也。逆之则伤心，秋为痎疟，奉收者少，冬至重病。"因此，夏季养生要顺应夏季阳盛于外的特点，注意养护阳气，着眼于"长"字。

夏季烈日炎炎，雨水充沛，万物竞长，日新月异。阳极阴生，万物成实。

《素问·脏气法时论》曰："心主夏，手少阴、太阳主治，其日丙丁。"夏季属火，为太阳，主生长、壮大；五脏应于心，心属火而喜温，故二者同气相求。即如若养生不当，一则伤心与小肠；二则耗伤阳气。若阳气生长不足，则秋季阳气收敛不足，易生疟疾等病，到冬季阳气潜藏亏缺，疾病加重。因此，夏季养生应当与自然界阳气的盛大相一致，适当地活动使气血活跃，养护心阳。

一、情志养生

夏季天地之气交会，万物繁荣，人们的精神情绪也应像含苞待放的花一样饱满，以顺应夏日自然繁茂之势，因此夏季养神的关键是"使志无怒"。夏季是一年中阳气最盛的时节，人的气血因自然界阳热之气的推动而趋向于体表，人的情志亦因之外泄，因此夏季应使机体的气机宣畅、通泄自如、情绪外向。由此才能使情志与"夏长"之气相适应。

夏季炎热，易扰乱心神，使人烦躁不安，因此调心宁神尤为重要。白居易《消暑诗》云："何以消烦暑，端坐一院中。眼前无长物，窗下有清风。散热由心静，凉生为室空。此时身自保，难更与人同。"即指出了方法：调息守静，气息深长，从而静心；或登高而望，使心胸开阔，神志宁静。如此则心静而身凉，避暑与调神兼得。另外，炎炎夏日，往往令人心烦生怒，为此遇事戒怒最为重要，怒虽为肝志，但怒气一发，不仅伤肝，亦乱心神，从而导致各种疾病。

夏季不仅要长养阳气，还要调养心气，遇事情绪不可过激，勿大喜大怒而影响气机，使心神涣散，亦需重视。

二、起居养生

夏季属太阳生长之气，日常起居中应多养护、壮大、充实阳气，与夏季阳气的盛大相合。夏季入寝可稍晚一些，阳气无须过早入阴而使阴气用事，但亦不可太晚。天明即起，出户活动、多运动，使一身阳气向外舒展、涌发，借天地阳气的盛大来养护自身阳气。故由于阳气不断壮大，夏季气温少有反复，而是逐渐升高。

《寿亲养老新书》曰："若檐下过道，穿隙破窗，皆不可纳凉，此为贼风。"夏季气温升高，汗出增加，腠理开泄，此时不能汗出当风，否则使邪气乘虚而入，轻则感冒、发烧等，重则面瘫、肢体偏枯等。风扇、空调被广泛应用于祛暑，但过度贪凉而导致的疾病也逐渐增多。

三、食药养生

夏季虽酷暑炎热，而人体阳气充斥于外，内则相对空虚，饮食反宜温不宜寒，温则养护脾胃，寒则克伐阳气。因此冷食反而寒凉易伤及脾胃。脾胃受损，清气不升，易生痰湿，而出现诸如肢体困倦、精神萎靡、大便稀溏等症状。《遵生八笺·四时调摄笺夏卷》中云"夏季心旺肾衰，虽大热，不宜吃冷淘冰雪蜜水、凉粉、冷粥，饱腹受寒，必起霍乱。"祛暑清热的食物宜食用解暑清热、生津止渴的瓜果，如西瓜、乌梅、草莓、荔枝、黄瓜等，可直接使用，可榨汁饮用，也可相互拼杂，方法不一。需要注意，诸如荔枝、龙眼、橘子等水果，虽然能生津止渴，但其性偏温，常吃易引起咽痛、口疮等问题，因此食用时当适可而止，不可贪吃。瓜果之外，可自制养生粥食用，不仅能解暑生津，还能调养脾胃。夏季炎热，新旧更迭加快，食物容易腐败，因此日常饮食应选择新鲜食物，陈旧、隔夜、酸腐食物不可食用，防止患病。

另外，绿豆汤、酸梅汁、仁丹、十滴水、清凉油等防暑饮品和药物，在夏季食药养生中被广泛使用。

四、运动养生

夏季阳气盛大，人体气血旺盛，运动养生可舒展大方、增大开阖，以抻筋拔骨、畅行气血、壮大阳气。夏季运动养生有传统运动方法，如放松功、内养功等，现代运动如慢跑、游泳等。需要注意的是夏季养生运动量不宜过大，需适可而止，不能大汗，以免耗伤津液，甚则伤阴中暑。运动场地也应该避开烈日。

五、沐浴养生

夏季沐浴养生时，宜用温水洗浴，这样不仅能洗去身上污垢，同时可以使人体得到放松，且沐浴后腠理自然开泄，津液畅通，也可祛除暑气；不可冷水冲淋，虽有一时之快，但腠理因寒而闭，不仅使汗出不畅，暑湿稽留，更易招致寒邪，由此而病。

第三节 秋季养生方法技术

秋季从立秋始，至立冬止，历经立秋、处暑、白露、秋分、寒露、霜降六个节气。此时气候由热转凉、阳气渐收、阴气渐长、由阳盛转变为阴盛的关键时期，也是自然界万物成熟收获的季节。

《素问·四气调神大论》曰："秋三月，此谓容平，天气以急，地气以明，早卧早起，与鸡俱兴，使志安宁，以缓秋刑，收敛神气，使秋气平，无外其志，使肺气清，此秋气之应，养收之道也。逆之则伤肺，冬为飧泄，奉藏者少"。因此，秋季养生，应以养"收"为原则。

一、情志养生

秋季情志养生应该遵循"收"的原则，由振奋转为宁静，由活跃变为平和。不使神志外驰，保持精神上的安宁。

秋风萧瑟，花残木朽，草枯叶落，万物萧条，使人惆怅，因此秋季是情志病多发季节。若人正值生活失意，路途不顺，则更易忧思难忘，轻则淡漠少言，郁郁寡欢，自闭独处，重则妄想轻生。为此，秋季的情志养生，需抒发胸襟，可与人畅谈，抒发郁闷，亦可放声痛哭，宣泄悲忧，使悲思释怀，使神志安宁。

二、起居养生

秋季通过合理的起居，使人体气机与自然一致，以调养神气、减缓肃杀之气。秋季之时，天地阳气收敛，天气渐凉，此时不宜过早、过多地增添衣物，宜行"秋冻"。秋季之初，白露之前，人体阳气仍充斥于外，因此应随秋凉的渐深，而逐渐增加衣物，适当受冻，使腠理渐合，阳气慢慢收敛于内，从而让人体平和稳定地渐渐适应寒冷。若过多、过快增添衣物，易致身热汗出，津液受损，阳气外张，不仅不利于阳气收藏，迨至冬天，还会降低人对寒冷的适应能力。白露之后，草木凋谢，早晚皆凉，此时需添衣加被，以防受寒，不必再拘泥于"秋冻"。应当防寒保暖，以免受凉感冒，甚至引发其他疾病，民俗有："处暑十八盆，白露勿露身"之说。

秋季燥气当令，不可不防。五脏之中，肺应于秋，且为娇脏，易受燥邪。秋季感冒咳嗽、咳喘等疾病多发，甚至引起哮喘，多因燥邪侵犯，因此出门宜戴口罩，以减缓燥邪伤肺。

三、食药养生

秋季食药养生的重点，一为润燥，二为养肺。秋季多燥，根据燥邪性质的温凉之分，可食用相应的润燥之品加以调和，如龙眼甘温，补中益气，润燥生津；银耳甘平，润养肺、胃；梨甘凉，能清肺、润肺、化痰；甘蔗甘凉，滋养胃阴、生津止渴；香蕉甘温，润肠通便；蜂蜜甘平，润燥补中；麻仁甘温，润燥通便等。此外还可用一些滋阴润燥的中药，如黄精、生地、玉竹、沙参等，配合大米煮粥，秋日食之润肺效果甚佳。

秋季是肠炎、痢疾、乙脑等病的多发季节。注意饮食卫生，不喝生水，不吃腐败变质和被污染的食物。秋季干燥，燥邪伤人，易耗津液，常见口干、唇干、大便干、皮肤干等症，可适当服用维生素，或人参、沙参、西洋参、百合、杏仁、川贝等，缓解秋燥、宣肺化痰、滋阴益气。

四、运动养生

秋时阳气渐收，阴气渐长，天气由温热转凉爽，因此，运动养生宜逐渐收藏阳气，减缓幅度，与秋季肃杀之气相和。可选择太极拳、五禽戏等传统功法，或者慢跑等动作和缓的现代运动，不必追求大出汗，大汗出会伤及阳气、损耗肺气，阻碍阳气收敛。

五、志趣养生

秋季是一年四季中最美的季节，是最适合旅游的季节，故在此时志趣养生，可选择游览胜景、登高远眺、飒然当风，不仅运动全身，还能陶冶情操。水边垂钓、观棋对弈、抚琴作画、赏花品香等养生方法，也可使人怡然自得，身心放松。

第四节　冬季养生方法技术

冬季从立冬至立春前，包括立冬、小雪、大雪、冬至、小寒、大寒六个节气，是自然界万物闭藏的季节，也是一年中气候最寒冷的季节，人体的阳气也要潜藏于内。养精蓄锐，为即将到来的春天的生机勃发做好准备。因此，冬季养生之道应着眼于"藏"字。

《素问·四气调神大论》曰："冬三月，此为闭藏。水冰地坼，勿扰乎阳，早卧晚起，必待日光，使志若伏若匿，若有私意，若已有得，去寒就温，无泄皮肤，使气极夺。此冬气之应，养藏之道也。逆之则伤肾，春为痿厥，奉生者少。"

一、情志养生

冬季是一年中阴气最盛的时节，为了保证冬令阳气伏藏的正常生理不受干扰，首先要求精神安静，神藏于内，保持安定、伏匿与满足的情绪。

《杂病源流犀烛·诸郁源流》曰："诸郁，脏气病也，其原本于思虑过深，更兼脏气弱。"意指阳气不足、脏腑气机不畅,加之思虑,则生抑郁,因此冬季精神养生除做到"神藏"外,还要防止季节性情感失调症,即人们熟知的冬季忧郁症。对于冬季抑郁,首先应通行阳气,避开阴冷潮湿的地方,远寒近温,多晒太阳,使阳气通达,则心中阴霾自去,气机通畅,抑郁自散。

二、起居养生

冬季宜早睡晚起,使睡眠充足,一则潜藏、养护阳气;二则避开严寒,待天明日出,方可起床。若睡眠过晚,则易耗损阳气,使阳气潜藏不足,春日升发不利,同时半夜寒冷,易受寒而患病。冬季属太阴闭藏之气,日常起居中应多收藏阳气、养护阴气,方与冬季阴盛阳衰的特点相合。冬季夜长日短,气温极低。因此,日常起居须注重保护阳气,避免过劳,不使阳气妄动而受损。冬季感冒、哮喘、慢性支气管炎等呼吸系统疾病多发,多因气温骤降,未能及时添衣防寒所致,因此,冬季保暖尤为必要。

三、食药养生

冬季饮食应当遵循"秋冬养阴""勿扰乎阳"的原则,既不宜生冷,也不宜燥热,最宜食用滋阴潜阳、热量较高的膳食。如羊肉甘温,能温中益气;牛肉甘温,能温肾壮阳;鸽肉甘、咸温,能温肾养血、填精益气;花椒辛温,能温中散寒;胡椒辛温,能温中下气、温化痰饮。冬季之时,人体阳气藏于内,阴气充于外,容易郁闭而生痰火,可食用白萝卜顺气消食、化痰止咳、生津润燥,食之能利于脾胃运化,可宽肠通便、理气化痰、清热生津。冬季是麻疹、白喉、流感、腮腺炎等疾病的好发季节,可以使用荷叶绿豆粥、紫苏叶粥等,也可服用板蓝根、大青叶、藿香等药物养生,以预防疾病。

四、运动养生

冬季运动养生应收藏阳气,但要同时防寒防冻,避免在大风、大寒、大雪中锻炼。天气寒冷时,可在室内运动代替户外运动,达到养生的目的,同时在一定程度上可避开严寒。传统功法运动和现代运动都可选择,但需要注意,锻炼场所要保持换气通畅;锻炼幅度和强度不可过大,取微汗即可;锻炼后及时保暖,以免受寒。户外锻炼前需热身,使气血畅活,关节舒展后,再作锻炼。锻炼幅度应循序渐进,由小至大。冬季锻炼的目的是使气血流通,强固卫气,并非发越阳气。若盲目、过度锻炼,反而易损耗阳气,使之潜藏不足,影响春之生发。

主要参考书目

1. 乔明琦，张惠云.中医情志学［M］.北京：人民卫生出版社，2009.
2. 张亚林，曹玉萍.心理咨询与心理治疗技术操作规范［M］.北京：科学出版社，2014.
3. 王庆其.内经选读［M］.北京：中国中医药出版社，2017.
4. 周俭.中医营养学［M］.北京：中国中医药出版社，2012.
5. 聂宏，蒋希成.中医食疗药膳学［M］.西安：西安交通大学出版社，2017.
6. 刘志勇，游卫平，简晖.食疗药膳学［M］.北京：中国中医药出版社，2017.
7. 秦竹，张胜.中医食疗养生学［M］.北京：中国中医药出版社，2017.
8. 马烈光，蒋力生.中医养生学［M］.北京：中国中医药出版社，2016.
9. 吕立江，邰先桃.中医养生保健学［M］.北京：中国中医药出版社，2016.
10. 郭海英.中医养生学［M］.北京：中国中医药出版社，2009.
11. 杨世忠.中医养生学概论［M］.北京：中医古籍出版社，2009.
12. 刘占文，马烈光.中医养生学［M］.北京：人民卫生出版社，2007.
13. 刘敏如.中医妇产科学［M］.北京：人民卫生出版社，2011.
14. 马大正.中医妇产科辞典［M］.北京：人民卫生出版社，2015.
15. 李祥云，刘俊.常见妇科疾病的中医预防和护养［M］.上海：复旦大学出版社，2013.
16. 邓伟民，黄伟毅.中医妇科防病养生［M］.北京：人民军医出版社，2007.
17. 陈可冀.中医养生［M］.南京：江苏科学技术出版社，2010.
18. （英）苏珊·柯蒂斯，（美）帕特·托马斯，（英）弗兰·约翰逊（Fran Johnson）.芳香精油宝典［M］.金俊，谢丹，金青哲，译.北京：中国轻工业出版社，2018.
19. 王琦.中医体质学［M］.北京：人民卫生出版社，2009.
20. 陈涤平.中医养生大成［M］.北京：中国中医药出版社，2014.
21. 王玉川.中医养生学［M］.上海：上海科学技术出版社，2018.
22. 吕明.中医养生学［M］.北京：中国医药科技出版社，2015.
23. 林乾良，刘正才.养生寿老集［M］.上海：上海科学技术出版社，1982.

全国中医药行业高等教育"十四五"规划教材

全国高等中医药院校规划教材(第十一版)

教材目录

注:凡标☆号者为"核心示范教材"。

(一)中医学类专业

序号	书名	主编		主编所在单位	
1	中国医学史	郭宏伟	徐江雁	黑龙江中医药大学	河南中医药大学
2	医古文	王育林	李亚军	北京中医药大学	陕西中医药大学
3	大学语文	黄作阵		北京中医药大学	
4	中医基础理论☆	郑洪新	杨 柱	辽宁中医药大学	贵州中医药大学
5	中医诊断学☆	李灿东	方朝义	福建中医药大学	河北中医药大学
6	中药学☆	钟赣生	杨柏灿	北京中医药大学	上海中医药大学
7	方剂学☆	李 冀	左铮云	黑龙江中医药大学	江西中医药大学
8	内经选读☆	翟双庆	黎敬波	北京中医药大学	广州中医药大学
9	伤寒论选读☆	王庆国	周春祥	北京中医药大学	南京中医药大学
10	金匮要略☆	范永升	姜德友	浙江中医药大学	黑龙江中医药大学
11	温病学☆	谷晓红	马 健	北京中医药大学	南京中医药大学
12	中医内科学☆	吴勉华	石 岩	南京中医药大学	辽宁中医药大学
13	中医外科学☆	陈红风		上海中医药大学	
14	中医妇科学☆	冯晓玲	张婷婷	黑龙江中医药大学	上海中医药大学
15	中医儿科学☆	赵 霞	李新民	南京中医药大学	天津中医药大学
16	中医骨伤科学☆	黄桂成	王拥军	南京中医药大学	上海中医药大学
17	中医眼科学	彭清华		湖南中医药大学	
18	中医耳鼻咽喉科学	刘 蓬		广州中医药大学	
19	中医急诊学☆	刘清泉	方邦江	首都医科大学	上海中医药大学
20	中医各家学说☆	尚 力	戴 铭	上海中医药大学	广西中医药大学
21	针灸学☆	梁繁荣	王 华	成都中医药大学	湖北中医药大学
22	推拿学☆	房 敏	王金贵	上海中医药大学	天津中医药大学
23	中医养生学	马烈光	章德林	成都中医药大学	江西中医药大学
24	中医药膳学	谢梦洲	朱天民	湖南中医药大学	成都中医药大学
25	中医食疗学	施洪飞	方 泓	南京中医药大学	上海中医药大学
26	中医气功学	章文春	魏玉龙	江西中医药大学	北京中医药大学
27	细胞生物学	赵宗江	高碧珍	北京中医药大学	福建中医药大学

序号	书　名	主　编		主编所在单位	
28	人体解剖学	邵水金		上海中医药大学	
29	组织学与胚胎学	周忠光	汪　涛	黑龙江中医药大学	天津中医药大学
30	生物化学	唐炳华		北京中医药大学	
31	生理学	赵铁建	朱大诚	广西中医药大学	江西中医药大学
32	病理学	刘春英	高维娟	辽宁中医药大学	河北中医药大学
33	免疫学基础与病原生物学	袁嘉丽	刘永琦	云南中医药大学	甘肃中医药大学
34	预防医学	史周华		山东中医药大学	
35	药理学	张硕峰	方晓艳	北京中医药大学	河南中医药大学
36	诊断学	詹华奎		成都中医药大学	
37	医学影像学	侯　键	许茂盛	成都中医药大学	浙江中医药大学
38	内科学	潘　涛	戴爱国	南京中医药大学	湖南中医药大学
39	外科学	谢建兴		广州中医药大学	
40	中西医文献检索	林丹红	孙　玲	福建中医药大学	湖北中医药大学
41	中医疫病学	张伯礼	吕文亮	天津中医药大学	湖北中医药大学
42	中医文化学	张其成	臧守虎	北京中医药大学	山东中医药大学
43	中医文献学	陈仁寿	宋咏梅	南京中医药大学	山东中医药大学
44	医学伦理学	崔瑞兰	赵　丽	山东中医药大学	北京中医药大学
45	医学生物学	詹秀琴	许　勇	南京中医药大学	成都中医药大学
46	中医全科医学概论	郭　栋	严小军	山东中医药大学	江西中医药大学
47	卫生统计学	魏高文	徐　刚	湖南中医药大学	江西中医药大学
48	中医老年病学	王　飞	张学智	成都中医药大学	北京大学医学部
49	医学遗传学	赵丕文	卫爱武	北京中医药大学	河南中医药大学
50	针刀医学	郭长青		北京中医药大学	
51	腧穴解剖学	邵水金		上海中医药大学	
52	神经解剖学	孙红梅	申国明	北京中医药大学	安徽中医药大学
53	医学免疫学	高永翔	刘永琦	成都中医药大学	甘肃中医药大学
54	神经定位诊断学	王东岩		黑龙江中医药大学	
55	中医运气学	苏　颖		长春中医药大学	
56	实验动物学	苗明三	王春田	河南中医药大学	辽宁中医药大学
57	中医医案学	姜德友	方祝元	黑龙江中医药大学	南京中医药大学
58	分子生物学	唐炳华	郑晓珂	北京中医药大学	河南中医药大学

（二）针灸推拿学专业

序号	书　名	主　编		主编所在单位	
59	局部解剖学	姜国华	李义凯	黑龙江中医药大学	南方医科大学
60	经络腧穴学☆	沈雪勇	刘存志	上海中医药大学	北京中医药大学
61	刺法灸法学☆	王富春	岳增辉	长春中医药大学	湖南中医药大学
62	针灸治疗学☆	高树中	冀来喜	山东中医药大学	山西中医药大学
63	各家针灸学说	高希言	王　威	河南中医药大学	辽宁中医药大学
64	针灸医籍选读	常小荣	张建斌	湖南中医药大学	南京中医药大学
65	实验针灸学	郭　义		天津中医药大学	

序号	书　名	主　编	主编所在单位	
66	推拿手法学☆	周运峰	河南中医药大学	
67	推拿功法学☆	吕立江	浙江中医药大学	
68	推拿治疗学☆	井夫杰　杨永刚	山东中医药大学	长春中医药大学
69	小儿推拿学	刘明军　邰先桃	长春中医药大学	云南中医药大学

（三）中西医临床医学专业

序号	书　名	主　编	主编所在单位	
70	中外医学史	王振国　徐建云	山东中医药大学	南京中医药大学
71	中西医结合内科学	陈志强　杨文明	河北中医药大学	安徽中医药大学
72	中西医结合外科学	何清湖	湖南中医药大学	
73	中西医结合妇产科学	杜惠兰	河北中医药大学	
74	中西医结合儿科学	王雪峰　郑　健	辽宁中医药大学	福建中医药大学
75	中西医结合骨伤科学	詹红生　刘　军	上海中医药大学	广州中医药大学
76	中西医结合眼科学	段俊国　毕宏生	成都中医药大学	山东中医药大学
77	中西医结合耳鼻咽喉科学	张勤修　陈文勇	成都中医药大学	广州中医药大学
78	中西医结合口腔科学	谭　劲	湖南中医药大学	
79	中药学	周祯祥　吴庆光	湖北中医药大学	广州中医药大学
80	中医基础理论	战丽彬　章文春	辽宁中医药大学	江西中医药大学
81	针灸推拿学	梁繁荣　刘明军	成都中医药大学	长春中医药大学
82	方剂学	李　冀　季旭明	黑龙江中医药大学	浙江中医药大学
83	医学心理学	李光英　张　斌	长春中医药大学	湖南中医药大学
84	中西医结合皮肤性病学	李　斌　陈达灿	上海中医药大学	广州中医药大学
85	诊断学	詹华奎　刘　潜	成都中医药大学	江西中医药大学
86	系统解剖学	武煜明　李新华	云南中医药大学	湖南中医药大学
87	生物化学	施　红　贾连群	福建中医药大学	辽宁中医药大学
88	中西医结合急救医学	方邦江　刘清泉	上海中医药大学	首都医科大学
89	中西医结合肛肠病学	何永恒	湖南中医药大学	
90	生理学	朱大诚　徐　颖	江西中医药大学	上海中医药大学
91	病理学	刘春英　姜希娟	辽宁中医药大学	天津中医药大学
92	中西医结合肿瘤学	程海波　贾立群	南京中医药大学	北京中医药大学
93	中西医结合传染病学	李素云　孙克伟	河南中医药大学	湖南中医药大学

（四）中药学类专业

序号	书　名	主　编	主编所在单位	
94	中医学基础	陈　晶　程海波	黑龙江中医药大学	南京中医药大学
95	高等数学	李秀昌　邵建华	长春中医药大学	上海中医药大学
96	中医药统计学	何　雁	江西中医药大学	
97	物理学	章新友　侯俊玲	江西中医药大学	北京中医药大学
98	无机化学	杨怀霞　吴培云	河南中医药大学	安徽中医药大学
99	有机化学	林　辉	广州中医药大学	
100	分析化学（上）（化学分析）	张　凌	江西中医药大学	

序号	书 名	主 编		主编所在单位	
101	分析化学（下）（仪器分析）	王淑美		广东药科大学	
102	物理化学	刘 雄	王颖莉	甘肃中医药大学	山西中医药大学
103	临床中药学☆	周祯祥	唐德才	湖北中医药大学	南京中医药大学
104	方剂学	贾 波	许二平	成都中医药大学	河南中医药大学
105	中药药剂学☆	杨 明		江西中医药大学	
106	中药鉴定学☆	康廷国	闫永红	辽宁中医药大学	北京中医药大学
107	中药药理学☆	彭 成		成都中医药大学	
108	中药拉丁语	李 峰	马 琳	山东中医药大学	天津中医药大学
109	药用植物学☆	刘春生	谷 巍	北京中医药大学	南京中医药大学
110	中药炮制学☆	钟凌云		江西中医药大学	
111	中药分析学☆	梁生旺	张 彤	广东药科大学	上海中医药大学
112	中药化学☆	匡海学	冯卫生	黑龙江中医药大学	河南中医药大学
113	中药制药工程原理与设备	周长征		山东中医药大学	
114	药事管理学☆	刘红宁		江西中医药大学	
115	本草典籍选读	彭代银	陈仁寿	安徽中医药大学	南京中医药大学
116	中药制药分离工程	朱卫丰		江西中医药大学	
117	中药制药设备与车间设计	李 正		天津中医药大学	
118	药用植物栽培学	张永清		山东中医药大学	
119	中药资源学	马云桐		成都中医药大学	
120	中药产品与开发	孟宪生		辽宁中医药大学	
121	中药加工与炮制学	王秋红		广东药科大学	
122	人体形态学	武煜明	游言文	云南中医药大学	河南中医药大学
123	生理学基础	于远望		陕西中医药大学	
124	病理学基础	王 谦		北京中医药大学	
125	解剖生理学	李新华	于远望	湖南中医药大学	陕西中医药大学
126	微生物学与免疫学	袁嘉丽	刘永琦	云南中医药大学	甘肃中医药大学
127	线性代数	李秀昌		长春中医药大学	
128	中药新药研发学	张永萍	王利胜	贵州中医药大学	广州中医药大学
129	中药安全与合理应用导论	张 冰		北京中医药大学	
130	中药商品学	闫永红	蒋桂华	北京中医药大学	成都中医药大学

（五）药学类专业

序号	书 名	主 编		主编所在单位	
131	药用高分子材料学	刘 文		贵州医科大学	
132	中成药学	张金莲	陈 军	江西中医药大学	南京中医药大学
133	制药工艺学	王 沛	赵 鹏	长春中医药大学	陕西中医药大学
134	生物药剂学与药物动力学	龚慕辛	贺福元	首都医科大学	湖南中医药大学
135	生药学	王喜军	陈随清	黑龙江中医药大学	河南中医药大学
136	药学文献检索	章新友	黄必胜	江西中医药大学	湖北中医药大学
137	天然药物化学	邱 峰	廖尚高	天津中医药大学	贵州医科大学
138	药物合成反应	李念光	方 方	南京中医药大学	安徽中医药大学

序号	书 名	主 编		主编所在单位	
139	分子生药学	刘春生	袁 媛	北京中医药大学	中国中医科学院
140	药用辅料学	王世宇	关志宇	成都中医药大学	江西中医药大学
141	物理药剂学	吴 清		北京中医药大学	
142	药剂学	李范珠	冯年平	浙江中医药大学	上海中医药大学
143	药物分析	俞 捷	姚卫峰	云南中医药大学	南京中医药大学

（六）护理学专业

序号	书 名	主 编		主编所在单位	
144	中医护理学基础	徐桂华	胡 慧	南京中医药大学	湖北中医药大学
145	护理学导论	穆 欣	马小琴	黑龙江中医药大学	浙江中医药大学
146	护理学基础	杨巧菊		河南中医药大学	
147	护理专业英语	刘红霞	刘 娅	北京中医药大学	湖北中医药大学
148	护理美学	余雨枫		成都中医药大学	
149	健康评估	阚丽君	张玉芳	黑龙江中医药大学	山东中医药大学
150	护理心理学	郝玉芳		北京中医药大学	
151	护理伦理学	崔瑞兰		山东中医药大学	
152	内科护理学	陈 燕	孙志岭	湖南中医药大学	南京中医药大学
153	外科护理学	陆静波	蔡恩丽	上海中医药大学	云南中医药大学
154	妇产科护理学	冯 进	王丽芹	湖南中医药大学	黑龙江中医药大学
155	儿科护理学	肖洪玲	陈偶英	安徽中医药大学	湖南中医药大学
156	五官科护理学	喻京生		湖南中医药大学	
157	老年护理学	王 燕	高 静	天津中医药大学	成都中医药大学
158	急救护理学	吕 静	卢根娣	长春中医药大学	上海中医药大学
159	康复护理学	陈锦秀	汤继芹	福建中医药大学	山东中医药大学
160	社区护理学	沈翠珍	王诗源	浙江中医药大学	山东中医药大学
161	中医临床护理学	裘秀月	刘建军	浙江中医药大学	江西中医药大学
162	护理管理学	全小明	柏亚妹	广州中医药大学	南京中医药大学
163	医学营养学	聂 宏	李艳玲	黑龙江中医药大学	天津中医药大学
164	安宁疗护	邸淑珍	陆静波	河北中医药大学	上海中医药大学
165	护理健康教育	王 芳		成都中医药大学	
166	护理教育学	聂 宏	杨巧菊	黑龙江中医药大学	河南中医药大学

（七）公共课

序号	书 名	主 编		主编所在单位	
167	中医学概论	储全根	胡志希	安徽中医药大学	湖南中医药大学
168	传统体育	吴志坤	邵玉萍	上海中医药大学	湖北中医药大学
169	科研思路与方法	刘 涛	商洪才	南京中医药大学	北京中医药大学
170	大学生职业发展规划	石作荣	李 玮	山东中医药大学	北京中医药大学
171	大学计算机基础教程	叶 青		江西中医药大学	
172	大学生就业指导	曹世奎	张光霁	长春中医药大学	浙江中医药大学

序号	书名	主编		主编所在单位	
173	医患沟通技能	王自润	殷越	大同大学	黑龙江中医药大学
174	基础医学概论	刘黎青	朱大诚	山东中医药大学	江西中医药大学
175	国学经典导读	胡真	王明强	湖北中医药大学	南京中医药大学
176	临床医学概论	潘涛	付滨	南京中医药大学	天津中医药大学
177	Visual Basic 程序设计教程	闫朝升	曹慧	黑龙江中医药大学	山东中医药大学
178	SPSS 统计分析教程	刘仁权		北京中医药大学	
179	医学图形图像处理	章新友	孟昭鹏	江西中医药大学	天津中医药大学
180	医药数据库系统原理与应用	杜建强	胡孔法	江西中医药大学	南京中医药大学
181	医药数据管理与可视化分析	马星光		北京中医药大学	
182	中医药统计学与软件应用	史周华	何雁	山东中医药大学	江西中医药大学

（八）中医骨伤科学专业

序号	书名	主编		主编所在单位	
183	中医骨伤科学基础	李楠	李刚	福建中医药大学	山东中医药大学
184	骨伤解剖学	侯德才	姜国华	辽宁中医药大学	黑龙江中医药大学
185	骨伤影像学	栾金红	郭会利	黑龙江中医药大学	河南中医药大学洛阳平乐正骨学院
186	中医正骨学	冷向阳	马勇	长春中医药大学	南京中医药大学
187	中医筋伤学	周红海	于栋	广西中医药大学	北京中医药大学
188	中医骨病学	徐展望	郑福增	山东中医药大学	河南中医药大学
189	创伤急救学	毕荣修	李无阴	山东中医药大学	河南中医药大学洛阳平乐正骨学院
190	骨伤手术学	童培建	曾意荣	浙江中医药大学	广州中医药大学

（九）中医养生学专业

序号	书名	主编		主编所在单位	
191	中医养生文献学	蒋力生	王平	江西中医药大学	湖北中医药大学
192	中医治未病学概论	陈涤平		南京中医药大学	
193	中医饮食养生学	方泓		上海中医药大学	
194	中医养生方法技术学	顾一煌	王金贵	南京中医药大学	天津中医药大学
195	中医养生学导论	马烈光	樊旭	成都中医药大学	辽宁中医药大学
196	中医运动养生学	章文春	邬建卫	江西中医药大学	成都中医药大学

（十）管理学类专业

序号	书名	主编		主编所在单位	
197	卫生法学	田侃	冯秀云	南京中医药大学	山东中医药大学
198	社会医学	王素珍	杨义	江西中医药大学	成都中医药大学
199	管理学基础	徐爱军		南京中医药大学	
200	卫生经济学	陈永成	欧阳静	江西中医药大学	陕西中医药大学
201	医院管理学	王志伟	翟理祥	北京中医药大学	广东药科大学
202	医药人力资源管理	曹世奎		长春中医药大学	
203	公共关系学	关晓光		黑龙江中医药大学	

序号	书名	主编	主编所在单位	
204	卫生管理学	乔学斌 王长青	南京中医药大学	南京医科大学
205	管理心理学	刘鲁蓉 曾智	成都中医药大学	南京中医药大学
206	医药商品学	徐晶	辽宁中医药大学	

（十一）康复医学类专业

序号	书名	主编	主编所在单位	
207	中医康复学	王瑞辉 冯晓东	陕西中医药大学	河南中医药大学
208	康复评定学	张泓 陶静	湖南中医药大学	福建中医药大学
209	临床康复学	朱路文 公维军	黑龙江中医药大学	首都医科大学
210	康复医学导论	唐强 严兴科	黑龙江中医药大学	甘肃中医药大学
211	言语治疗学	汤继芹	山东中医药大学	
212	康复医学	张宏 苏友新	上海中医药大学	福建中医药大学
213	运动医学	潘华山 王艳	广东潮州卫生健康职业学院	黑龙江中医药大学
214	作业治疗学	胡军 艾坤	上海中医药大学	湖南中医药大学
215	物理治疗学	金荣疆 王磊	成都中医药大学	南京中医药大学